CW01650089

Casseroles et éprouvettes

BELIN • POUR LA SCIENCE

8, rue Férou - 75278 Paris Cedex 06

www.editions-belin.com www.pourlascience.com

Dans la même collection

L'ordre du chaos

Ces hormones qui nous gouvernent

Les fossiles, témoins de l'Évolution

Les instruments de l'orchestre

"Haha" ou l'éclair de la compréhension mathématique

La magie des paradoxes

Les mathématiciens

La mathématique des jeux

Les origines de l'Homme

Visions géométriques

Le comportement des animaux

Les mécanismes de la vision

Logique, informatique et paradoxes

Le fascinant nombre π

Ce que disent les pierres

Merveilleux nombres premiers

Yo-yo, billard, boomerang ... La physique des objets tournants

L'intelligence et le calcul

Le son musical

Jeux mathématiques et mathématiques des jeux

Les langues du monde

La saga des calendriers

La famille de l'homme

Si la chimie m'était comptée

La science des nœuds

De la graine à la plante

DANGER LE PHOTOCOPILLAGE TUE LE LIVRE

Le code de la propriété intellectuelle n'autorise que « les copies ou reproductions strictement réservées à l'usage privé du copiste et non destinées à une utilisation collective » [article L. 122-5] ; il autorise également les courtes citations effectuées dans un but d'exemple ou d'illustration. En revanche « toute représentation ou reproduction intégrale ou partielle, sans le consentement de l'auteur ou de ses ayants droit ou ayants cause, est illicite » [article L. 122-4]. La loi 95-4 du 3 janvier 1994 a confié au C.F.C. (Centre français de l'exploitation du droit de copie, 20, rue des Grands-Augustins, 75006 Paris), l'exclusivité de la gestion du droit de reprographie. Toute photocopie d'œuvres protégées, exécutée sans son accord préalable, constitue une contrefaçon sanctionnée par les articles 425 et suivants du Code pénal.

© Pour la Science 2002

ISSN 0224-5159

ISBN : 978-2-84245-039-7

«Ce n'est pas assez de savoir les principes,
il faut savoir MANIPULER*»*

Dictionnaire de Trévoux, cité par Michael Faraday dans la première édition de ses *Chemical Manipulations.*

Table des matières

  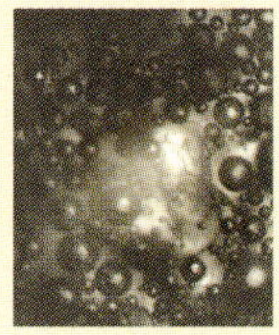 

Partie 3
Explorations et modélisations 89

Partie 4
Une cuisine pour demain 187

Hors-d'œuvre

Casseroles et éprouvettes : le rapprochement semble incongru… Il l'est moins depuis qu'œuvre la «gastronomie moléculaire», qui réconcilie technique culinaire et science. Oui, mais, de l'incongru, serions-nous passés à l'oxymore prétentieux? Gastronomie : le premier terme évoque une alimentation faite de foie gras, de homards, de truffes ; le qualificatif «moléculaire» semble ruiner la volonté d'élévation, évoquant les réactions nauséabondes du chimiste. Une justification s'impose.

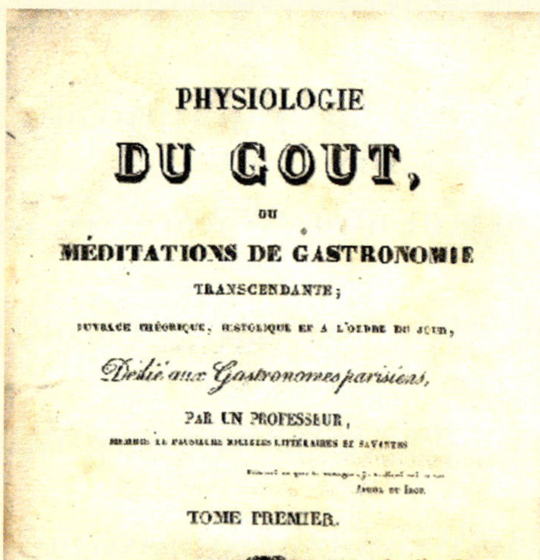
PHYSIOLOGIE

DU GOUT,

OU

MÉDITATIONS DE GASTRONOMIE

TRANSCENDANTE;

OUVRAGE THÉORIQUE, HISTORIQUE ET A L'ORDRE DU JOUR,

Dédié aux Gastronomes parisiens,

PAR UN PROFESSEUR,

MEMBRE DE PLUSIEURS SOCIÉTÉS LITTÉRAIRES ET SAVANTES

TOME PREMIER.

PARIS,

CHEZ A. SAUTELET ET Cie LIBRAIRES,

PLACE DE LA BOURSE, PRÈS LA RUE FEYDEAU.

1826.

Examinons d'abord le cas de la gastronomie, qui n'a pas été inventée par Jean-Anthelme Brillat-Savarin (c'est le poète Joseph Berchoux qui introduisit le terme en français en 1800), mais dont la définition, dans la *Physiologie du goût*, a le mérite de la clarté : «La gastronomie est la connaissance raisonnée de tout ce qui a rapport à l'homme, en tant qu'il se nourrit. Son but est de veiller à la conservation des hommes, au moyen de la meilleure nourriture possible. Elle y parvient en dirigeant, par des principes certains, tous ceux qui recherchent, fournissent ou préparent les choses qui peuvent se convertir en aliments. […] La gastronomie tient : À l'histoire naturelle, par la classification qu'elle fait des substances alimentaires ; À la physique, par l'examen de leurs compositions et de leurs qualités ; À la chimie, par les diverses analyses et décompositions qu'elle leur fait subir ; À la cuisine, par l'art d'apprêter les mets et de les rendre agréables au goût ; Au commerce, par la recherche des moyens d'acheter au meilleur marché possible ce qu'elle consomme, et de débiter le plus avantageusement ce qu'elle présente à vendre ; Enfin, à l'économie politique, par les ressources qu'elle présente à l'impôt, et par les moyens d'échange qu'elle établit entre les nations.»

Ainsi l'exploration du modeste œuf dur est autant du ressort de la gastronomie que celle du faisan à l'Alcantara ou de l'Oreiller de la Belle Aurore. Dans les deux cas, il s'agit de connaissance raisonnée ; seulement, dans le premier, l'exploration rend service à plus d'individus que dans le second. Service? Oui, service : celui qui n'a qu'un œuf pour toute pitance n'a-t-il pas intérêt à le savoir cuire bien?

Le «moléculaire», lui, est à la mode : biologie moléculaire, embryologie moléculaire... Aimez-vous le moléculaire, dirait-on pour paraphraser les vrais Auteurs? On en a mis partout... jusque dans la gastronomie. Trêve de plaisanterie : le moléculaire de la gastronomie moléculaire s'impose, car la gastronomie est une vaste connaissance, qui englobe la chimie et la physique, a écrit Brillat-Savarin. L'adjectif «moléculaire» précise : on ira chercher les aspects chimiques et physiques de la cuisine.

«Cuisine moléculaire» n'aurait-il pas suffi? La cuisine, c'est la technique d'apprêt des ingrédients culinaires ; à ce titre, son exploration est clairement au cœur de la gastronomie moléculaire. Cependant la cuisine moléculaire a moins d'ambition : elle n'examine pas, notamment, pourquoi les vins tanniques sont désagréables quand ils sont bus en accompagnement d'une salade un peu vinaigrée ; là, point de cuisine, mais un phénomène de nature chimique, dont l'exploration contribue à l'avancement de la gastronomie.

Gastronomie moléculaire, la terminologie s'impose donc, et si lourdeur il y a, c'est le prix de la précision.

Une discipline forgée par l'histoire

Cette gastronomie moléculaire est-elle vraiment différente de la «science des aliments», que de nombreux spécialistes de talent exercent depuis longtemps? L'histoire répond à cette question. Aux XVIIe et XVIIIe siècles, les pionniers de la science des aliments étaient des chimistes qui s'intéressaient aux opérations culinaires : celles-ci différaient bien peu des traitements chimiques, puisqu'il s'agissait de broyer, de couper, de chauffer, d'infuser, de macérer... On ignore souvent que le grand Antoine Laurent de Lavoisier (1743-1794) s'intéressa à la confection du bouillon : fermier général, il avait en charge l'approvisionnement des hôpitaux de Paris, et il avait compris que ce n'est pas l'eau qui nourrit, dans le bouillon, mais la matière qui a été extraite de la viande et a réagi chimiquement, au cours de la longue préparation du mets ; il mit donc au point un densimètre, afin de savoir combien de viande était nécessaire pour alimenter les indigents. Antoine Augustin Parmentier (1737-1813) s'intéressa également à la cuisine quand il chercha à introduire la pomme de terre dans l'alimentation des Français, ou quand il se préoccupa des farines dont on pouvait faire du pain. En Allemagne, Justus von Liebig (1803-1873) fit fortune quand une société à son nom produisit les «extraits de viande» longtemps utilisés en cuisine. Michel-Eugène Chevreul (1786-1889) obtint des résultats importants en chimie des corps gras...

Ainsi, la science de l'aliment classique se développa, près de la cuisine d'abord, puis près de la production des denrées alimentaires : on oublie souvent, dans nos pays nantis, que, jusqu'à une époque récente, la préoccupation majeure, c'était d'avoir à suffisance. Et la science des aliments dut dériver progressivement, tandis qu'elle s'affinait ; lentement elle s'intéressa plus à l'aliment qu'à sa préparation domestique.

Et les dizaines de millions de personnes qui cuisinent chaque jour, rien qu'en France! Nous nous procurons des produits qui ont considérablement bénéficié de la science des aliments, mais savons-nous les cuire? Cette question est double : d'une part, ces produits sont-ils bons, et, d'autre part, sommes-nous des cuisiniers compétents?

La question du bon, tout d'abord. Comme bien des Français qui manquent de verdure parce qu'ils habitent ou travaillent en ville, je n'échappe pas à la nostalgie du «bon vieux temps», des poulets fermiers, des asperges cueillies juste avant le repas, dont la tige laisse encore échapper un lait délicat et frais, des petits pois que l'on écosse pour les cuire, des fraises encore chaudes de soleil... Littérature! La campagne, c'est aussi la boue quand il pleut, les lapins sauvages qui viennent la nuit saper le travail du jardinier, les souris qui grignotent les provisions, et le tour de reins qui récompense le travailleur dans son potager.

Laissons la nostalgie emplir nos âmes qui en ont besoin, mais comparons : le même vin d'Alsace qui donnait la migraine et ne se conservait que quatre ans, il y a trois décennies, est devenu un nectar que la conservation ne dégrade plus. Les médiocres yaourts maisons, dans ces encombrantes yaourtières, ont gagné, il faut l'avouer, à se voir supplantés par des yaourts de professionnels, à la texture régulière et parfaite. Leur reprochons-nous leur goût de fraise trop éloigné du goût des fraises du verger? Reprochons-nous plutôt de vouloir manger des fraises en hiver. De même pour les tomates : elles ne sont qu'eau fade? Attendons la saison.

Assez de cette apologie facile du progrès. Prenons les produits pour ce qu'ils sont, et reconnaissons que les possibilités de perfectionnement sont d'abord dans la transformation culinaire. Entrons en cuisine. Si nous voulons parfumer des yaourts, faisons-le nous-mêmes. Cuisinons, en un mot.

La deuxième face de la question s'insère : sommes-nous des cuisiniers compétents? Pour répondre, demandons-nous comment nous cuisinons... et nous devrons admettre que nous répétons ce que nous avons vu faire, en famille. Au mieux, nous avons un sentiment de découverte quand nous introduisons dans notre répertoire culinaire une recette qui n'appartient pas au patrimoine familial. Christophe Colomb n'est alors pas notre cousin!

Cuisiner serait-il si difficile? Citons encore le disert Brillat-Savarin :

«Maître La Planche, dit le professeur avec cet accent grave qui pénètre jusqu'au fond des cœurs, tous ceux qui s'asseyent à ma table vous proclament potagiste de première classe, ce qui est fort bien, car le potage est la première consolation de l'estomac besoigneux; mais je vois avec peine que vous n'êtes encore qu'un friturier incertain.

«Je vous entendis hier gémir sur cette sole triomphale que vous nous servîtes pâle, mollasse et décolorée. Mon ami R... jeta sur vous un regard désapprobateur; M. H. R. porta à l'Ouest son nez gnomonique, et le président S... déplora cet accident à l'égal d'une calamité publique.

«Ce malheur vous arriva pour avoir négligé la théorie dont vous ne sentez pas toute l'importance. Vous êtes un peu opiniâtre, et j'ai de la peine à vous faire concevoir que les phénomènes qui se passent dans votre laboratoire ne sont autre chose que l'exécution des lois éternelles de la nature; et que certaines choses que vous faites sans attention, et seulement parce que vous les avez vues faire à d'autres, n'en dérivent pas moins des plus hautes abstractions de la science.

Lavoisier, patron des chimistes.

«Écoutez donc avec attention, et instruisez-vous pour n'avoir plus désormais à rougir de vos œuvres.

«Chimie. Les liquides que vous exposez à l'action du feu ne peuvent pas tous se charger d'une égale quantité de chaleur; la nature les y a disposés inégalement : c'est un ordre des choses dont elle s'est réservé le secret, et que nous appelons capacité du calorique.

«Ainsi, vous pourriez tremper impunément votre doigt dans l'esprit-de-vin bouillant, vous le retireriez bien vite de l'eau-de-vie, plus vite encore si c'était de l'eau, et une immersion rapide dans l'huile bouillante vous ferait une blessure cruelle; car l'huile peut s'échauffer au moins trois fois plus que l'eau.

«C'est par une suite de cette disposition que les liquides chauds agissent d'une manière différente sur les corps sapides qui y sont plongés. Ceux qui sont traités à l'eau se ramollissent, se dissolvent et se réduisent en bouillie ; il en provient du bouillon ou des extraits : ceux au contraire qui sont traités à l'huile se resserrent, se colorent d'une manière plus ou moins foncée, et finissent par charbonner.

«Dans le premier cas, l'eau dissout et entraîne les sucs intérieurs des aliments qui y sont plongés, dans le second, ces sucs sont conservés, parce que l'huile ne peut les dissoudre ; et si ces corps se dessèchent, c'est que la continuation de la chaleur finit par en vaporiser les parties humides.

«Les deux méthodes ont aussi des noms différents, et on appelle frire l'action de faire bouillir dans l'huile ou la graisse des corps destinés à être mangés. Je crois avoir déjà dit que, sous le rapport officinal, huile ou graisse sont à peu près synonymes, la graisse n'étant qu'une huile concrète, ou l'huile une graisse liquide.

«Application. Les choses frites sont bien reçues dans les festins ; elles y introduisent une variation piquante ; elles sont agréables à la vue, conservent leur goût primitif, et peuvent se manger à la main, ce qui plaît toujours aux dames.

«La friture fournit encore au cuisinier bien des moyens pour masquer ce qui a paru la veille, et leur donne au besoin des secours pour les cas imprévus : car il ne faut pas plus de temps pour frire une carpe de quatre livres que pour cuire un œuf à la coque. Tout le mérite d'une bonne friture provient de la surprise ; c'est ainsi qu'on appelle l'invasion du liquide bouillant qui carbonise ou roussit, à l'instant même de l'immersion, la surface extérieure du corps qui lui est soumis.

«Au moyen de la surprise, il se forme une espèce de voûte qui contient l'objet, empêche la graisse de le pénétrer, et concentre les sucs, qui subissent ainsi une coction intérieure qui donne à l'aliment tout le goût dont il est susceptible.

«Pour que la surprise ait lieu, il faut que le liquide brûlant ait acquis assez de chaleur pour que son action soit brusque et instantanée ; mais il n'arrive à ce point qu'après avoir été exposé assez longtemps à un feu vif et flamboyant.

«On connaît par le moyen suivant que la friture est chaude au degré désiré : vous couperez un morceau de pain en forme de mouillette, et vous le tremperez dans la poêle pendant cinq à six secondes ; si vous le retirez ferme et coloré, opérez immédiatement l'immersion, sinon il faut pousser le feu et recommencer l'essai.

«La surprise une fois opérée, modérez le feu, afin que la coction ne soit pas trop précipitée, et que les sucs que vous avez renfermés subissent, au moyen d'une chaleur prolongée, le changement qui les unit et en rehausse le goût.

«Vous avez sans doute observé que la surface des objets bien frits ne peut plus dissoudre ni le sel ni le sucre dont ils ont cependant besoin, suivant leur nature diverse. Ainsi, vous ne manquerez pas de réduire ces deux substances en poudre très fine, afin qu'elles contractent une grande facilité d'adhérence et qu'au moyen du saupoudroir la friture puisse s'en assaisonner par juxtaposition.

«Je ne vous parle pas du choix des huiles et des graisses : les dispensaires divers dont j'ai composé votre bibliothèque vous ont donné là-dessus des lumières suffisantes.

«Cependant n'oubliez pas, quand il vous arrivera quelques-unes de ces truites qui dépassent à peine un quart de livre, et qui proviennent des ruisseaux d'eau vive qui murmurent loin de la capitale ; n'oubliez pas, dis-je, de les frire avec ce que vous aurez de plus fin en huile d'olive : ce mets si simple, dûment saupoudré et rehaussé de tranches de citron, est digne d'être offert à une Éminence.

«Traitez de même les éperlans, dont les adeptes font tant de cas. L'éperlan est le becfigue des eaux ; même petitesse, même parfum, même supériorité.

«Ces deux prescriptions sont encore fondées sur la nature des choses. L'expérience a appris qu'on ne doit se servir d'huile d'olive que pour les opérations qui peuvent s'achever en peu de temps ou qui n'exigent pas une grande chaleur, parce que l'ébullition prolongée y développe un goût empyreumatique et désagréable qui provient de quelques parties de parenchyme dont il est très difficile de la débarrasser et qui se charbonnent.

«Vous avez essayé mon enfer, et le premier, vous avez eu la gloire d'offrir à

Le compendium métrique révolutionnaire : aux instruments de mesure utiles en cuisine, il faut ajouter le thermocouple.

l'univers étonné un immense turbot frit. Il y eut ce jour-là grande jubilation parmi les élus.

«Allez : continuez à soigner tout ce que vous faites, et n'oubliez jamais que, du moment où les convives ont mis le pied dans mon salon, c'est nous qui demeurons chargés du soin de leur bonheur.»

Le texte du Professeur (ainsi s'autoqualifiait Brillat-Savarin) est plein d'erreurs scientifiques, qui tiennent à l'état des sciences à l'époque où il écrivait (la *Physiologie du goût* parut en 1825). En revanche, nous en conserverons l'idée «que certaines choses que nous faisons sans attention, et seulement parce que nous les avons vues faire à d'autres, n'en dérivent pas moins des plus hautes abstractions de la science.» Autrement dit, les phénomènes culinaires, ceux que provoquent les opérations culinaires, ne sont que chimie et physique. Pour bien cuisiner, nous pouvons nous en pénétrer.

Recensement et test des dictons, proverbes, pratiques culinaires

Et voilà comment s'impose cette gastronomie moléculaire : la chimie et la physique, judicieusement employées, nous indiquent comment conserver la tendreté des viandes, comment maîtriser ces réactions chimiques qui font le bon goût de la croûte du rôti, comment réussir les mayonnaises, béarnaises, hollandaises, ravigotes... Oserons-nous nous lancer? Nous hésitons, car nous craignons le changement alimentaire : comme les autres primates, nous hésitons à manger les aliments inconnus. Le philosophe américain John Payne (1784-1848) a dit que le premier homme qui a mangé une huître était un héros. Oui, chaque nouvelle recette est la découverte d'un nouveau continent, mais la science nous aide en même temps qu'elle nous pousse, parce que la simple application «des lois éternelles de la nature» guide nos innovations culinaires.

Les livres de cuisine suffisent-ils? Certainement pas : ils sont généralement des recueils de recettes, c'est-à-dire de protocoles qui nous relèguent au rang d'exécutants. En outre, ils contiennent bien des indications douteuses : le steak devrait être saisi, parce que se formerait alors une croûte imperméable qui retiendrait le jus ; la viande du bouillon devrait être mise dans l'eau froide, parce que la coagulation de l'«albumine» empêcherait le jus de sortir ; les mayonnaises tourneraient quand les femmes les font en période de règles ; les blancs ne monteraient pas en neige si l'on changeait de sens de battage en cours d'opération... Un peu de raison s'impose pour explorer cet héritage.

Et la poésie? Ne la regretteront que ceux qui préfèrent des catastrophes culinaires obtenues dans le respect des traditions à des soufflés gonflés. D'ailleurs, chacun trouve sa poésie où il peut : «ionone» (une molécule à la délicate odeur de violette) ou «hexénal» (une molécule qui fait le goût d'herbe fraîche des huiles d'olive vierge) ne sont-ils pas des mots aussi beaux que «passoire» ou «économe»?

Le cas de la poésie évacué, reste la question de l'efficacité. Les dictons, proverbes ou tours de main culinaires sont des boulets que nous traînons, quand ils sont faux, des ailes qui nous poussent quand ils sont justes. D'où l'importance de la gastronomie moléculaire, dont le premier objectif est un recensement et un tri. L'Art culinaire a tout à gagner à séparer le bon grain de l'ivraie, dans la masse des connaissances empiriques. Des résultats de nos recherches? La première partie de ce livre en donne plusieurs, à propos de bouillon, d'œuf dur, de quiche, de petits choux, de gnocchis, de soufflés, de quenelles, de fondue au fromage, de rôti de bœuf, de confitures... Une vingtaine d'explorations qui livrent nombre de clés culinaires.

La physiologie du goût, socle de l'activité culinaire

Celui qui cuisine rationnellement, en se fondant seulement sur les lois de la physique et de la chimie, sent bientôt la limite de ces deux sciences en cuisine. Prenons l'exemple des meringues. On les veut gonflées? Alors plaçons-les sous une cloche en verre et faisons le vide : les bulles d'air se dilatent et les meringues gonflent, gonflent, gonflent jusqu'à faire des «cristaux de vent». En bouche, rien. Une Bérésina culinaire.

D'où la question : qu'aimons-nous et pourquoi? D'autres questions s'ajoutent rapidement à cette première interrogation. Pourquoi cessons-nous de manger? Et combien de saveurs percevons-nous? Et le goût se modifie-t-il avec la température?

Les physiologistes du goût ont étudié ces questions, mais ils ont poursuivi les explorations de leur champ, apportant le concours de leur expérience spécifique. C'est ainsi qu'ils jettent une lumière culinairement utile sur la mastication, cet acte quasi inconscient qui distingue, selon les bons esprits policés, le goinfre du gastronome, au point que Brillat-Savarin en avait fait la chute de son livre. Leurs études les plus récentes sont rapportées dans la deuxième partie du livre.

L'exploration et la modélisation des recettes culinaires

Les travaux de physiologie du goût (la vraie, pas la physiologie de littérature qui était celle de Brillat-Savarin) sont directement utiles en cuisine, pour qui en cherche le sens culinaire. Cependant une science plus complète doit se bâtir sur ce socle. Jetons un regard rétrospectif sur ce que nous avons défini comme la gastronomie moléculaire. Nous avons mis les dictons, proverbes et tours de main culinaires au centre de l'activité, parce que nous n'accepterons que ce que la tradition a d'acceptable. Toutefois, la pratique culinaire, fondée sur la physiologie du goût, devra ensuite entrer en cuisine. Comment préparer les mets? Cette fois, l'activité est un peu différente : c'est une modélisation des opérations culinaires dont nous avons besoin. Et cette modélisation se fonde évidemment sur une connaissance des aliments.

C'est l'objet de la troisième partie de l'ouvrage. La double «connaissance raisonnée» que nous y trouverons devra être jugée à l'aune du cuisiner. *Sutor ne supra crepidam*, cordonnier pas plus haut que la chaussure ; mais le cuisinier, lui, va plus haut que la casserole, parce qu'il sait que son œuvre n'est pas destinée qu'à l'estomac, mais aussi au cœur et à l'âme. Et voila pourquoi des explorations qui semblent inutiles trouvent leur place ici. Beauté de la pure connaissance!

Un exemple, sans déflorer le sujet : celui du jaune d'œuf, du banal jaune d'œuf, que des générations de cuisinières et de cuisiniers ont utilisé sans lui accorder plus que le regard qui évitait de le casser ou de le renverser. Ce prosaïque jaune d'œuf, donc, possède une structure insoupçonnée, que la science des aliments nous dévoile. Jamais plus nous ne passerons devant le jaune d'œuf sans l'admirer un peu. L'ennui ne naît pas de l'uniformité, mais de la désinvolture : grâce aux résultats de la science des aliments, nous ne nous ennuierons plus jamais en cuisine, et le moindre jaune d'œuf sera objet de curiosité, d'intérêt.

Évidemment la gastronomie moléculaire ne vise pas seulement cet objectif de pure connaissance, en voulant modéliser les recettes culinaires. Un exemple, celui des grumeaux que la farine forme quand elle tombe dans un liquide chaud : celui qui étudie les raisons de leur formation est aussitôt conduit à des conclusions utiles qui permettent une rationalisation des recettes.

Je vous propose un nouvel acte de foi : celui qui comprend les raisons de ses gestes peut les perfectionner! C'est en vertu de cette idée que je critiquais plus haut les recettes. Un cuisinier fait une mayonnaise en suivant une recette et sa sauce tourne? Livré à la recette, il devra jeter l'œuf, la moutarde et l'huile qui ont refusé de se mêler. En revanche, celui qui comprend qu'une mayonnaise est une émulsion, c'est-à-dire une dispersion de gouttes d'huile dans de l'eau, peut rattraper sa sauce tournée sans ajouter le nouveau jaune d'œuf que prescrivent les recettes les plus avancées, gâchant indûment des produits nobles, dont sont privés certains de nos concitoyens.

Toute la troisième partie est ainsi tournée vers le perfectionnement des recettes, des préparations. Connaissance raisonnée, perfectibilité, qui donne de l'âme en cuisine.

L'invention de mets nouveaux

Rapidement, celui qui explore la physique et la chimie est conduit à des modifications des recettes classiques. Partons de l'exemple du soufflé : nous avons testé le dicton culinaire qui stipule que les blancs d'œufs battus en neige doivent être fermes ; puis nous avons analysé la façon dont nous percevons la texture aérienne du mets ; nous en avons tiré des enseignements sur ce que le soufflé devait être, en bouche, et l'analyse rationnelle de la recette classique nous a montré que les soufflés devaient être chauffés par le fond. Vient alors le stade où ces études – expérimentales aussi bien que théoriques, les deux vont évidemment de pair – montrent que, pour les soufflés, la classique cuisson au four n'est pas indispensable. Que faire? Abandonner le four, au mépris de la tradition, afin d'obtenir un soufflé amélioré? Ou coller aux enseignements des Anciens, en oubliant que la sauce mayonnaise ou la pâte feuilletée ont été, pendant des siècles, des innovations?

La quatrième partie de ce livre rejette évidemment l'immobilisme et le conservatisme, au nom d'une autre tradition: «connaissance raisonnée». C'est au nom de cette connaissance raisonnée que nous acceptons d'inventer de nouvelles mousses au chocolat, que nous admettons d'abandonner l'inutile clarification des consommés, que nous généralisons l'aïoli et que, malgré le *vade retro satanas* des conservateurs, nous proposons même de faire de la chimie dans nos cuisines!

Là encore, une justification s'impose: de la chimie, ou d'ailleurs de la physique, dans la cuisine, nous en avons déjà. Nous en avons quand nous faisons une sauce émulsionnée; nous en avons quand nous grillons une viande. Toutefois, tels des Jourdain culinaires, nous ignorons que nous en avons, et nous nous satisfaisons de ce que nous avons, sans chercher à perfectionner. Ce que je réclame, dans cette quatrième partie, c'est de l'âme. Oui, cherchons à comprendre cette chimie et cette physique que nous craignons, non pour nous empoisonner, mais, au contraire, pour obtenir des goûts puissants ou délicats, à notre choix.

Cuisinons en connaissance de cause.

Partie 1

Explorer les tours de main

LE BOUILLON

La viande perd autant ses «sucs» lorsqu'elle est mise initialement dans l'eau froide que lorsqu'elle est placée dans l'eau bouillante.

Le bouillon de bœuf est «l'âme de la cuisine de ménage» écrivait le chef Jules Gouffé, en 1867 : on boit au début du repas ce liquide obtenu par cuisson de viandes ou de légumes dans de l'eau, mais il sert aussi d'élément de mouillement pour des plats variés ou pour la confection des sauces. Comment le préparer?

Les livres de cuisine regorgent de monitions : «L'échauffement progressif du liquide est de toute importance pour la limpidité autant que pour la sapidité du bouillon», recommande Madame Saint Ange en 1925. Pourquoi devrait-on ainsi cuire la viande dans l'eau initialement froide? Nous retrouvons, l'idée dès 1847, chez Antonin Carême, le «cuisinier des empereurs», qui propose une explication : «Le bouillon doit venir à l'ébullition très lentement, sinon l'albumine coagule, se durcit; l'eau n'ayant pas eu le temps nécessaire de pénétrer la viande, empêche la partie gélatineuse de l'osmazôme de s'en dégager».

Trente ans plus tôt, Brillat-Savarin écrivait déjà que «pour avoir de bon bouillon, il faut que l'eau s'échauffe lentement, afin que l'albumine ne coagule pas dans l'intérieur [de la viande] avant d'être extraite ; et il faut que l'ébullition s'aperçoive à peine, afin que les diverses parties qui sont successivement dissoutes puissent s'unir intimement et sans trouble». Sont associées sortie des sucs et limpidité du bouillon.

Pouvons-nous admettre que la viande libère des quantités de «sucs» différentes quand elle initialement placée dans l'eau chaude ou dans l'eau froide? Tout dépend manifestement de la durée de la cuisson, mais Jules Gouffé répond que la cuisson dure plusieurs heures : «Il vient un moment où la viande est cuite et n'a plus rien à vous donner en fait de suc ou d'arôme. La laisser séjourner dans la marmite après son entier épuisement par la cuisson, c'est risquer de gâter le bouillon, bien loin de le rendre meilleur. J'indique la limite de cinq heures pour le grand pot-au-feu.»

On comprend mal pourquoi, après cinq heures de cuisson, les migrations de composés aromatiques ou sapides dépendraient encore de la température de l'eau en début de cuisson. En revanche, on comprend bien que l'agitation mécanique du bouillon risque de mettre en suspension des particules qui seraient détachées de la viande, ce qui conduirait à un bouillon trouble qu'il faudrait ensuite clarifier, au risque d'amoindrir son goût.

En 1995, nous avions comparé diverses méthodes de cuisson pour des bouillons ayant tous la même composition : il était... clair que les bouillons cuits à l'eau bouillante sont plus troubles. Toutefois le problème de la température initiale de l'eau demeurait lancinant, malgré les travaux du chimiste allemand Justus von Liebig (1803-1873), universellement connu pour ses bouillons et ses extraits de viande.

Liebig prétendait que les nutriments essentiels de la viande ne sont pas dans les fibres musculaires, mais dans les fluides, qui étaient perdus lors du rôtissage ou de la confection du bouillon : «En plongeant la chair dans l'eau bouillante, l'albumine se coagule à la surface et constitue une enveloppe qui s'oppose dès lors à la pénétration de l'eau, sans empêcher la chaleur de se propager peu à peu et de faire passer l'albumine de l'état cru à l'état de cuisson; dans ces circonstances, les principes sapides de la viande sont en majeure partie retenus.» Inversement, pour avoir un bon bouillon, on évitera, recommande-t-il, de mettre la viande dans l'eau chaude, sous peine de confiner les sucs dans la viande et d'avoir un bouillon sans goût.

Ces préceptes furent à la base d'une aventure industrielle. En faisant évaporer sous vide un bouillon préparé par cuisson de viande hachée dans l'eau froide, Liebig obtenait un «extrait de viande» qu'il vendit dans le monde entier, propageant simultanément la théorie du bouillon démarré à l'eau froide.

Liebig était un bon chimiste, mais il ne faisait, sur ce sujet, que recopier les écrits, vieux d'un demi-siècle, de Brillat-Savarin, qui n'était ni homme de science, ni même cuisinier. Certes la pratique de la cuisine montre que la viande blanchit immédiatement, quand on la plonge dans l'eau bouillante, mais extrait-on moins bien les sucs?

Les sucs perdus

Rien ne vaut l'expérience: divisons un gros morceau de viande en deux parties égales, et plaçons-en une moitié à l'eau froide, et l'autre à l'eau bouillante; puis chauffons et pesons périodiquement les deux morceaux. On observe que la masse diminue très rapidement dans l'eau bouillante, et plus lentement dans l'eau froide.

Cependant, après une heure de cuisson environ, les deux morceaux ont perdu autant (au gramme près!). Puis la masse ne varie plus malgré plusieurs heures supplémentaires de cuisson. De surcroît, les deux bouillons, testés en aveugle, sont indiscernables: la théorie du bouillon, douteuse en théorie, est fausse en pratique.

En revanche, l'expérience donne une façon nouvelle d'utiliser le bouilli, cette viande qui a laissé échapper ses sucs dans le bouillon: quand il refroidit suffisamment longtemps dans le bouillon, sa masse augmente d'environ dix pour cent, parce que la viande pompe du liquide. Pourquoi, alors, ne pas laisser la viande refroidir dans du jus de truffes, qui serait ainsi aspiré dans les chairs?

Le chimiste allemand Justus von Liebig fut connu dans le monde entier grâce à son extrait de viande, initialement vendu comme fortifiant pour convalescent, puis comme condiment.

Georges B'am

PARTICULES DE BOUILLON ASSOMMÉES

La convection assure-t-elle une bonne clarification du bouillon? Étude expérimentale à partir de marc de café!

Les livres de cuisine contiennent d'étranges affirmations. Ne lit-on pas que, dans un bouillon trouble, l'ajout de glaçons «assomme» les particules et les fait tomber au fond de la casserole? Naturellement cette formulation est critiquable, mais l'observation culinaire contient-elle un fond de vérité? Faisons l'expérience.

La modélisation du bouillon

Commençons par obtenir des particules d'une taille voisine de celle des particules qui troublent le bouillon : le café moulu est un bon exemple, parce qu'il est composé de particules de tailles variées. Comme il teinterait excessivement l'eau, délavons-le en faisant couler sur lui de l'eau, jusqu'à épuisement des matières colorantes. L'opération laisse une poudre noire, d'une granularité hétérogène.

Divisons cette poudre en deux moitiés égales que nous plaçons dans deux verres identiques, avec la même quantité d'eau dans chaque verre. Puis chauffons les deux verres à l'aide d'un four à micro-ondes. Au sortir du four, les particules en suspension dans l'eau montrent d'énergiques mouvements de l'eau, mouvements qui cessent en quelques secondes. Ajoutons alors, précautionneusement, des glaçons dans un verre, et une masse d'eau chaude égale à celle des glaçons dans l'autre verre. Rien ne se passe dans ce dernier cas, mais, dans le verre avec les glaçons, la poudre suspendue révèle un intense mouvement du fluide.

Ce mouvement n'est pas surprenant : les glaçons refroidissent l'eau à leur contact, au sommet du liquide, en même temps qu'ils fondent, libérant de l'eau froide... et dense. Placée au-dessus de l'eau chaude du verre, cette eau tombe, tandis que l'eau chaude du fond monte, se refroidit au contact des glaçons, et ainsi de suite jusqu'à ce que les glaçons soient fondus.

Que deviennent les particules? Sont-elles assommées? Une étrange ségrégation apparaît : les grosses et les petites particules en suspension sont emportées vers le bas par le courant convectif, et semblent se déposer au fond du verre. Toutefois le courant qui remonte emporte les plus petites des particules. Pourquoi les grosses particules ne remontent-elles pas? Probablement parce que les particules qui tombent dans un fluide ont une vitesse limite.

Si le liquide était immobile, les particules seraient soumises à deux forces : leur poids, vers le bas, et la poussée d'Archimède, vers le haut. Puisque les particules finissent de toute façon par sédimenter, c'est qu'elles sont plus denses que l'eau et que la résultante de ces forces est dirigée vers le bas.

Cependant les particules qui tombent sont soumises à une force de traînée vers le haut, dont l'intensité dépend de la viscosité du liquide, de la vitesse de chute et du rayon des particules. Initialement, cette force étant nulle (car la vitesse l'est), les particules sont accélérées par la force vers le bas ; puis, progressivement, la traînée équilibre la résultante du poids et de la poussée d'Archimède, de sorte que les particules tombent à vitesse constante : la vitesse limite.

La ségrégation des particules

Quand le liquide remonte, après être descendu, il tend à emporter vers le haut les petites et les grosses particules, mais celles-ci, ayant une vitesse limite différente, réagissent différemment. Ainsi les petites particules ont une vitesse limite de chute vers le bas inférieure à la vitesse du fluide vers le haut, parce que leur rayon est petit. En revanche, les grosses particules, avec leur importante vitesse limite vers le bas, chutent plus vite que le fluide ascendant ne les fait remonter : elles restent au fond du verre.

Comment tester cette hypothèse? Pourrait-on, par exemple, reproduire l'expérience dans un fluide plus visqueux, afin de modifier la vitesse limite des particules? À l'École supérieure de physique et de chimie de Paris, Marc Fermigier observe que l'augmentation de viscosité risque de ralentir la vitesse de convection et que les phénomènes risquent de changer : dans l'eau pure, le courant remonte les particules parce que, sur sa course incurvée, en bas de la cellule de convection, il pénètre dans le milieu granulaire ; trop visqueux, il aurait plus de mal à pénétrer entre les pores de ce milieu (loi de d'Arcy).

Son collègue Eduardo Weisfred mentionne que les grosses particules, plus inertes que les petites, peuvent changer de ligne de courant en bas de la cellule de convection, de sorte qu'elles seraient emportées vers des zones où le courant est moins rapide et où la sédimentation est possible ; les petites particules, elles, suivraient le fluide dans son mouvement complet.

Et le tour de main culinaire? Nous avons vu que seules les grosses particules sédimentent notablement : les petites, elles, continuent de troubler notre breuvage, comme l'agneau, innocent pollueur, troublait, dit-on, l'eau du loup de la fable du bon La Fontaine.

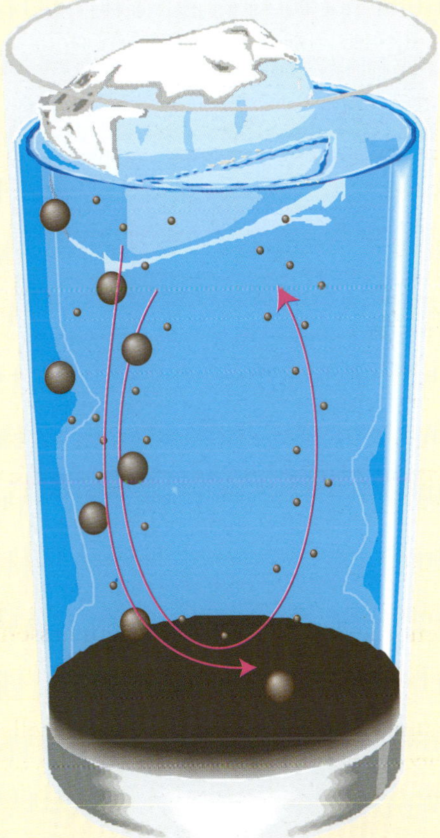

La circulation des particules de café dans un verre d'eau chaude où l'on a placé des glaçons : la convection ne fait sédimenter que les grosses particules.

L'ŒUF DUR MAÎTRISÉ

Comment obtenir un jaune bien centré et ajuster la durée de cuisson.

Les livres de cuisine rapportent que, pour obtenir un œuf dur dont le jaune soit bien centré, on doit plonger et cuire l'œuf dans de l'eau déjà bouillante. L'expérience démontre parfois le bien fondé du conseil empirique, mais, parfois, le cuisinier ou la cuisinière a beau suivre la prescription, son jaune se décentre ; parfois aussi, alors que l'œuf est placé dans l'eau froide, le jaune est centré. Que vaut un conseil s'il n'est pas absolu?

Quelques expériences éclairent le grave problème du jaune. Pourquoi le jaune serait-il parfois décentré? Parce qu'il a migré à l'intérieur de l'œuf. Pourquoi a-t-il migré? Parce qu'il subit les forces de pesanteur et la poussée d'Archimède. Ces forces poussent-elles le jaune vers le haut ou vers le bas? On admet souvent que le jaune est plus dense que le blanc, mais rien ne vaut une expérience : dans un verre étroit et haut (une «coquille transparente», qui nous permettra de voir les positions respectives du jaune et du blanc), plaçons un jaune d'œuf et, dessus, déposons quatre ou cinq blancs. Le jaune s'élève lentement, ce que l'on s'explique bien, *a posteriori*, puisqu'il contient une certaine quantité de lipides (les graisses), moins denses que l'eau qui compose l'essentiel du blanc d'œuf.

Cette flottaison du jaune dans le blanc serait-elle responsable du décentrage du jaune dans l'œuf dur? Vérifions-le par d'autres expériences. Tout d'abord, laissons un œuf reposer sur le côté, dans une casserole d'eau, puis chauffons jusqu'à l'ébullition et cuisons ainsi pendant une dizaine de minutes en nous assurant que l'œuf reste immobile. Après dix minutes de cuisson, ouvrons l'œuf: le jaune est décentré vers le haut. Puis répétons l'expérience avec un œuf que l'on a laissé vertical un temps suffisant pour que le jaune ait eu le temps de s'élever. Cuisons maintenant l'œuf dans la position où il a reposé : à nouveau, le jaune est décentré vers le haut. Ces expériences confirment que la différence de densité du jaune et du blanc est responsable du décentrage éventuel.

Oui, mais... et les membranes qui centrent le jaune dans l'œuf, remarqueront ceux qui en connaissent l'existence? Certes l'expérience du verre supprime ces membranes et leur effet, mais l'expérience de cuisson démontre qu'elles ne sont pas suffisantes pour bien centrer le jaune.

Comment, alors, obtenir un jaune bien centré? La solution se déduit des expériences précédentes : il faut éviter que le jaune remonte dans la coquille. Comment? En supprimant la direction verticale, qui est la cause de la flottaison du jaune. Et, en pratique, en manipulant l'œuf de sorte que le jaune soit centré : cuisons l'œuf à l'eau bouillante en le faisant rouler dans la casserole ; après une dizaine de minutes de cuisson, ouvrons l'œuf. Le jaune est centré.

La même expérience, mais en partant d'eau froide, donne un jaune centré à condition de faire rouler l'œuf plus longtemps, ce qui est fastidieux. Les livres de cuisine ont partiellement raison, mais leur avis non motivé est insuffisant. La clef de la réussite est dans le repos interdit au jaune.

Œuf dur
Œuf hamine

Les

au
n

Œuf que l'on a laissé reposer sur le côté, puis que l'on a cuit dans l'eau bouillante en le laissant dans la position de repos.

…?
Avec cinq … de cuisson … ne sont pas encore durs, mais avec quinze minutes, le blanc est caoutchouteux et le jaune sableux, dit-on. Pourtant, ce résultat n'est pas constant. Les œufs dits «hamine», préparés dans certaines communautés juives, telle celle de Grèce, sont réputés pour leur tendreté, alors qu'ils sont cuits pendant plusieurs heures. Comment les cuisinières juives évitent-elles l'odeur soufrée des œufs trop cuits et pourquoi le jaune ne prend-il pas, dans leurs œufs, la teinte verte qu'a le jaune des œufs cuits plus de dix minutes en France?

Ces questions en suscitent d'autres: pourquoi les œufs cuisent-ils? Le blanc, d'une part, est constitué de dix pour cent de protéines (des enchaînements d'acides aminés repliés sur eux-mêmes en pelote) en solution dans 90 % d'eau. Lors du chauffage, les protéines se déroulent partiellement (elles se «dénaturent») et se lient, formant un réseau qui piège l'eau: un gel.

La tendreté du blanc d'œuf cuit dépend de la quantité d'eau piégée. C'est la perte d'une partie de cette eau qui fait le caoutchouteux des œufs sur le plat trop cuits; c'est aussi la surcuisson du jaune qui le fait devenir sableux.

De fait, des expériences de cuisson d'œufs dans l'eau à différentes températures donnent la clé du mystère des œufs hamine: quand un œuf est cuit dans l'eau bouillante, à la température de 100 degrés, sa masse diminue progressivement à mesure que l'eau est éliminée du gel formé. En revanche, quand un œuf est cuit à une température peu supérieure à la température de coagulation de ses protéines (vers 68 degrés), il coagule en conservant son eau, gage de tendreté et de moelleux.

La cuisson des œufs hamine s'effectue traditionnellement dans la cendre, où l'on mesure une température comprise entre 50 et 90 degrés seulement. Il n'y a donc pas de paradoxe, mais seulement une bonne maîtrise empirique de la coagulation des protéines de l'œuf lors de la cuisson.

Cuire les œufs dans l'eau bouillante a toutefois un avantage: comme cette température est fixe, on obtient un résultat constant en fixant la durée de la cuisson. En revanche cette température de 100 degrés ne tient pas compte de la nature de l'œuf.

N'est-il pas temps d'utiliser ce que la technique peut nous donner de bon? Des thermostats bien faits, par exemple, qui permettraient de cuire les œufs durs à des températures plus proches de leur température de coagulation: à 62 degrés, le blanc est cuit, mais pas le jaune qui, lui, nécessite une température de 68 degrés. Évidemment la cuisson durera plus longtemps, mais quel prix ne paierait-on pas pour un œuf dur parfait?

QUICHES, PETITS CHOUX ET PAINS À L'ANIS

Leur gonflement n'est qu'indirectement dû aux œufs qu'ils contiennent : la cuisson vaporise l'eau qui gonfle la pâte.

La quiche ne doit pas cuire trop, sans quoi elle perd de sa tendreté ; elle n'est pas «chevelotte», disent les Lorrains. D'où la règle culinaire : on doit arrêter la cuisson quand la quiche commence à gonfler. À gonfler? Pourquoi ce gonflement? Et pourquoi serait-il l'indication d'une juste cuisson?

Pour répondre à la question, examinons un autre plat qui gonfle également : la quenelle. Qu'elle soit de poisson ou de viande, c'est généralement de la chair qu'on a malaxée avec de la crème, des œufs et une panade, c'est-à-dire une pâte obtenue en travaillant de la farine dans de l'eau bouillante. Une fois pochée, les quenelles sont mises dans une sauce et, dans les bons cas, elles gonflent, même quand les œufs n'ont pas été battus.

La quenelle et la quiche ont donc en commun la crème et les œufs : lequel des deux ingrédients est-il nécessaire au gonflement? Si la crème chauffée ne gonfle apparemment pas, l'examen des recettes de petits choux, composés de panade et d'œufs, montre que l'œuf est le dénominateur commun des plats qui gonflent. Certains chefs le savent : dès 1905, dans un *Manuel culinaire*, l'auteur (anonyme) écrivait que «les plats qui contiennent des œufs peuvent souffler».

Pourquoi cette vertu gonflante des œufs? Des expériences de confection de quiches, avec diverses proportions de blancs, de jaunes, de crème ou de lard ne donnent pas la solution que procure un peu de réflexion : il n'existe aucune raison pour que des bulles d'air naissent spontanément dans de l'œuf chauffé, mais ce dernier contient de l'eau (90 pour cent dans le blanc, 50 pour cent dans le jaune) qui peut s'évaporer lors de la cuisson. D'ailleurs, toute personne qui a déjà observé la cuisson d'un œuf sur le plat a vu le blanc se soulever, poussé par de l'eau du blanc qui était évaporée au contact de la poêle et piégée sous la couche coagulée.

Gonflements perfectionnés

Connaissant l'origine du gonflement, comment l'optimiser? Si l'on chauffait un blanc d'œuf par le sommet, ce serait l'eau de la face supérieure qui serait évaporée et s'échapperait sans faire gonfler. En revanche, si l'on chauffe par le fond, comme quand on cuit un œuf sur le plat, on observe le gonflement précédemment décrit. On conclut ainsi que les produits qui sont censés gonfler doivent être chauffés par le fond. Un soufflé? Posons-le sur la sole du four. Des macarons? des petits pains à l'anis? Posons-les sur une plaque métallique. Des quenelles? Évitons leur le gril et préférons-lui une plaque chauffée par dessous...

Continuons sur la voie de l'optimisation : de combien un produit qui contient de l'œuf peut-il gonfler sous l'action de la seule vaporisation de l'eau? Comme un blanc d'œuf pèse environ 30 grammes et qu'il contient donc environ 27 grammes d'eau, il peut engendrer un volume de vapeur supérieur à 30 litres! Pourquoi alors les gonflements limités des soufflés, macarons, pains à l'anis, gougères, etc.? Parce qu'une partie notable de la vapeur formée est perdue par diffusion dans la masse supérieure : un examen attentif de la cuisson de ces produits montre d'ailleurs des bulles qui s'échappent. Pour obtenir un gonflement maximal, il faudrait d'abord confectionner une couche supérieure imperméable à la vapeur.

Retour à la quiche

Revenons à la quiche. Pourquoi son gonflement serait-il un indice de cuisson juste à point? Le liquide coulé dans la pâte, autour des lardons, est essentiellement composé de matière grasse, d'eau et de protéines. Or les protéines qui coagulent forment un gel : en se liant, elles établissent un réseau qui piège l'eau et la matière grasse. Plus l'eau est abondante, plus le gel est tendre (*a contrario*, une viande, un poisson ou un œuf dont l'eau a été complètement évaporée sont des solides coriaces). Autrement dit, l'évaporation de l'eau, si elle fait gonfler une quiche, révèle aussi le début de la perte de sa tendreté. Le dicton lorrain a du bon.

Est-il suffisant? Non, car le gonflement ne se produit que si l'on cuit la quiche en la chauffant par dessous. Nous devons donc corriger le dicton traditionnel : une quiche est cuite quand, chauffée par le fond, elle commence à gonfler.

Et c'est ainsi que la quiche est chevelotte.

Alban Gaillard

LES GNOCCHIS

Est-il exact qu'ils flottent à la surface de l'eau quand ils sont cuits?

Aimez-vous les gnocchis? Les recettes sont nombreuses, du gnocchi de pomme de terre au gnocchi parisien, mais leur principe est commun: on constitue une pâte composée d'amidon, d'œuf et d'eau. Dans les gnocchis de pommes de terre, de l'amidon supplémentaire est apporté par les granules présents dans les cellules de la pomme de terre (en pratique, des pommes de terre sont cuites, pelées et écrasées). Parfois, aussi, les recettes incluent du parmesan, du lait... La pâte est travaillée à la spatule, puis posée sur une plaque à pâtisserie farinée, roulée en cordons, lesquels sont débités en petits tronçons qui sont écrasés à la fourchette quand on souhaite leur donner une forme classique. Vient alors la cuisson: les gnocchis sont versés dans une casserole d'eau salée ou de bouillon, et l'on dit qu'ils sont cuits quand ils remontent. Le dicton est-il fiable? Et pourquoi le serait-il? La question n'est pas anecdotique, car de nombreuses préparations ont le même type d'ingrédients et le même type de cuisson: les spätzles alsaciens, diverses boulettes d'Europe centrale...

Commençons par une vérification. Dans de l'eau qui bout, déposons quelques gnocchis: ils tombent au fond de la casserole. Puis ils gonflent lentement et, progressivement, «s'allègent» : ils suivent d'abord les courants de convection dans la casserole, revenant vers le fond, mais vient enfin un moment, après quelques dizaines de secondes de cuisson, où ils flottent véritablement. Il est donc exact que les gnocchis remontent.

Sont-ils alors cuits, comme le dicton le prétend? Si vous les goûtez, vous verrez qu'ils sont mangeables, mais la véritable question est: la remontée est-elle le signe de la cuisson?

Plus denses, en moyenne

Analysons le problème pour des gnocchis classiques, composés de pomme de terre, de farine et d'œuf. Cette pâte conserve sa cohérence en cours de cuisson, parce que l'œuf coagule au contact de l'eau bouillante, la température étant supérieure à 68 degrés. La pomme de terre, elle, est déjà cuite: les grains d'amidon qui emplissent les cellules ont gonflé lors de la cuisson. Enfin, la farine est composée de grains d'amidon et de gluten: ce dernier est formé de protéines, qui forment un réseau, lors du travail de la pâte, enchâssant les grains d'amidon et les cellules de pommes de terre. Enfin l'amidon de la farine, comme celui de la pomme de terre, est insoluble à froid, mais il s'«empèse» dans l'eau chaude: les molécules d'eau s'immiscent entre les molécules de l'amidon.

Ce mécanisme explique le gonflement des gnocchis à la cuisson. Et comme la densité de l'amidon est supérieure à celle de l'eau (quand on met de la farine avec de l'eau, elle tombe au fond du récipient), la densité totale des gnocchis diminue pour tendre vers celle de l'eau, mais en restant supérieure à elle. Pourquoi les gnocchis finissent-ils alors par flotter? Il faut nécessairement qu'un corps de densité inférieure à celle de l'eau s'y agrège. Ce corps peut être de l'air ou de la vapeur d'eau, sous la forme de bulles. Quelle expérience corroborerait l'hypothèse?

Cuisons d'abord des gnocchis dans de l'eau dont on a chassé l'air dissous en chauffant l'eau pendant longtemps (les bulles qui se forment au fond de la casserole et qui montent jusqu'à la surface de l'eau, en début de chauffage, sont des bulles d'air, et non de vapeur d'eau) : les gnocchis remontent néanmoins, et ce n'est donc pas l'air qui fait flotter les gnocchis.

La seule autre possibilité est que la vapeur d'eau forme des bulles qui s'accrochent aux gnocchis et en assurent la sustentation. Pour le démontrer, sortons de l'eau un de ces gnocchis qui sont remontés dans de l'eau dégazée, roulons-le doucement sur un plan de travail afin d'éliminer les bulles de vapeur présumées et remettons le gnocchi dans la casserole : il s'enfonce à nouveau, et remontera plus tard, quand les anfractuosités de sa surface se seront à nouveau chargées de bulles microscopiques de vapeur d'eau.

Voulez-vous voir cette vapeur? Cuisez alors des fleurs de chou-fleur : leur surface est si irrégulière qu'elle piège efficacement la vapeur et qu'une couche brillante de gaz les recouvre, lorsque les fleurs viennent à flotter ; en tapotant cette surface, on libère la vapeur et l'on fait retomber les fleurs.

Un dicton précisé

À ce point, l'exploration du gnocchi n'est pas achevée, car nous ignorons encore si la flottaison des gnocchis est une garantie de leur cuisson. D'ailleurs, qu'est-ce qu'un gnocchi cuit? Un gnocchi où l'œuf a coagulé? Dont l'amidon s'est empesé? Pour déterminer l'ampleur de ces phénomènes, formons des gnocchis de diverses tailles : un demi-centimètre et dix centimètres de diamètre, par exemple. Cuisons-les ensemble, et mesurons la température à cœur, quand ils viennent flotter à la surface de l'eau : la température des petits gnocchis est bien supérieure à celle des gnocchis plus gros. C'est la preuve que la flottaison des gnocchis n'est pas une indication fiable de leur degré de cuisson ; ou, du moins, que les gnocchis des différentes tailles seront cuits différemment si l'on juge d'après ce critère.

Pis encore, la température des plus gros gnocchis est parfois inférieure à la température d'empesage de l'amidon et de coagulation de l'œuf. Autrement dit, la remontée des gnocchis est un critère insuffisant. Il faudra soit prolonger la cuisson après la remontée, soit créer un tableau indiquant les temps de cuisson en fonction de la grosseur des gnocchis, si l'on veut une précision digne des grands cuisiniers.

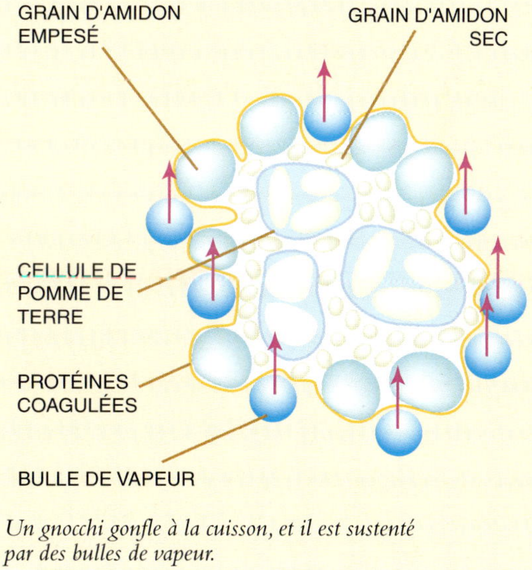

Un gnocchi gonfle à la cuisson, et il est sustenté par des bulles de vapeur.

SOUFFLÉS GONFLÉS

L'eau qu'ils contiennent les fait gonfler quand elle est évaporée au contact des parois chaudes.

Comment obtenir un soufflé bien gonflé? La question angoisse plus d'une cuisinière ou d'un cuisinier : des mesures de la pression au cœur d'un soufflé au fromage et de la perte d'eau au cours de la cuisson aident à comprendre la dynamique des soufflés.

Contrairement à une idée répandue, la confection d'un soufflé est à la portée des débutants : pour un soufflé au fromage, par exemple, on commence par préparer une béchamel au fromage en chauffant de la farine et du beurre, puis en ajoutant du lait et du fromage râpé ; hors du feu, on ajoute alors des jaunes d'œufs et, précautionneusement, les blancs d'œufs battus en neige ; on cuit au four à une température comprise entre 180 et 200 degrés, pendant une vingtaine de minutes.

On a longtemps prétendu que les soufflés gonflaient parce que l'air présent dans les bulles était dilaté par l'échauffement. Toutefois un calcul simple montre que cet effet ne peut engendrer qu'un gonflement de 20 pour cent environ. Or les adeptes du soufflé savent parfaitement fabriquer des soufflés qui doublent ou triplent de volume.

C'est plutôt la vaporisation de l'eau apportée par le lait ou par les œufs qui fait gonfler les soufflés. La preuve? Quand on plonge le couteau dans un soufflé afin de le partager, devant les convives ravis, un nuage de vapeur s'élève, en même temps que le soufflé s'effondre, au grand dam des intéressés.

Soufflé modèle et modèle de soufflé

Quel est le gonflement maximal des soufflés? Un modèle thermodynamique de soufflé est utile pour préciser les espoirs. Dans le four, l'air chauffé communique d'abord sa chaleur au ramequin et à la partie supérieure du soufflé ; un gradient de température s'établit entre la périphérie et le cœur du soufflé. Dès que la température atteint 100 degrés, contre les parois du ramequin ou à la surface supérieure, l'eau du soufflé s'évapore et une croûte se forme.

Cette description simple est corroborée par des mesures des températures au cœur de soufflés : quand on enfonce la sonde d'un thermocouple (un thermomètre précis) dans un soufflé en cours de cuisson, on mesure que la croûte supérieure est à la température du four, et que la température diminue vers le cœur avant d'augmenter à nouveau vers le fond.

De surcroît, cette mesure révèle une dynamique invisible de l'intérieur des soufflés : si l'on place la sonde à une position fixe par rapport au ramequin, on mesure d'abord une augmentation de température, puis une légère diminution ou une stagnation de la température, et enfin une augmentation jusqu'à environ 70 degrés : la chaleur s'introduit progressivement dans le soufflé, mais l'évaporation de l'eau, au contact du fond, engendre des bulles qui poussent l'ensemble du soufflé vers le haut, ce qui fait venir des couches froides au niveau de la sonde ; celles-ci, toutefois, continuent de chauffer, et la cuisson à point est obtenue quand les œufs sont partout coagulés (vers 70 degrés).

Vers des gonflements supérieurs

Comment l'eau s'évapore-t-elle? La comparaison de deux soufflés identiques à l'exception des blancs, battus plus ou moins fermes, indique un début de réponse : le soufflé aux blancs très fermes gonfle beaucoup plus que le soufflé aux blancs peu battus, parce que les bulles de vapeur traversent difficilement la mousse ferme des blancs vigoureusement battus. Ainsi, deux phénomènes au moins concourent au gonflement: la formation de bulles de vapeur et le piégeage des bulles dans la masse du soufflé, dans les zones où la température est suffisante pour éviter la recondensation.

Quelle quantité d'eau contribue ainsi à accroître le volume du soufflé? La pesée d'un soufflé avant et après la cuisson montre que dix pour cent de sa masse environ est perdue. Toutefois, toute cette eau n'est pas piégée dans le soufflé : autrement la pression augmenterait jusqu'à plus d'une centaine d'atmosphères. Des mesures récemment effectuées ont montré que la pression n'est augmentée que de quelques dizaines de millimètres de mercure : cela prouve qu'une partie seulement de l'eau évaporée est piégée dans le soufflé ; le reste s'évapore à la surface du soufflé ou forme des bulles qui viennent crever à la surface.

Au fait, demande le cuisinier : comment obtenir des soufflés parfaitement gonflés? La description précédente l'indique : on obtiendrait des soufflés mieux gonflés si l'on parvenait à imperméabiliser un peu la surface, afin d'éviter la libération des bulles formées dans la masse du soufflé. Comment s'y prendre? Peut-être en passant le soufflé sous un grill avant de commencer la cuisson. Cette pratique a l'avantage supplémentaire que le soufflé monte alors régulièrement, offrant au regard une surface homogène et d'un beau doré, révélateur d'un goût puissant.

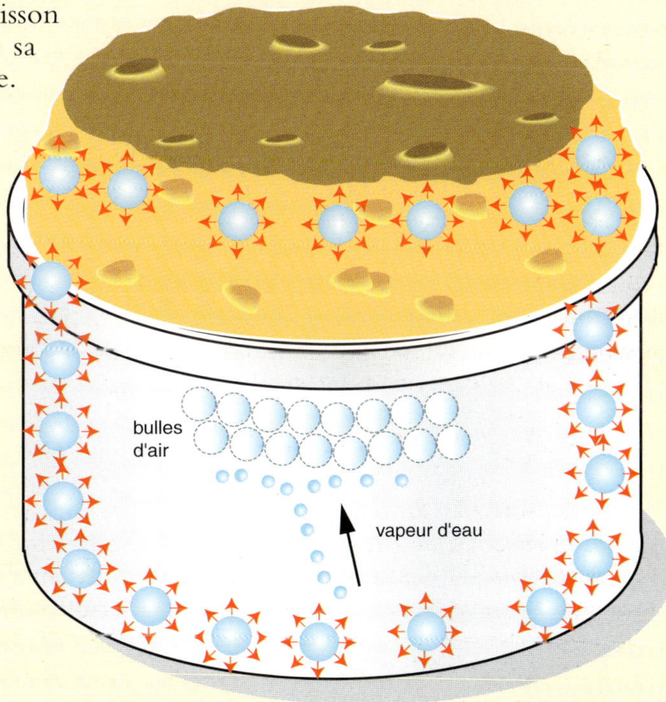

L'évaporation de l'eau dans les zones où la température est supérieure à 100 degrés (près des parois du ramequin et au sommet) et le piégeage des bulles de vapeur formées font gonfler les soufflés.

LES QUENELLES

Cuisons-les à petit feu après les avoir fait reposer : elles seront meilleures.

Avez-vous déjà fait des quenelles de saumon ou de truite? Les recettes sont innombrables, mais ce sont des variations sur un thème : à de la chair de poisson finement pilée, on ajoute de la matière grasse (graisse de rognons de bœuf, beurre, crème...) et, éventuellement, de l'œuf et une panade (soit du pain trempé dans du lait, soit une pâte faite par ajout de farine à de l'eau bouillante). Les ingrédients sont longuement travaillés, au point qu'Isabella Beeton, auteur d'un livre de cuisine célèbre en Angleterre depuis 1860, écrit que «les quenelles françaises sont les meilleures du monde, parce qu'elles gonflent davantage». Et elles gonflent, explique-t-elle, parce qu'elles sont plus travaillées.

Pourquoi le travail des quenelles détermine-t-il leur succulence? Et, d'abord, pourquoi les quenelles «tiennent-elles» à la cuisson, même quand elles ne comportent pas d'œuf? À la Station INRA de Rennes, Florence Lefèvre et Benoit Fauconneau répondent indirectement à la question en explorant les «propriétés thermogélifiantes des myofibrilles de la chair de truite».

En quoi cette recherche consiste-t-elle? La chair de truite est composée de cellules, les fibres musculaires, qui contiennent notamment des protéines «myofibrillaires» qui assurent la contraction musculaire. Or les protéines en solution dans l'eau forment un gel quand elles sont chauffées : comme dans le blanc d'œuf que l'on chauffe, les protéines de la chair de truite se lient, créant un réseau qui piège l'eau (dans une quenelle, ce gel piège également la matière grasse et les grains d'amidon gonflés qui ont été apportés par la panade).

Bien maîtrisée, la gélification permet la confection des quenelles et de divers produits que des sociétés norvégiennes envisagent de produire à partir de salmonidés d'élevage : ces produits seraient culinairement voisins des produits à base de surimis ou des nouilles de poisson fabriquées en Asie. En France, où l'on élève surtout la truite, on cherche aussi à utiliser les protéines de ce poisson pour créer des produits originaux.

Quelles protéines de la chair de poisson forment-elles les gels? Comme toutes les cellules, les fibres musculaires contiennent des protéines «sarcoplasmiques», qui assurent leur entretien et leur fonctionnement général, et des protéines myofibrillaires variées ; les principales sont l'actine et la myosine.

F. Lefèvre a d'abord montré que, dans les solutions diluées qui étaient étudiées, c'est principalement la myosine qui gélifie ; l'actine seule ne gélifie pas, mais son incorporation à une préparation de myosine augmente la rigidité du gel.

Dans quelles conditions ce gel se forme-t-il? Dans les quenelles comme dans les gels de protéines myofibrillaires, le problème est d'associer une grande tendreté (qui résulte d'une quantité d'eau notable) à une fermeté suffisante. Les paramètres qui déterminent la fermeté des gels sont la durée de stockage des solutions, la vitesse de chauffage, la température maximale de cuisson et, aussi, la concentration en protéines, l'acidité et la concentration en sels.

Pour étudier l'effet de ces divers paramètres, les biochimistes de Rennes ont effectué des tests de pénétrométrie : on enfonce une pointe dans la chair avec une force contrôlée et l'on mesure la déformation. Après avoir montré que ces mesures révèlent bien la fermeté telle que l'évalue le coup de dent, les chercheurs ont analysé les gels formés par cuisson de solutions de protéines isolées et découvert que les concentrations limites de gélification sont de l'ordre de dix grammes de protéines par litre.

Un repos bien mérité

La fermeté dépend du stockage : lors de ce dernier, des interactions entre protéines commencent à former le gel. Puis la fermeté de ce dernier évolue pendant la cuisson. Quelques minutes à des températures comprises entre 70 et 80 degrés stabilisent le gel initialement formé, mais la cuisson prolongée fait perdre de l'eau (et donc de la tendreté). Une vitesse de chauffage de 0,25 degré par minute conduit à des gels suffisamment fermes et élastiques.

Le comportement des protéines dépend notablement de l'acidité du milieu, parce que ces molécules portent des groupes latéraux ionisables : en milieu acide, les groupes acides des protéines ne sont pas modifiés, mais les groupes basiques se lient à un ion hydrogène ; ainsi chargées positivement, les protéines se repoussent et ne s'associent pas. Inversement, en milieu insuffisamment acide, les groupes acides des protéines sont ionisés, et les groupes basiques sont neutralisés, ce qui conduit également à une répulsion. Ainsi, l'acidité de la solution détermine les liaisons entre les protéines, ainsi qu'avec les molécules d'eau. Les acidités

optimales pour la formation des gels dépendent des protéines considérées et des espèces animales dont ces protéines sont issues. Les chimistes de l'INRA ont montré que, dans le cas de la truite fario, on optimise la formation des gels quand les solutions de protéines sont placées en milieu plus acide (à un *p*H égal à environ 5,6) que pour la gélification des protéines d'autres poissons.

Les études permettent enfin de perfectionner la préparation classique des quenelles. Tout d'abord, on laissera la pâte à quenelle reposer longuement, au frais, afin qu'un gel se forme à partir des protéines libérées par les fibres musculaires broyées. Puis on gagnera à cuire les quenelles à four très doux, en chauffant doucement. Enfin, si l'on a un peu acidifié les quenelles, la fermeté conférée par l'acidification permettra d'augmenter la tendreté, par ajout d'eau supplémentaire (par eau, le cuisinier entend évidemment une eau puissamment parfumée : fumet de crustacés, fond de poisson...).

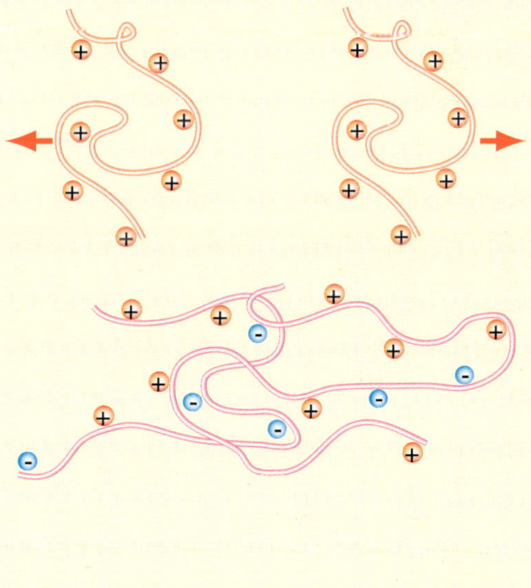

Les protéines s'associent (en bas) *quand on minimise la répulsion électrostatique totale.*

LA FONDUE

Comment choisir vins et fromages pour que la fondue ne rate jamais.

La vraie fondue au fromage est-elle savoyarde, valaisanne, fribourgeoise? Doit-on y mettre un, deux ou quatre types de fromages? On a fait des guerres pour moins que ça, mais la physico-chimie réconcilie les amateurs en expliquant pourquoi, malgré la simplicité de la recette – du fromage chauffé avec du vin – la fondue rate parfois, une masse solide tombant alors au fond du caquelon, tandis que du liquide gras surnage. Mieux encore, Tony Blake, directeur des sciences et techniques alimentaires de la Société *Firmenich*, à Genève, explique comment on peut se prémunir à coup sûr contre cet accident.

Composée d'eau (dans le vin) et de matière grasse, insoluble dans l'eau (dans le fromage), la fondue réussie est nécessairement une émulsion, c'est-à-dire une dispersion de microscopiques gouttelettes de matière grasse dans la solution aqueuse. De ce fait, la fondue est une cousine des sauces béarnaise ou hollandaise, qui sont également obtenues par fusion et dispersion d'un corps gras (le beurre, dans ce cas) dans une phase aqueuse (provenant du vinaigre ou du jaune d'œuf).

Dans la béarnaise, les gouttelettes de matière grasse sont enrobées par des molécules «tensioactives» du jaune d'œuf, qui placent dans l'eau leur partie soluble dans l'eau, et dans la matière grasse leur partie insoluble dans l'eau. Quelles sont les molécules tensioactives qui tapissent les gouttelettes de matière grasse dans la fondue? Ce sont les protéines nommées caséine, qui, déjà présentes dans l'émulsion qu'est le lait, forment des agrégats nommés micelles, autour des gouttelettes de matière grasse. Ces micelles de caséine sont constituées de plusieurs types de caséine, «cimentées» par des sels de calcium (surtout du phosphate) en sphéroïdes d'une centaine de nanomètres de diamètre. L'une des caséines, la caséine kappa, se dispose préférentiellement à l'extérieur des micelles et assure leur répulsion en raison de la charge électrique négative qu'elle porte (cette répulsion est importante pour la stabilité du lait: elle évite la fusion des gouttelettes de matière grasse tapissées par les micelles).

Lors de la fabrication du fromage, la présure que l'on ajoute au lait contient une enzyme qui détache la partie hydrophile de la caséine kappa, provoquant l'agrégation des micelles en un gel où restent piégées les matières grasses. Aussi, formé à partir d'une émulsion (le lait) que l'on a volontairement détruite, le fromage semble impropre à redonner une émulsion dans la fondue. Il s'y prête toutefois parce qu'il est affiné, et mêlé à du vin.

Affinage et viscosité

Les vrais amateurs de fondue savent en effet que la réussite tient notamment dans le bon choix des fromages. Naturellement des questions de saveur et d'arôme interviennent, mais, surtout, les fromages bien mûrs se prêtent mieux à la confection des fondues, parce que, lors de l'affinage, des enzymes peptidases ont découpé la caséine et les autres protéines en petits fragments qui se dispersent mieux dans la solution aqueuse : ces fragments de caséine émulsionnent alors les gouttelettes de matière grasse et augmentent la viscosité de la phase aqueuse (c'est pour cette raison qu'une fondue au camembert serait toujours réussie).

Cette augmentation de la viscosité est analogue à celle, «hérétique», que l'on obtient quand on ajoute à la fondue de la farine ou toute autre composition alimentaire contenant de l'amidon, telle la fécule de pomme de terre : en gonflant dans la solution aqueuse chaude, les grains d'amidon augmentent la viscosité et limitent les mouvements des gouttelettes de matière grasse, qui restent alors séparées ; l'émulsion qu'est la fondue est stabilisée.

Vins acides et palliatifs

Toutefois les amateurs récusent cette pratique qui changerait le goût de leur plat et ils préfèrent combiner habilement des fromages et des vins. Ils choisissent des vins très secs, voire excessivement acides et, si possible, très fruités. Pourquoi ces propriétés seraient-elles utiles? T. Blake a montré que la concentration de ces vins en acides tartrique, malique et citrique est élevée. Or les ions malate, tartrate et, surtout, citrate sont de très bons complexants du calcium. Ainsi les vins acides et fruités qu'utilisent les experts ès fondue dissocient les micelles de caséine, libérant les protéines, qui viennent alors enrober les gouttelettes de matière grasse et stabiliser l'émulsion.

Les chimistes, eux, sont tentés de tordre le bras à la recette classique, par exemple en ajoutant du bicarbonate de sodium, qui neutralise les acides et favorise la formation des ions capables de complexer le calcium. Une autre solution, quand on soupçonne le vin de contenir trop peu d'acides tartrique, malique ou citrique, consiste à les ajouter : le meilleur choix est l'acide citrique, sous la forme de son sel de sodium et à raison de un à deux pour cent ; la fondue est alors inratable.

Une fondue faite avec de l'eau se sépare (à gauche) *; la même préparation reste émulsionnée quand on y ajoute du citrate de sodium* (à droite).

LE RÔTI DE BŒUF

Il doit reposer après la cuisson, de sorte que le jus qui a été conservé en son centre se répartisse dans la périphérie asséchée.

Les cuisiniers modernes sont souvent pressés, mais leur hâte les empêche de manger de bons rôtis de bœuf: ils omettent souvent, après la cuisson, un indispensable repos de la viande, à la bouche du four entrouvert. Sans cet intermède, leur viande est sèche, dure... Les bons professionnels savent, eux, que le repos de la viande est indispensable pour que la viande soit tendre, mais ils expliquent que, lors de la cuisson, le jus «voudrait échapper» à la chaleur du four, de sorte qu'il refluerait vers le cœur du morceau ; le repos assurerait ensuite une bonne redistribution des fluides. Est-ce vraisemblable?

Analysons la cuisson du rôti avec l'œil froid et calme du physico-chimiste. Celuici sait que la viande est composée de cellules, les fibres musculaires, sacs limités par une membrane et dont le milieu intérieur, essentiellement aqueux, contient des molécules qui assurent le métabolisme et la contraction ; ces cellules sont gainées de collagène, regroupées en faisceaux, euxmêmes regroupés en faisceaux d'ordre supérieur. Naturellement cette description est simplifiée : le muscle animal contient également de la matière grasse, du sang, etc.

Comment cette structure réagit-elle quand on la chauffe? Comme la chaleur s'introduit dans un rôti par conduction, à partir d'air chauffé par le four à une température de 200 degrés environ, l'eau est évaporée de la couche externe, jusqu'à une profondeur où la température est égale à 100 degrés ; cette couche complètement asséchée, croustillante, est mince. Plus au centre, la température de chaque point augmente lentement lors de la cuisson, et la structure de la viande se transforme par étapes, car les diverses protéines de la viande coagulent à des températures différentes. Par exemple, à partir de 70 degrés, la myoglobine, qui transporte l'oxygène dans le sang, est oxydée : le fer ferreux qu'elle contient se transforme en fer ferrique, de sorte que la viande vire au rose. Ou encore, vers 80 degrés, les parois cellulaires sont rompues, ce qui met en contact la myoglobine avec des composés oxydants et fait virer la couleur au brun.

Le sang peut-il s'accumuler au cœur du rôti? Dès qu'une température de 50 degrés est atteinte dans la couche périphérique, le collagène se contracte, expulsant le jus vers l'extérieur du rôti, et aussi vers l'intérieur. Toutefois la zone centrale, composée de liquides et de solides quasi incompressibles, ne peut recevoir ce jus. Ceux que cette explication ne convainc pas devront cuire des rôtis de bœuf, en pesant les morceaux et en déterminant leur masse volumique (on déterminera leur volume en les plongeant dans de l'eau et en pesant la masse d'eau déplacée) avant et après la cuisson.

Judicieuse prescription, mauvaise explication

Ces mesures sont révélatrices. Tout d'abord, on constate qu'un rôti, par exemple, rétrécit et perd jusqu'à un sixième de son poids, lors d'une cuisson classique! Cette perte résulte de l'éjection du jus, chassé par la contraction du collagène, ainsi que de l'évaporation d'eau périphérique. Profitons de l'occasion pour signaler que cette observation abat la théorie de la cautérisation, qui stipule que la surface coagulée des viandes s'opposerait à la perte du jus interne. Au XIXe siècle, l'auteur anonyme de l'ouvrage intitulé *La cuisinière modèle* indique par exemple : «Mettez le rôti à la broche devant un feu très vif, afin de saisir et de resserrer les pores de la viande, qui conserve ainsi son jus». De même, le cuisinier français Auguste Escoffier (1846-1935) écrit dans *La cuisine* que le rissolage «a pour but de former autour de la pièce une sorte de cuirasse qui empêche les sucs intérieurs de s'échapper trop tôt, ce qui transformerait le braisé en bouilli». D'une part, la notion de «pores» de la viande n'a pas de réalité anatomique et, d'autre part, les pesées de rôtis montrent que la perte de jus augmente avec la cuisson.

Les mesures de masse volumique confirment également que le jus ne reflue pas à cœur : la masse volumique du cœur cuit n'est pas significativement différente de celle de la viande crue. C'est l'indication que le cœur n'a pas été modifié lors de la cuisson (ce qui est compréhensible, car le rôti français reste presque cru, à cœur) et aussi que le cœur n'a pas été enrichi par le jus qui proviendrait de la périphérie.

Pourquoi, alors, la viande doit-elle reposer après la cuisson? Des pesées de cœurs et de périphéries de rôtis montrent notamment que le cœur cuit perd plus de jus, lors du repos qui suit la cuisson, que les parties périphériques (qui ont été asséchées et ont moins de possibilité de perdre encore leur jus). Ainsi le repos de la viande permet une répartition des jus, du cœur vers la périphérie. Et c'est ainsi que la périphérie regagne de la tendreté.

Une proposition, enfin : puisque la jutosité de la viande dépend de la quantité de jus, pourquoi ne pas réinjecter, à la seringue, le jus qui est sorti du rôti lors de la cuisson? Salé et poivré, ce jus viendrait donner à la viande un goût qu'elle n'a jamais eu... sauf quand les cuisiniers du passé piquaient, avant cuisson, les viandes avec des lardons salés et poivrés.

Les trois zones discernables dans un rôti de bœuf cuit correspondent à des températures différentes atteintes en fin de cuisson : moins de 70 degrés à cœur, entre 70 et 80 degrés pour les zones roses, et plus de 80 degrés pour les zones brunes.

TEMPS DE SA(LA)ISON?

Comme pour la découpe de l'œuf à la coque dans Gulliver, deux écoles s'opposent : ceux qui salent avant la cuisson, ceux qui salent après.

Vous faites cuire un steak et, naturellement, vous le salez. Quand? Avant de mettre la viande sur le grill? Pendant la cuisson? Juste avant de le consommer?

Les cuisiniers ont des réponses fondées sur leur expérience. Parfois insuffisante. Comme l'écrivait Oscar Wilde, l'expérience est la somme de toutes nos erreurs passées : si les erreurs ne sont pas identifiées, elles restent des vérités alternatives. Aussi convient-il de mener des expériences où les différents paramètres sont contrôlés et qui seules permettent de trancher… dans le vif et dans la viande. Certains argumentent que du sel mis en début de cuisson a le temps de migrer dans la viande et de la saler, sinon à cœur, du moins dans une couche superficielle d'épaisseur notable. Selon d'autres pratiquants tout aussi convaincus, le sel mis avant la cuisson ferait sortir le jus par le phénomène d'osmose.

Examinons ce second argument : la viande est composée de cellules, les fibres musculaires, qui enferment de l'eau, des protéines et toutes les autres molécules nécessaires à la vie cellulaire. Si la viande est mise au contact du sel au début de la cuisson, disent les catastrophistes, la concentration en eau étant plus grande dans la viande que dans le sel environnant, l'eau migrerait par osmose vers le sel, et la viande se dessécherait.

Progressivement, la viande perdrait son jus avec des conséquences néfastes : au lieu d'être grillée, la viande serait en partie «bouillie» dans le jus, et elle ne brunirait pas bien. Elle perdrait aussi de la tendreté, laquelle dépend de la concentration en eau dans l'aliment (viande sans jus, viande foutue?). Certains participants du séminaire de gastronomie moléculaire, où ces questions ont été débattues, mentionnaient enfin un effet sur la coloration de la viande. Le jus qui pourrait éventuellement sortir de la viande est le sang, ou bien l'eau intracellulaire. Toutefois, les avocats de la déperdition en eau oublient parfois que les fibres musculaires sont gainées d'un tissu de soutien, le collagène.

Les diverses viandes (côte de bœuf, beefsteak, côte de porc...) ont des structures si différentes que la question doit être resserrée : prenons des cas simples et utiles, une viande mince de type steak et un blanc de volaille. Nous avons choisi de mesurer la vitesse de dégorgement de la viande dans du sel, de mesurer les pertes de poids et de doser le sel dans la viande.

Saupoudrage et dégorgement

Examinons la première question : quelle quantité de jus sort de la viande en présence de sel? Mettons un morceau de viande dans du sel fin et pesons-le à intervalles réguliers. La préparation de l'expérience montre que les résultats varieront probablement en fonction des viandes, qui peuvent avoir été coupées parallèlement à l'axe des fibres, perpendiculairement ou de biais. Naturellement l'eau devrait sortir plus facilement si les fibres sont ouvertes lors de la préparation du morceau : une entrecôte devrait perdre plus qu'une bavette…

L'expérience a montré que pour la bavette, le dégorgement est très lent à température ambiante, alors qu'un blanc de volaille perd un pour cent de son poids dans la demi-heure qui suit le saupoudrage. Bien sûr, ces dégorgements à température ambiante sont bien différents de ceux d'une cuisson et il faudra poursuivre, mais le résultat est là : il n'y a pas de cataracte consécutive au saupoudrage et pourtant nous avons recouvert de sel la viande, alors que, lors d'une cuisson réelle, nous ne la saupoudrons que d'une très faible quantité de sel : l'action dégorgeante doit être encore plus faible. Il semblerait que le sel n'a pas d'action notable... Conclusion temporaire, mais probable : mettez le sel quand vous voulez, vous ne dessécherez pas votre bavette.

Le sel entre-t-il dans la viande lors de la cuisson? Les expériences consistaient à saler la même viande avant ou après la cuisson, à mesurer les pertes de jus et, surtout, à analyser des morceaux de ces viandes cuites, au microscope électronique à balayage, couplé à un système de détermination aux rayons X des éléments chimiques.

Les expériences ont été effectuées avec Rolande Ollitrault, de l'École supérieure de physique et chimie de Paris, Marie-Paule Pardo et Éric Trochon de l'École supérieure de cuisine française. L'analyse X a le grand avantage de révéler la présence de divers éléments chimiques (notamment le sodium et le chlore constituant le sel de cuisine) et d'indiquer si le sel diffuse dans la viande. La réponse est nette : le sel n'entre pas à cœur, et sort plutôt pendant la cuisson! D'autre part, quand la viande est grillée, sans matière grasse, au contact direct du métal, on observe qu'un peu de métal (très peu, tranquillisons-nous) passe dans la couche superficielle de la viande...

Là encore, le sel n'entrant pas dans la viande, on ne peut ni craindre ni prôner de mettre le sel avant la cuisson.

Il n'en reste pas moins que la nature des viandes est si diverse qu'il se pourrait que des effets plus fins surgissent en rapport avec nos désirs et nos illusions. La nature, selon les paroles sibyllines de Léonard de Vinci (qui annonçaient celles d'Hamlet) «est pleine d'infinies raisons qui ne furent jamais dans l'expérience» (*La natura è piena d'infinite ragioni chi non furono mai in isperenza*). Cela ne signifie pas qu'il ne faut pas tenter les expériences, mais en affiner les paramètres pour rechercher le feu de la vérité derrière la fumée des «expériences» et des opinions individuelles.

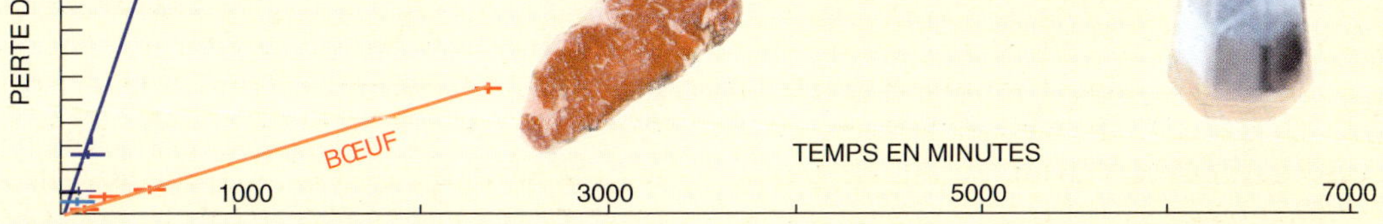

VIN ET MARINADE

La viande de bœuf marine mieux dans le vin rouge que dans le vin blanc.

On dit qu'il faut cuire les poissons dans du vin blanc, mais que l'on doit utiliser des vins rouges pour mariner et cuire les viandes dures afin de les attendrir. On dit que le persil ne doit pas être utilisé dans les marinades qui se prolongent plus de deux jours et que les viandes marinées ne doivent pas être rôties, sous peine d'être sèches. Ces prescriptions traditionnelles sont-elles fondées? Des physico-chimistes japonais confirment aujourd'hui certains de nos dictons culinaires.

Il y a une vingtaine d'années, des expériences effectuées à la Station INRA de Clermont-Ferrand avaient démontré que la viande de bœuf est attendrie par l'immersion prolongée dans des solutions acides: la protéine principalement responsable de la dureté des viandes crues, le collagène, et diverses autres protéines sont dissoutes par la marinade, qui augmente simultanément la rétention d'eau des protéines en les ionisant. Toutefois le vinaigre n'est pas l'unique ingrédient des marinades, et le rôle du vin restait mystérieux. Au Département d'économie familiale de l'Université de Koshien, au Japon, Kazudo Okuda et Ryuzo Ueda viennent de compléter l'étude française, après avoir étudié l'effet sur des viandes de produits fermentés tels que le vinaigre ou la sauce de soja.

Au cours de leurs premiers travaux, ils avaient trouvé que la masse, la teneur en eau (la tendreté des viandes dépend notamment de leur jutosité, c'est-à-dire de leur teneur en eau et de la facilité avec laquelle cette eau est libérée) et la texture des viandes bouillies après avoir mariné dans ces solutions étaient modifiés par cinq des composants des sauces: l'alcool, les acides organiques, le glucose, les acides aminés et le sel.

Marinades concluantes

En 1995, ils ont poursuivi cette étude en analysant des échantillons de viande de bœuf qui étaient bouillis après avoir mariné dans des vins blancs, dans des vins rouges ou dans des solutions ne contenant que certains composants des vins. Les échantillons utilisés (des cubes de viande d'une cinquantaine de grammes) étaient marinés pendant trois jours, puis bouillis pendant une dizaine de minutes. La partie externe et la partie interne étaient analysées séparément. Les teneurs en eau et les masses des échantillons marinés dans les vins rouges étaient légèrement supérieures aux teneurs en eau et aux masses des échantillons marinés dans les vins blancs, alors que les masses de matière sèche étaient analogues: autrement dit, la marinade en vin rouge préserve mieux la tendreté des viandes.

D'autre part, la résistance maximale à la compression était nettement inférieure pour l'intérieur des échantillons marinés en vins rouges: la marinade en vin rouge attendrit mieux les viandes que la marinade en vin blanc. Enfin, après la cuisson, les parties interne et externe des échantillons marinés en vins rouges étaient plus tendres que les échantillons marinés en vin blanc, et plus tendres aussi que des échantillons cuits sans avoir été marinés.

Comment expliquer cet avantage du rouge? Les physico-chimistes japonais avaient préalablement montré que les effets des sucres, des acides aminés et des sels inorganiques sont faibles, mais que les vins rouges contiennent plus de polyphénols que les vins blancs, parce qu'ils sont généralement plus tanniques et plus colorés (les tanins et les matières colorantes sont des polyphénols). Comme les polyphénols réagissent chimiquement avec les protéines, les deux chercheurs ont testé leur effet en marinant les mêmes viandes dans des solutions modèles, contenant des concentrations connues en acide tannique (représentant les polyphénols), en acides organiques et en éthanol.

La marinade dans des solutions composées d'eau, d'éthanol, d'acides organiques et d'acide tannique, comme le vin rouge, a modifié la viande comme le vin rouge lui-même, ce qui a confirmé que la marinade agit surtout par les acides organiques et par l'acide tannique ; l'éthanol et, dans une moindre mesure, les acides organiques sont importants pendant la cuisson.

Les détails moléculaires de ces réactions sont à l'étude, mais la réaction entre les protéines et les polyphénols des vins rouges semble bloquer le jus dans la viande par un phénomène de croûtage. Comme le prescrivaient les recettes classiques, l'emploi simultané de vin rouge et d'acides, tel le vinaigre, est un bon choix pour l'attendrissage des viandes ; reste à élucider le mystère du rôtissage des viandes marinées et de l'emploi du persil.

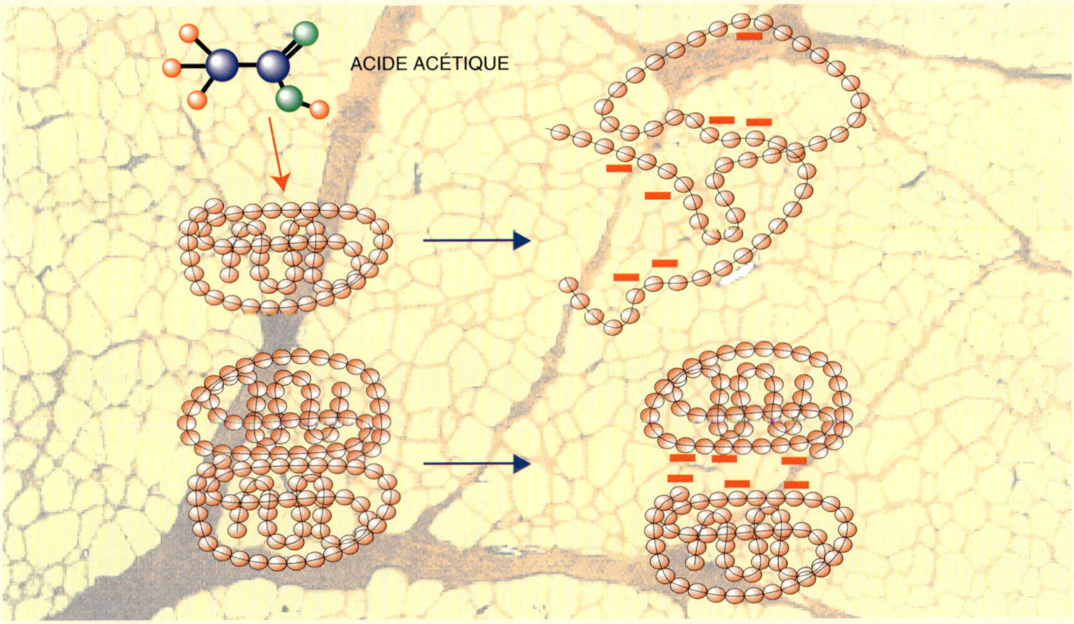

Les acides contribuent à la dénaturation des protéines (en haut), *parce qu'ils provoquent l'ionisation des chaînes d'acides aminés et la répulsion des parties de même charge électrique. Ils dissocient également les assemblages de protéines* (en bas) *: en dissociant les fibres de collagène, ils contribuent à attendrir les viandes.*

FRAÎCHES COULEURS

Comment éviter le noircissement des fruits et des légumes.

Le temps des légumes est revenu ; leur couleur tendre est gage de leur fraîcheur. Hélas à peine émincés, avocats, salsifis ou champignons noircissent. Comment éviter cette dégradation? Comment servir des jus de pommes pressés maison qui ne s'assombrissent pas entre la cuisine et la table? Cuisinières et cuisiniers préconisent le citron dont le jus, disent-ils, préviendrait l'apparition de couleurs associées à la surmaturation, à l'endommagement ou à la pourriture des végétaux. Leur recommandation est-elle fondée?

Mettons-la à l'épreuve : comparons des rondelles d'avocat laissées à l'air libre à des rondelles arrosées de jus de citron. Après quelques heures d'attente, la différence, manifeste, confirme la pratique culinaire, mais n'explique pas l'effet protecteur. Si l'acidité était en cause, le vinaigre devrait se substituer au citron... ce que réfute l'expérience.

Alors? Le citron renferme de l'acide ascorbique, ou vitamine C, qui est un composé anti-oxydant. Autrement dit, de l'acide ascorbique pur (on en trouve en pharmacie) devrait être plus efficace que le jus de citron : l'expérience démontre que c'est bien le cas. En outre, on observe que l'oxygène de l'air participe au brunissement. L'industrie peut-elle allonger la liste empirique que les cuisinières et cuisiniers ont établie et qui se résume au jus de quelques agrumes (citrons, oranges, citrons verts) et aux saumures, qui donnent toutefois un goût salé?

Vitamine C contre enzymes

Le brunissement des végétaux est dû à des enzymes nommées polyphénoloxydases, qui modifient les molécules de polyphénol (avec au moins un centre benzénique, à six atomes de carbone disposés aux sommets d'un hexagone, auquel sont liés plusieurs groupes hydroxyle –OH) des fruits et des légumes. En présence d'oxygène, ces enzymes remplacent les groupes hydroxyle par des atomes d'oxygène ; puis les quinones ainsi formées réagissent, engendrant des pigments bruns de la même famille que la mélanine (qui se forme quand nous bronzons). Ce brunissement enzymatique, qui défend apparemment les plantes contre les ravageurs, s'observe dans la plupart des fruits, des feuilles et dans de nombreux champignons qui ont été coupés ; il ne sévit pas dans les végétaux intacts, parce que les enzymes et les polyphénols sont séparés par des membranes.

Divers traitements physiques évitent le brunissement des légumes et fruits qui sont émincés, ce qui est fréquemment leur lot, en cuisine : la congélation ou la réfrigération ralentissent l'action des enzymes, mais ne la bloquent pas ; la pasteurisation est plus radicale, car elle inactive les enzymes, mais elle ne s'applique pas à tous les fruits et légumes, car elle dégrade souvent la texture ou la couleur des végétaux. Enfin le conditionnement en l'absence d'oxygène évite l'apparition des composés bruns ; l'industrie procède parfois sous atmosphère d'azote ou de dioxyde de carbone.

Revenons à la chimie : n'existe-t-il pas des inhibiteurs qui, en proportion infime, préviendraient le brunissement enzymatique? À très faible dose, l'acide salicylhydroxamique inhibe complètement les polyphénoloxydases des pommes ou des pommes de terre, par exemple ; et la bentonite, une argile qui absorbe les protéines, réduit aussi l'activité des enzymes ; la gélatine, le charbon actif ou la polyvinylpolypyrrolidone extraient aussi des phénols solubles des vins et des bières, mais ils modifient les propriétés des produits.

Employés dans l'industrie agro-alimentaire, les sulfites évitent le brunissement en se liant aux quinones et en formant des sulfoquinones incolores : le dioxyde de soufre et le métabisulfite de sodium sont un outil courant des producteurs de vin, par exemple, mais ils ont des effets secondaires qui préoccupent les autorités sanitaires : aux bénignes migraines causées par les vins excessivement sulfités s'ajoutent des crises d'asthme ou d'urticaire, des nausées, voire des chocs anaphylactiques. La recherche d'autres inhibiteurs aussi efficaces et sans inconvénient s'impose.

De nombreux inhibiteurs ont été découverts ou synthétisés, mais ils doivent encore prouver leur innocuité. On explore, par exemple, la cystéine, acide aminé contenant du soufre, et ses dérivés, ainsi que bien des composés naturels (dans le miel, les figues ou l'ananas) ou de synthèse.

Nouveaux agents protecteurs

Jacques Nicolas, au CNAM, et ses collègues de la Station INRA de Montfavet explorent une voie nouvelle : l'utilisation de cyclodextrines, des molécules en forme d'abat-jour qui évitent le brunissement en extrayant les polyphénols dans leur cavité centrale. J. Nicolas et ses collègues ont d'abord analysé l'effet anti-brunissement de ces molécules dans des solutions modèles contenant un ou deux phénols et de la polyphénoloxydase de la pomme *Red Delicious*. En attendant l'application industrielle de leurs résultats, si vous voulez produire un jus de pommes sans recourir à des atmosphères inertes, recourez à la «clarification», qui consiste à laisser le brunissement se produire ; comme les polyphénoloxydases des pommes se trouvent dans le chloroplaste des cellules, elles restent dans les débris solides, qui noircissent, s'agrègent et sédimentent. Laissez alors reposer le jus avant de décanter le liquide ambré et clair.

Laissés à l'air libre, des morceaux d'avocat noircissent (à gauche). *On prévient ce brunissement en utilisant du jus de citron* (à droite).

LENTILLES AMOLLIES

Les vertus du bicarbonate de sodium.

Faut-il encore démontrer que la chimie est utile en cuisine? Et que son utilisation ne viole pas des traditions gastronomiques dont les Français sont si fiers? Commençons par l'examen d'une pièce ancienne, tirée du *Cuisinier parisien*, un ouvrage anonyme publié en 1838: «Les haricots, les pois et les lentilles et beaucoup d'autres légumes ne cuisent bien que dans l'eau très pure et très légère; celle des rivières et des ruisseaux est toujours la meilleure; celle des puits ne vaut rien. Dans les endroits où il n'y a que de l'eau de puits, on peut la rendre propre à cuire les légumes en y versant un peu de carbonate de soude, dissous dans l'eau jusqu'à ce qu'il ne la fasse plus blanchir. Il se fait un petit dépôt; on prend le clair et on s'en sert pour cuire les légumes.» En quoi la qualité de l'eau déterminerait-elle la tendreté des légumes? Et de quel usage seraient le carbonate de soude ou la cendre de bois, également préconisée par le même auteur?

Des bases qui amollissent

La cendre et le bicarbonate ont comme point commun de rendre l'eau basique. Pour savoir si cette alcalinisation agit sur les légumes, commençons par cuire des lentilles dans trois casseroles identiques, sur trois feux identiques: dans la première casserole, le milieu de cuisson sera l'eau distillée; dans la deuxième, nous utiliserons de l'eau rendue basique par du bicarbonate de sodium; et, dans la troisième, nous utiliserons, au contraire, de l'eau rendue acide par un peu de vinaigre.

Aucun instrument de laboratoire n'est nécessaire pour mesurer la différence d'amollissement entre les trois échantillons tant elle est nette: quand les lentilles à l'eau pure sont juste cuites, celles qui ont cuit dans de l'eau acidifiée sont encore dures comme des cailloux, tandis que les lentilles cuites dans l'eau rendue basique par le bicarbonate de sodium se délitent. Ainsi l'acidité du milieu de cuisson détermine l'amollissement des légumes.

Par quel effet? Les végétaux sont composés de cellules jointes par une lamelle pariétale, composée de pectine et de cellulose. Pour attendrir le tissu végétal, on doit donc modifier le ciment pectique. En milieu acide, les molécules de pectine sont neutralisées: leurs groupes carboxylate $-COO^-$ captent les atomes d'hydrogène, de sorte que les groupes résultant $-COOH$ sont électriquement neutres. Les molécules de pectine n'exercent alors pas de répulsion électrique les unes sur les autres; elles restent associées, et les lentilles restent dures. En revanche, le bicarbonate de sodium provoque l'ionisation des groupes acide carboxylique $-COOH$ en $-COO^-$, de sorte que les répulsions électrostatiques entre molécules de pectine favorisent leur séparation et la dégradation des parois végétales; les lentilles sont amollies.

La dureté de l'eau

La modification d'acidité de l'eau est-elle le seul effet dû au bicarbonate de sodium? Le *Cuisinier parisien* suggère indirectement les effets de la dureté de l'eau, liée à la présence d'ions calcium. Pour tester les effets de ces ions, utilisons à nouveau deux casseroles identiques, sur deux feux identiques, où nous répartissons des lentilles ; versons de l'eau distillée dans la première casserole, et de l'eau rendue artificiellement dure par l'ajout de carbonate de calcium, dans l'autre casserole. Quand les lentilles de l'eau pure sont cuites, après 45 minutes, les lentilles de l'eau calcaire sont encore dures comme du bois. Cette fois, l'effet est dû aux ions calcium, qui, avec leur deux charges positives, peuvent se lier à deux molécules d'acide phytique (du cytoplasme) ou de pectine, renforçant la cohésion moléculaire, au lieu de l'affaiblir. Avec les ions monovalents, tel le sodium, de telles liaisons ne s'établissent pas.

Ces phénomènes intéressent l'industrie agroalimentaire et, notamment, les producteurs de lentilles, qui voudraient faciliter l'utilisation de leurs produits. Ne pourrait-on trouver un moyen de précuire les lentilles? À la Station INRA de Montfavet, Patrick Varoquaux, Pierre Offant et Françoise Varoquaux ont étudié cette question, cherchant les conditions optimales pour obtenir un amollissement des graines, sans libération de l'amidon qu'elles contiennent ni dissociation du tégument qui libérerait des débris cellulaires. Une cuisson à la vapeur serait un bon moyen pour atteindre ce but, mais la durée de cuisson serait excessive.

Cuisant des lentilles à différentes températures, pendant des temps différents, et mesurant la fermeté des graines, les chercheurs de Montfavet ont d'abord observé que la fermeté diminue avec la durée de cuisson, en raison inverse de la température. Une telle observation est de bon sens, mais la quantification des résultats est instructive : les courbes montrant la fermeté des graines en fonction du temps, pour chaque température, présentent un coude, qui révèle que l'amollissement résulte de deux phénomènes. Le premier, rapide, est très probablement la diffusion de l'eau vers l'intérieur des lentilles ; le second, plus lent, semble être la gélification de l'amidon dans l'eau chaude (formation d'un empois).

AKG Paris

Pour préparer un plat qui vaut aussi cher qu'un droit d'aînesse (ici Jacob devant son père, Isaac, avec le plat de lentilles qu'il échangea à Esaü contre son droit d'aînesse), il faut savoir cuire les lentilles : dans l'eau pure, entre 80 et 90 degrés.

D'autre part, le pourcentage de lentilles brisées augmente exponentiellement en fonction du temps de cuisson quand la température est supérieure à 80 degrés. La température joue ainsi plus sur l'intégrité des lentilles que sur leur fermeté : la perte d'intégrité est plus importante que l'amollissement pour les températures de cuisson supérieure à 86 degrés. D'où la règle culinaire dégagée de ces études fondamentales : il faut cuire les lentilles a température inférieure à 90 degrés... mais cela prend du temps.

LES POMMES DE TERRE SOUFFLÉES

L'analyse d'un plat classique montre comment éviter la matière grasse des fritures.

Les pommes de terre soufflées se présentent sous la forme de petits ballons croustillants et dorés : on a raconté qu'elles furent découvertes le 25 août 1837, lors de l'inauguration de la ligne de chemin de fer Paris-Saint Germain-en-Laye : au déjeuner officiel, on devait servir des rondelles de pomme de terre frites, mais le train avait difficilement monté la dernière côte, de sorte que le cuisinier décida d'interrompre la friture ; puis, quand les convives furent attablés, il retrempa les rondelles dans un bain d'huile très chaud afin de les rendre croustillantes. Elles gonflèrent.

Depuis, les cuisiniers ont donné des indications variées pour confectionner ce difficile chef-d'œuvre de la cuisine française classique ; l'analyse physico-chimique éclaire les mécanismes du soufflage et révèle comment limiter la consommation de matière grasse dans les fritures.

Les livres de cuisine n'expliquent pas les conseils qu'ils donnent, à propos des pommes de terre soufflées. On a longtemps prétendu que ce plat, et la détermination de l'épaisseur idéale des rondelles, avaient été étudiés par le chimiste français Michel-Eugène Chevreul (1786-1889), qui fut un pionnier de la chimie des corps gras. L'histoire était plausible, vu l'importance de la matière grasse dans la confection du plat, mais je n'ai pas trouvé trace d'un tel travail dans les œuvres de Chevreul. En revanche, le cuisinier français Auguste Colombié a écrit en 1893 : «Grâce à l'obligeance de M. Decaux, l'aimable et savant préparateur chimiste du regretté Chevreul, qui a bien voulu me fournir les thermomètres indispensables, j'ai pu faire trois expériences scientifiques sur le soufflage des pommes de terre, le mercredi 14 avril 1884, au magasin d'exposition de la Compagnie parisienne du gaz».

Suivent plusieurs pages où Colombié présente les résultats de ses expériences, sans aucune référence à Chevreul : il est donc probable que des historiens de la cuisine auront assimilé Colombié à Decaux, et Decaux à Chevreul.

Technologie du soufflage

Comment préparer des pommes de terre soufflées? La plupart des recettes classiques préconisent de couper, dans le sens le plus long des pommes de terre, des rondelles dont l'épaisseur est comprise entre 3 et 6 millimètres. Après lavage et séchage, on plonge les rondelles dans un premier bain de friture, porté à une température de 180 degrés. Puis, après six à sept minutes, quand les rondelles surnagent, on les sort, on les laisse reposer, puis on les plonge dans un second bain plus chaud. Les divers chefs attribuent le succès à l'épaisseur des rondelles, au temps d'attente entre les deux bains, ou à la température de ceux-ci.

Quel est le paramètre important? Pourquoi le phénomène de soufflage? Comment l'optimiser? L'expérimentateur qui suit les recettes observe tout d'abord que la pomme de terre est un matériau thermiquement isolant : la cuisson de son centre (les cellules de pomme de terre contiennent des grains d'amidon, qui gonflent quand l'eau des cellules est chauffée, formant une purée) est lente. Quand le premier bain est trop chaud, une croûte excessivement épaisse et rigide se forme avant que le centre soit cuit, et la pomme de terre ne souffle plus, ensuite.

La vapeur d'eau repousse l'huile

D'autre part, l'expérience qui consiste à peser des rondelles frites montre que l'huile ne remplace pas l'eau éliminée par la chaleur, comme cela fut longtemps admis : par une surface de 100 centimètres carrés, environ 80 centimètres cubes de vapeur s'échappent par seconde ; la pression de la vapeur repousse l'huile! En outre, si les rondelles viennent bientôt flotter, c'est que l'eau est remplacée par de la vapeur et non par de l'huile (la pomme de terre est composée de 78 pour cent d'eau et de 17 pour cent d'amidon, plus dense que l'eau et, *a fortiori*, que l'huile).

D'ailleurs, l'observation de bulles de vapeur donne la clé du soufflage : pour que les rondelles soufflent, il faut que la vapeur soit formée brusquement, déformant les faces asséchées qui forment des cloisons imperméables à la vapeur. Sans cette vaporisation rapide (d'où la température élevée du second bain), de petits filets de bulles s'échappent par des orifices dans la croûte, et la pression de la vapeur est insuffisante pour faire souffler.

Ce soufflage n'a également lieu que si des cloisons imperméables ont été formées lors du premier bain. Puis, pendant le repos entre les deux bains, la cuisson se poursuit dans la partie centrale, l'eau se répartit dans les zones asséchées, au voisinage des cloisons complètement sèches, et, probablement, le refroidissement décolle les cloisons du cœur. Le second bain, en évaporant l'eau, provoque le soufflage : la vapeur sort difficilement par les quelques orifices des cloisons.

Cette analyse explique que l'épaisseur doive être bien contrôlée. Avec des rondelles trop minces, on n'obtient pas deux cloisons séparées par une purée centrale, et la quantité de vapeur formée est ensuite insuffisante ; avec des rondelles trop épaisses, la longue cuisson du centre s'accompagne de la formation d'une croûte trop épaisse, gênant le gonflement.

On comprend également qu'il faille prendre le plus grand soin en manipulant les rondelles de pommes de terre : si on perce les minces cloisons, on voit de grosses bulles sortir par les ouvertures, de sorte que la pression n'est plus suffisante pour provoquer le gonflement.

Enfin, comment minimiser la quantité de matière grasse absorbée avec les pommes soufflées? S. Saguy, à l'Université de Jérusalem, a montré que l'huile est surtout présente en surface, et que sa quantité augmente avec la rugosité et avec l'usure de l'huile : plus la rugosité est grande, plus l'huile adhère à la surface, d'autant que les huiles âgées contiennent des molécules tensioactives (la preuve : les vieilles huiles moussent).

BASSINES ET CONFITURES

Les bassines en cuivre sont recommandées pour la cuisson des confitures, mais elles ne doivent pas être étamées. Pourquoi?

Commençons par les dictons. En 1847, l'auteur de *La cuisinière de la campagne et de la ville* (nommé seulement par ses initiales: M.L.E.A.) indique que, pour faire des confitures, «il est indispensable d'employer un vase de cuivre non étamé (ceux de faïence ou de terre étant sujets à faire brûler ou à donner mauvais goût)». Puis, en 1907, le géologue Henri Babinsky, dans sa *Gastronomie pratique* ajoute: «Pour les confitures de fruits rouges, il est préférable de se servir de bassines émaillées, qui ne communiquent aux fruits aucun goût d'âcreté, comme cela arrive souvent avec les bassines de cuivre non étamées». En revanche, à la même époque, les professeurs de l'École du Cordon bleu recommandent d'«éviter de se servir d'aucun ustensile en fer ou étamé».

Et se succèdent ainsi les dictons relatifs aux confitures. Alors, finalement, cuivre ou non? Étain ou non? Observons tout d'abord que si la bassine à confiture a des reflets chauds qui entretiennent la nostalgie culinaire et, éventuellement, contribuent à l'esthétique des lieux, elle encombre, aussi, et impose, avant l'emploi, un bon nettoyage qui ne peut se faire à l'ammoniaque, sous peine de donner aux confitures un goût désagréable. Pourquoi ne cuirait-on pas les confitures dans des cocottes en acier inoxydable ou dans des récipients émaillés? Le cuivre agit-il par sa conductivité thermique supérieure? Ou possède-t-il des vertus insoupçonnées?

Le rôle du cuivre en confitures

Rien ne vaut l'expérience. Commençons par mettre des groseilles ou des framboises dans une bassine en cuivre. Pour faire les choses avec rigueur, mesurons l'acidité du contenu de la bassine: elle est parfois étonnamment forte. Par exemple, on pourra mesurer un *p*H (le *p*H mesure l'acidité; il est compris entre 0, pour les acides très forts, et 14, pour les bases très fortes) égal à 3 environ, soit presque autant que certains vinaigres! Cette mesure faite, inclinons la bassine en cuivre, et nous verrons que le cuivre a été mis à nu par le fruit et son jus. Autrement dit, les ions cuivre qui couvraient le métal sont passés en solution.

Ces ions ont-ils un effet sur la confiture? Étudions-le par une autre expérience, qui consiste à diviser une confiture préalablement cuite dans un récipient inerte chimiquement (par exemple du Pyrex), puis à ajouter un sel de cuivre dans une des deux moitiés: quand les deux confitures refroidissent, on observe que la préparation qui contient des ions cuivre est bien plus ferme que l'autre. Pourquoi? Parce que la confiture doit sa prise aux molécules de pectine, extraites des fruits, qui s'enchaînent en un réseau qui piège l'eau, le sucre et les fruits. Un jus de citron contribue généralement à la prise en gelée, parce que les molécules de pectine portent des groupes acide carboxylique -COOH, qui, selon l'acidité, peuvent ou non s'associer: si le milieu est insuffisamment acide, les groupes acides carboxyliques sont ionisés sous la forme $-COO^-$, de sorte que les charges électriques qu'ils portent provoquent leur répulsion ; en milieu acide, au contraire, ces groupes sont neutralisés, et les molécules de pectine ne se repoussent plus.

Et le cuivre, dans cette affaire? Sous la forme ionique qui est celle qu'il prend dans les confitures, il possède deux charges électriques positives, qui peuvent se lier à deux groupes négativement chargés, et provoquer la liaison des pectines. Autrement dit, le cuivre renforce les gels de pectine ; il durcit les confitures, comme l'expérience le confirme.

Oui, mais le cuivre est un métal dont notre organisme n'a besoin qu'en quantité limitées, et les méfaits du vert-de-gris sont à redouter. Ne pourrait-on trouver un autre ion divalent? Le calcium aurait le même effet. Sous quelle forme l'utiliser? La craie semble peu appétissante, mais le citrate de calcium?

Des framboises additionnées de sels d'étain (à droite) *prennent une teinte violacée.*

Et l'étain?

Si le cuivre est utile, pourquoi l'étain qui recouvre la face interne des casseroles anciennes serait-il nuisible?

L'expérience qui consiste à placer des fruits rouges, telles des framboises ou des groseilles, dans des récipients étamés, ne fait apparaître aucun effet gênant. Les dictons anciens sont-ils de ces scories du développement empirique de la cuisine? Si l'étain n'agit pas sur les fruits rouges, on pourrait supposer que c'est le cuivre, encore lui, qu'il faut redouter, mais des fruits dans du cuivre ne sont pas non plus modifiés.

Les métaux, toutefois, sont généralement actifs par leurs sels. Sur des fruits rouges, versons une pincée de divers sels métalliques : d'argent, d'aluminium, de cuivre, d'étain, de fer... Immédiatement, les sels d'étain provoquent l'apparition d'une désagréable couleur violacée, parce que les pigments des fruits rouges se lient aux atomes métalliques ; les électrons qui assurent cette liaison sont alors différemment répartis dans les molécules de pigments, qui, de ce fait, absorbent différemment la lumière. Et c'est ainsi que les sels d'argent font un peu blanchir les framboises, tandis que les ions cuivre leur donnent une belle couleur rouge orange. Les ions étain, eux, provoquent ce violet qui est à l'origine des dictons culinaires.

Cependant nos moyens modernes de nettoyage sont supérieurs à ceux d'antan, et le dicton devrait être amendé : les fruits rouges ne doivent en aucun cas être déposés ou cuits dans des récipients en cuivre étamés et sales.

RATTRAPER UNE CRÈME ANGLAISE?

Une pincée de farine évite la formation d'agrégats de protéines... que l'on peut toutefois disloquer au mixeur.

Comment rattraper une crème anglaise qui grumelle? La question est d'importance culinaire, parce que la crème anglaise, présente sous une forme ou une autre dans de nombreux desserts, est particulièrement sujette à «tourner». C'est même une des distinctions entre crème anglaise et crème pâtissière : toutes deux sont composées de lait, de jaunes d'œufs, de sucre et d'un aromatisant, tel que de la vanille, mais la crème pâtissière contient de surcroît une quantité notable de farine qui la protège contre la formation de grumeaux. La crème anglaise, sans cette farine protectrice, risque le pire...

Lors du Deuxième Congrès international de gastronomie moléculaire et physique, organisé du 22 au 29 avril 1995 au Centre Ettore Majorana, en Sicile, chefs et physicochimistes se sont penchés sur ce type de questions. Des chefs renommés, tels que Christian Conticini ou Raymond Blanc, apportaient des questions culinaires relatives aux sauces et aux plats qui en sont dérivés : crème anglaise, crème pâtissière, mayonnaise, blancs en neige, soufflés, ganaches, gelées, confitures... Les physiciens et chimistes que nous avions réunis autour de Nicholas Kurti (Université d'Oxford) et de Pierre-Gilles de Gennes cherchaient les mécanismes des effets culinaires, patents mais scientifiquement incompris, qui leur étaient proposés, interprétant les sauces en termes de solutions, d'émulsions, de mousses, de gels, de suspensions...

Le problème de la crème anglaise a été examiné expérimentalement. Comme de nombreux autres plats délicats, la crème anglaise a suscité dans le milieu culinaire nombre de dictons et tours de main qu'il semblait utile d'examiner. Une pincée de farine dans la crème anglaise l'empêche de grumeler, dit-on ; pourquoi? On dit que l'on peut rattraper une crème anglaise qui a grumelé en la secouant fortement dans une bouteille ; est-ce exact?

La pincée de farine et le mixeur

Une crème anglaise a été examinée à divers stades de sa préparation. Tout d'abord, la crème a été chauffée doucement (à une température inférieure à 65 degrés) : progressivement, comme pour toute crème anglaise réussie, le mélange de lait, de sucre et de jaunes d'œuf a épaissi. Au microscope, des structures de petite taille (quelques micromètres) sont apparues.

Puis cette même crème a été passée quelques secondes au four à micro-ondes, afin qu'un grumeau annonciateur de la surcuisson apparaisse : au microscope, les structures observées étaient environ deux fois grosses et plus denses que celles qui avaient été observées dans la crème parfaite, mais l'aspect général n'était pas considérablement modifié. En revanche, quand la crème fut ensuite excessivement chauffée, son aspect général, au microscope, changea complètement : des zones claires, composées de liquide, séparaient des zones très denses, composées de structures analogues à celles qui avaient été observées dans le grumeau naissant.

Enfin cette crème anglaise ratée fut mixée pendant quelques dizaines de secondes : à l'œil nu, elle devint mousseuse, tandis que les grumeaux disparaissaient et que la texture de la crème parfaite semblait retrouvée ; au microscope, d'autre part, un état d'agrégation intermédiaire entre celui d'une crème parfaite et celui d'un grumeau à peine constitué était observé.

Inévitable coagulation

Il semble clair que la prise d'une crème anglaise réussie résulte d'une coagulation du jaune d'œuf présent dans la crème, que la crème soit réussie ou non : les structures observées au microscope sont probablement des agrégats de protéines qui ont été partiellement déroulées par la chaleur, puis se sont regroupées sous l'action de liaisons chimiques faibles.

Lorsque la crème anglaise est excessivement chauffée, la coagulation, rapide, conduit à des agrégats macroscopiques : ce sont les grumeaux, qui peuvent être détruits par le mixeur. Le sont-ils complètement? Et peut-on retrouver une crème anglaise parfaite en mixant une crème anglaise ratée?

Les observations au microscope montrent que l'usage du mixeur dissocie bien les agrégats macroscopiques, mais qu'un mixage notable est nécessaire pour que la crème anglaise ne contienne plus que des agrégats microscopiques de protéines, analogues à ceux d'une crème anglaise réussie.

Enfin, pour ceux dont le palais sentirait qu'une crème anglaise a été ratée puis rattrapée (goût d'omelette), il reste la possibilité d'éviter la formation des grumeaux en ajoutant une pincée de farine avant la cuisson : les grumeaux ne se forment alors pas, même si l'on fait bouillir la crème anglaise.

Pourquoi cette protection? On en débat encore, mais on sait que, quand les grains d'amidon sont placés dans un liquide chaud, certaines de leurs molécules (l'amylose) sont libérées, tandis que l'eau s'immisce dans les grains et les fait gonfler. Ces grains gonflés et les longues molécules d'amylose dissoutes limitent le mouvement des protéines, bloquant la formation des agrégats macroscopiques de protéines.

Crème anglaise

Fouetter quatre jaunes d'œufs avec 100 grammes de sucre

Quand le mélange fait le ruban (il blanchit et devient lisse), ajouter 20 centilitres de lait bouillant et une pincée de farine

En fouettant, chauffer doucement jusqu'à ce que la crème épaississe et qu'elle couvre une cuillère.

Si, malgré la farine, des grumeaux apparaissaient, passer la crème au mixeur pendant quelques secondes.

GRAINS DE SEL

Mythes et légendes culinaires de l'or blanc.

Les mythes du sel ont la vie dure. Passons-en quelques-uns en revue avant de les analyser expérimentalement. Certains cuisiniers qui font bouillir de l'eau prescrivent de ne mettre le sel que dans l'eau déjà bouillante, parce que l'eau salée, disent-ils, mettrait plus longtemps à bouillir que l'eau pure ; le conseil a percé jusque dans le public, mais est-il justifié?

À propos de viande, utilisée pour la confection des bouillons, les livres de cuisine indiquent de saler dès le début, afin de mieux extraire les «sucs». Est-ce efficace?

Inversement, sur la salade, il faudrait éviter de mettre le sel trop à l'avance, parce qu'il flétrirait les feuilles. Le dicton vient du Japon ; qu'en penser?

Le chimiste Michel-Eugène Chevreul indique en 1835, dans ses *Recherches des matières fixes tenues en dissolution dans l'eau pure ou salée, qui a servi à la cuisson des légumes*, que : «L'eau qui a servi à la décoction des légumes est colorée en brun rougeâtre ; elle retient une quantité sensible des principes odorants. L'eau salée qui avait servi à la cuisson des mêmes légumes était d'une odeur plus prononcée que ne l'était l'eau pure ; sa saveur, abstraction faite de la saveur propre au sel, était également plus prononcée, et cependant, chose remarquable, elle renfermait en définitive une moindre proportion de matières extractives.» Doit-on le croire?

Méfions-nous des abstractions qui ne sont pas soutenues par une expérimentation saine. Par exemple, il est vrai que le sel ajouté à l'eau refroidit cette dernière (l'eau cède de son énergie pour dissoudre le sel), que le sel ajouté à l'eau élève la température d'ébullition, que la masse à chauffer est supérieure. Mais que le sel soit ajouté avant ou après l'ébullition, l'obtention de l'état final visé met en œuvre les trois phénomènes. Si nous chauffons de l'eau avec ou sans sel (la même quantité d'eau, dans la même casserole, en chauffant de la même façon), nous mesurons que, aux erreurs expérimentales près, le temps de mise à ébullition est égal.

Passons au bouillon. On a soutenu que l'effet important était l'osmose : les diverses molécules tendent à diffuser, de sorte que leurs concentrations finales soient partout égales. Comme les grosses molécules ne traversent pas les membranes cellulaires, c'est l'eau qui entrerait dans les cellules ou en sortirait, selon les conditions.

Si l'on ne tient compte que de cet effet, on prévoit théoriquement que la viande doit perdre plus de jus quand elle est cuite en présence de sel. Faisons un test simple, bien que fastidieux : déposons deux morceaux de viande identiques dans deux casseroles identiques, l'une contenant de l'eau pure, et l'autre de l'eau salée à saturation. Puis cuisons pendant les cinq heures réglementaires, en pesant les deux morceaux toutes les dix minutes. Après cinq heures de cuisson, la masse des deux morceaux est égale, au gramme près.

Les œufs réagiraient-ils différemment? Il est parfois indiqué que l'eau de cuisson des œufs durs doit être salée, parce que, sans sel, l'eau s'introduirait dans les œufs par osmose, les ferait gonfler et provoquerait leur fissuration. Cuisons une dizaine d'œufs dans une casserole pleine d'eau pure, et une dizaine d'œufs dans une casserole identique à la première, mais pleine de la même quantité d'eau (fortement) salée. Pesons les œufs à divers stades de la cuisson, afin de savoir si cette fameuse osmose leur a fait gagner du poids. Puis comptons le nombre d'œufs fêlés dans chaque lot.

La réponse à la question initiale vaut bien l'indigestion : le sel ne prévient pas la fissuration des coquilles (le bon moyen, pour l'éviter, consiste à percer les œufs à l'aide d'une aiguille : l'air de la poche interne de l'œuf s'échappe alors plus facilement, de sorte que l'œuf reste intact), mais il a un avantage que connaissaient les chefs du siècle dernier ; il sale le blanc, rendant savoureuse cette matière insipide !

Salades flétries

Terminons avec l'effet sur les végétaux. Comment se comportent des salades quand on les couvre de sel fin ? Sur les feuilles de la fragile laitue, le sel n'agit pas, même après plusieurs heures, tant que la salade est sèche : les feuilles sont couvertes d'une cuticule cireuse qui prévient l'osmose.

Et les légumes cuits dans l'eau ? Pour connaître la quantité de matière perdue par les légumes dans l'eau de cuisson, couvrons la casserole et pesons les légumes en cours de cuisson. On mesure que des oignons perdent davantage de masse quand ils sont cuits peu de temps dans l'eau salée : cette fois, l'osmose se manifeste. Avec des carottes, la différence n'est pas nette. Dans les deux cas, les légumes se décomposent davantage quand ils cuisent dans l'eau salée. Enfin si l'on poursuit la cuisson trop longtemps, les légumes finissent dans le même état défait, en présence ou en l'absence de sel.

Pourquoi les prévisions fondées sur l'osmose n'expliquent-elles pas bien le comportement des légumes et des viandes cuits dans l'eau ? Un coup d'œil au microscope donne la réponse : les cellules animales ou végétales ne se réduisent pas à des membranes semi-perméables à travers lesquelles s'effectuerait l'osmose. Du collagène gaine les cellules musculaires, et les cellules végétales sont recouvertes d'une paroi, rigide. Au début de la cuisson, l'osmose peut se faire sentir, mais, à long terme, quand la structure est dégradée, les cellules s'ouvrent, et l'aliment se comporte comme une éponge percée de canaux. Le sel n'y change rien.

Et les autres dictons ? On dit qu'une pomme de terre cuite et pelée dans une sauce trop salée enlève le sel. Certains chefs prétendent voir les sauces trop salées à de petits points brillants. Au XIVe siècle, Guillaume Tirel, dit Taillevent, note que les soupes et les ragoûts ont tendance à déborder tant qu'on n'y a pas ajouté du sel et du gras. Pour les grillades, on conseille souvent de ne pas saler en début de cuisson, mais de réserver le sel pour la fin de la cuisson, afin que « le sel s'imprègne dans la viande ». Ginette Mathiot, conseille, « pour enlever à un plat un excès de sel, de plonger et laisser immergé pendant deux secondes un morceau de sucre. » Que pensez-vous de ces recommandations ?

CHAMPAGNE ET PETITE CUILLÈRE

Une petite cuillère dans le goulot d'une bouteille de Champagne n'évite pas le dégagement des bulles.

On dit qu'une petite cuillère dans le goulot d'une bouteille de Champagne entamée permet de conserver les bulles quelque temps. Certains précisent même que l'effet n'a lieu qu'avec les cuillères en argent... Faut-il croire de tels dictons apocryphes, qui semblent nés d'expériences mal menées? En vertu de quel effet physico-chimique étrange une petite cuillère piégerait-elle les bulles du noble breuvage des fêtes? Avant de se mettre sur la piste d'un tel effet, des œnologues du Comité interprofessionnel du vin de Champagne ont décidé d'effectuer une série d'expériences rigoureuses sur l'effet «petite cuillère». Leurs résultats – négatifs – ont été initialement publiés, comme il se doit, dans le *Vigneron champenois.*

Michel Valade, Isabelle Tribaut-Sohier et Frédéric Panoïotis avaient quelques facilités pour effectuer des contrôles fiables : le Comité a pu disposer de bouteilles de Champagne provenant toutes de la même cuvée, aussi peu différentes les unes des autres que possible.

Pour reproduire la consommation, elles étaient vidées en partie, soit d'un tiers, soit des deux tiers. Puis certaines étaient conservées ouvertes ; d'autres étaient munies de la fameuse petite cuillère, en argent ou en acier inoxydable selon les cas ; d'autres encore étaient bouchées par un bouchon stoppeur ; et les dernières étaient fermées par une capsule couronne. Les bouteilles étaient conservées debout, à la température de 12 degrés. Afin de tester la quantité de gaz résiduel, on mesurait à intervalles réguliers la pression, la perte de poids et la qualité à la dégustation.

Variations de pression

La pression initiale du Champagne est de six bars environ. Puis, quand les bouteilles sont partiellement vidées, la pression diminue à quatre bars quand le volume résiduel est de 50 centilitres, et à deux bars quand le volume n'est plus que de 25 centilitres.

Ultérieurement, lors de la conservation, les chercheurs ont observé que la chute de pression est du même ordre pour toutes les bouteilles restées ouvertes, avec ou sans petite cuillère ; elle est moindre pour les bouteilles capsulées (dix pour cent au lieu de 50 pour cent pour les bouteilles ouvertes depuis 48 heures).

Comme les sceptiques attachés à leur mythe de la petite cuillère risquaient de critiquer ces premières mesures de pression, les chercheurs ont en outre mesuré la perte de poids du Champagne par dégazage. À nouveau, ils ont observé que la perte de poids est identique pour les bouteilles ouvertes et pour celles dont le goulot est muni d'une petite cuillère. En revanche, la perte de poids est nulle pour les bouteilles qui étaient munies d'un bouchon stoppeur : un peu de gaz sort du liquide, mais son accumulation, au-dessus du liquide, limite sa sortie ultérieure ; quand on débouche ensuite la bouteille pour faire les mesures, le bruit d'ouverture révèle cette accumulation, mais la quantité de gaz dissous reste supérieure, car le bouchon stoppeur limite le dégazage du Champagne.

In vino veritas

Ces mesures ont, par surcroît, confirmé que le dégazage dépend notablement de la pression exercée au-dessus du liquide, des matières en suspension et des imperfections de la surface de la bouteille. Ces derniers effets sont nettement visibles quand on verse du sable dans un verre de Champagne ou quand on place le Champagne dans un verre dépoli : des bulles se forment immédiatement en grand nombre, parce qu'elles croissent à partir des grains de sable, dans le premier cas, et des irrégularités de la surface du verre, dans le second.

Pour la bonne bouche, les chercheurs d'Épernay se sont réservé une dernière confirmation de l'inanité du mythe des petites cuillères : ils ont procédé à des dégustations des bouteilles diversement bouchées. Cette dégustation en aveugle a confirmé que la petite cuillère n'a pas d'effet sur la conservation de l'effervescence. En revanche, les Champagnes conservés dans des bouteilles hermétiquement fermées conservent une effervescence supérieure. Dans tous les cas, les vins s'oxydent, parce que de l'oxygène est introduit quand les bouteilles sont partiellement vidées. Autrement dit, ne faisons pas mentir le proverbe : même si les bouchons stoppeurs conservent mieux le Champagne que les petites cuillères, ne remettons pas au lendemain ce que nous pouvons faire le jour même, finissons les bouteilles!

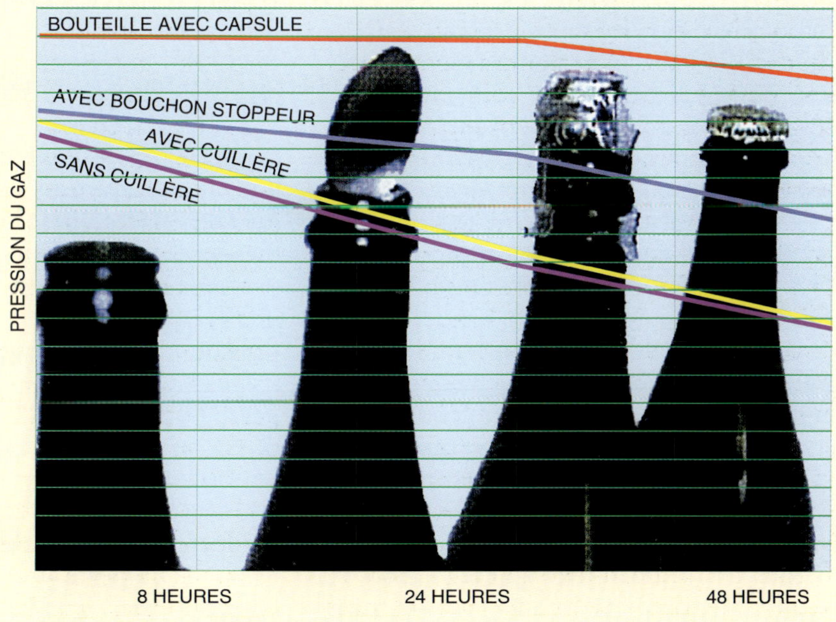

Le mode de fermeture des bouteilles de Champagne détermine la perte d'effervescence. Les petites cuillères, en argent ou non, n'ont pas d'effet.

CAFÉ, THÉ ET LAIT

Comment refroidir efficacement une boisson trop chaude.

Les gestes les plus quotidiens sont la source de questions pratiques. Se fait-on moins mouiller quand on court sous la pluie? A-t-on vraiment moins chaud quand on est vêtu de blanc? L'eau qui se vide d'une baignoire tourne-t-elle toujours dans le sens des aiguilles d'une montre, dans l'hémisphère Nord? Le test expérimental de ces questions est simple, mais nous le faisons trop rarement.

En cuisine, les petits mystères abondent. Par exemple, ce café que nous buvons tous les matins : il est toujours brûlant, et nous ne savons jamais bien comment le refroidir. De grands esprits s'y sont intéressés : selon le physicien britannique Stephen Hawking, ceux qui veulent éviter de se brûler la bouche ont intérêt à attendre quelques instants avant d'y mettre du sucre (s'ils sucrent leur café) ; le refroidissement serait alors plus rapide que si l'on mettait le sucre tout de suite.

Quelle est la raison théorique de cette prévision? Les corps chauds rayonnent plus d'énergie que les corps froids (la loi de Stefan stipule que la chaleur rayonnée par unité de temps est proportionnelle à la puissance quatrième de la température absolue). En laissant le café refroidir spontanément, on profite de sa température supérieure, et donc de son rayonnement intense ; puis le sucre parachève le refroidissement en se dissolvant. Au contraire, en mettant le sucre immédiatement, on refroidit le café et on profite moins du rayonnement. C'est plausible, mais est-ce vrai?

La théorie à l'épreuve

L'expérience – toutes celles que l'on mentionne ici ont été faites dans des conditions contrôlées, qui reproduisent au mieux les conditions de dégustation – montre que l'effet prédit par S. Hawking est trop faible pour être observable! Elle révèle, en prime, que la tasse joue un effet important : au début du refroidissement, la tasse se réchauffe ; puis, comme elle ne rayonne que par conduction, elle se refroidit moins que le liquide, dont elle ralentit ensuite le refroidissement.

Et si l'on ajoutait du lait froid au lieu de sucre? L'effet prédit pour le sucre se manifesterait-il? Cette fois encore, l'expérimentation est à peine plus compliquée : on prépare une tasse de café très chaud auquel on ajoute du lait à la température ambiante et on mesure le refroidissement ; on compare ce dernier à celui d'une tasse de café très chaud qu'on laisse refroidir, avant d'ajouter du lait froid, qui parfait le refroidissement.

Cette fois, la prévision théorique est juste : pour 20 centilitres de café bouillant que l'on refroidit initialement avec 7,5 centilitres de lait à la température ambiante, on atteint une température de 55 degrés (une température supportable en bouche) après dix minutes environ ; si l'on attend que le café ait atteint 75 degrés pour lui ajouter le lait, on atteint cette même température de 55 degrés après quatre minutes seulement. La connaissance d'une loi élémentaire de la physique divise l'attente par deux.

Cuillère et radiateur

Et pour ceux qui ne veulent ni sucre ni lait? Une petite cuillère métallique immergée dans le café serait-elle un radiateur efficace? La chaleur du café se propagerait-elle rapidement dans le métal de la cuillère, qui rayonnerait alors de la chaleur dans la pièce?

Ne prenons pas les paris, ne faisons pas le calcul, mais utilisons un thermocouple pour faire la mesure : nous verrons que l'effet de la petite cuillère est quasi nul : quand on part de deux tasses dont le café est à la température initiale de 100 degrés, la différence de température après dix minutes d'attente est inférieure à un degré. La petite cuillère n'est pas un radiateur efficace, même quand elle est en argent.

Le café refroidit lentement, mais le thé? La différence de couleur, dont dépend le rayonnement, ne modifie pas notablement le refroidissement : quand les deux tasses sont identiques et les quantités de liquide égales, les courbes de refroidissement se confondent exactement. En revanche, un grand bol de thé peut effectivement se refroidir plus lentement qu'une petite tasse de café, mais c'est là une autre question.

Terminons par explorer le dernier comportement intuitif des buveurs de breuvages chauds : est-il efficace de souffler sur le café pour le refroidir? Et de le remuer? L'expérience montre qu'un liquide bouillant qui refroidit spontanément de 6 degrés par minute refroidit de 11 degrés par minute quand il est agité et qu'on souffle dessus. Maintenant, vaut-il mieux agiter ou souffler?

L'agitation qui a été testée avait deux effets : elle uniformise la température, de sorte qu'elle fait venir en surface le liquide le plus chaud, ce qui accélère le refroidissement, et elle augmente en outre la surface d'échange de l'air froid et de l'eau chaude, lorsque le liquide est soulevé par le cuillère. La ventilation, elle, élimine les molécules d'eau les plus rapides, qui étaient passées en phase vapeur ; ces molécules ne reviennent alors pas dans le liquide, dont l'énergie cinétique moyenne des molécules diminue. Comme la température mesure la vitesse d'agitation moléculaire moyenne, le liquide refroidit.

Soufflons alors vigoureusement sur une tasse tandis que nous agitons énergiquement le contenu de l'autre tasse, en cherchant à augmenter le plus possible la surface de contact, conformément à la description théorique ; qu'observons-nous? Je vous laisse essayer de le prévoir théoriquement...

Souffler est bien plus efficace qu'agiter : le même café qui perd six degrés par minute quand on souffle dessus, ne refroidit que de 3,5 degrés quand on l'agite.

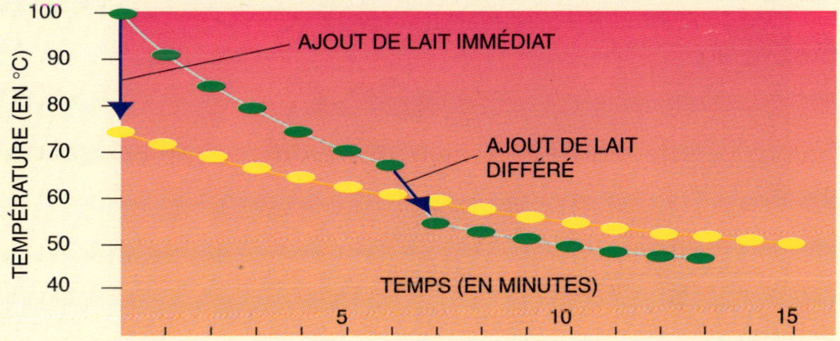

Le refroidissement de café additionné de lait.

Partie 2

La physiologie du goût, base de la cuisine

ALIMENTATION CURATIVE

Nos cousins primates choisissent leur alimentation en fonction de leurs besoins.

Pour les Grecs, les Barbares étaient ceux qui ne changeaient pas de régime alimentaire quand ils étaient malades. Au Laboratoire d'écologie générale du Muséum, à Brunoy, Claude Marcel Hladik et ses collègues démontrent que les singes seraient proches du monde civilisé : dans certaines circonstances, ils mangent des plantes contenant des alcaloïdes ou de la terre, afin de conserver un régime alimentaire équilibré, voire de traiter des troubles intestinaux.

Les réactions des primates aux solutions sucrées sont sans doute le plus frappant de leur adaptation : plus les animaux sont gros, mieux ils détectent les sucres. Apparemment les gros animaux, repérant mieux les aliments sucrés que les autres, peuvent se procurer davantage d'énergie. Une exception à cette règle qui prévaut tant pour les frugivores que pour les herbivores est le loris *Nycticebus coucang*, peu sensible au sucre ; est-ce parce qu'il doit simultanément tolérer le goût âcre des insectes et d'autres proies que d'autres singes ne tolèrent pas?

L'homme, un primate normal

L'homme, du point du vue de son seuil de perception des produits sucrés, est un primate normal : notre masse corporelle est notable, et nous sommes très sensibles aux goûts sucrés. Néanmoins cette base biologique est modulée par l'environnement : les seuils de perception du glucose et du saccharose diffèrent chez les habitants des forêts tropicales et chez ceux des savanes, par exemple. Ainsi les Pygmées, qui occupent des forêts où la concentration en sucre dans les fruits est élevée, ont une sensibilité aux goûts sucrés inférieure à celle des populations qui vivent dans les savanes, dont les plantes contiennent moins de sucre.

Les tests de sensibilité aux édulcorants éclairent ces études. Pour notre espèce, la monelline (une protéine présente dans les baies rouges de la liane africaine *Dioscoreophyllum cumminsii*) est 100 000 fois plus sucrée que le saccharose. Toutefois cette même monelline, dont les primates non humains d'Afrique identifient le goût, n'est pas perçue par les primates américains. La même différence existe pour la thaumatine, une protéine édulcorante extraite du fruit d'une autre plante africaine, *Thaumatoccus daniellii*. La retrouvera-t-on également pour la brazzéine, identifiée en 1994 dans la liane *Pentadiplandra brazzean*?

La différenciation des protéines réceptrices des papilles se produit probablement depuis 30 millions d'années, après la séparation des singes platyrrhiniens, dans le Nouveau Monde, et catarrhiniens, dans l'Ancien Monde. Dans leurs environnements respectifs, ces animaux ont trouvé des plantes différentes, avec lesquelles ils ont évolué, puisqu'ils en consommaient les fruits, tout en en dispersant les graines. En Amérique, où l'on n'a pas encore isolé d'édulcorant végétal, la coévolution devrait avoir fait apparaître des molécules originales, qui devraient être sans goût sucré pour les singes de l'Ancien Monde.

On savait depuis plusieurs décennies que les vertébrés pouvaient détecter le chlorure de sodium, et le rechercher en cas de carence : on connaît le cas des chevaux, qui ne lèchent les pierres à sel qu'en cas de besoin, et les études de rats carencés ont confirmé ces observations. Dans le milieu naturel et, notamment, dans les forêts, les carences en sel sont rares, mais, en 1978, le biologiste américain John Oates a observé que les singes *Colobus guereza*, qui, timides, restent généralement dans les frondaisons, descendent au sol pour manger les feuilles d'*Hydrocotyle ranunculoides*, qui pousse dans les mares ; or cette plante contient plus de sel que les autres.

Médecine naturelle

D'autres primates mangent de la terre sans souffrir de carence en sel : le sol mangé par *Colobus satanas* (un autre colobe qui vit dans la forêt du Gabon) contient moins de sel que les fruits de son alimentation, mais cette consommation a lieu pendant les deux périodes de l'année où l'animal doit compléter son alimentation avec des feuilles très développées (le reste du temps les singes utilisent des jeunes pousses et des jeunes feuilles, ainsi que des fleurs, des fruits et des graines) ; or les feuilles âgées contiennent des molécules de la famille des polyphénols (avec des groupes hydroxle – OH liés à des cycles benzéniques, à six atomes de carbone) et, notamment, des tanins, qui inhibent la digestion des protéines en formant des complexes avec ces dernières. Comme l'argile et d'autres composés du sol sont de bons absorbants des tanins, on explique la «géophagie», ou consommation de terre, comme une compensation de l'absorption des tanins. «De tes aliments tu feras ta médecine», disait Hippocrate. Nos ancêtres singes lui auraient-ils soufflé l'idée?

Souvent l'aversion pour les saveurs amères permet d'éviter l'ingestion d'alcaloïdes dangereux, ainsi que de composés astringents tels que les tanins, les terpènes, les saponines et les acides forts. Toutefois tous les composés toxiques ne sont pas amers : la dioscine, alcaloïde létal de l'igname *Dissociera dumetorum* est presque sans goût. Le règne animal est protégé par le phénomène de néophobie, c'est-à-dire la peur de manger ce qui est nouveau, et par un conditionnement des symptômes post-ingestifs provoquant l'apparition d'une aversion (observée chez le rat et chez les primates). Inversement on connaît des cas de chimpanzés qui se guérissent en mangeant la plante amère *Vernonia amygdalina*, généralement évitée par les animaux en bonne santé. Cette plante contient plusieurs glycosides stéroïdiens, qui sont efficaces dans le traitement des troubles gastro-intestinaux. Comment doit-on nommer ce type de comportement? Médecine naturelle?

Cette femelle chimpanzé, dans une forêt du Gabon, pèle une tige d'une liane marantacée Hypselodelphis violacea *pour en extraire un jus qui apporte des acides aminés indispensables.*

GOÛT ET DIGESTION

L'absorption de glutamate de sodium déclenche des mécanismes d'assimilation des protéines.

Pourquoi nous arrêtons-nous de manger alors que seule une petite quantité de métabolites est passé dans le sang? La sensation de ventre plein n'est pas le signal de la satiété : un rat dont on gonfle le ventre à l'aide d'un ballonnet ne cesse pas de manger ; en revanche, l'organisme, par une série de réflexes, anticipe le métabolisme des aliments. L'application de sucre sur la langue, par exemple, provoque une libération quasi immédiate de glucose par le foie.

Au Collège de France, Stylianos Nicolaïdis et ses collègues avaient observé vers 1960 que la stimulation des récepteurs gustatifs par la saccharine fait libérer par le pancréas deux hormones ; du glucagon, responsable de la libération de glucose, et de l'insuline, qui permet le métabolisme de ce dernier. De surcroît, la stimulation des récepteurs de la saveur sucrée est à l'origine d'une réaction anticipée, caractéristique de l'utilisation des glucides.

Plus récemment, Claire Viarouge, Patrick Even, Roland Caulliez et S. Nicolaïdis ont étudié les réflexes, qui, fondés sur la détection du goût des protéines, préparent l'organisme à les métaboliser. Une étude de ces réflexes anticipateurs a porté sur l'absorption de glutamate de sodium, qui semblait être perçu par l'organisme comme le signal de l'absorption des protéines (naguère limité à l'assaisonnement des potages orientaux mais aujourd'hui très employé comme exhausteur de goût par l'industrie agroalimentaire occidentale, le glutamate de sodium possède, en plus de sa saveur salée, une saveur particulière nommée *umami*, distincte des autres saveurs classiquement reconnues : sucré, acide, amer...).

Le glutamate de sodium augmentait-il l'intensité du métabolisme comme le fait l'absorption de protéines? Provoquait-il la même libération réflexe d'hormones (glucagon et insuline) que celle qui est normalement induite par l'apparition des acides aminés dans le sang?

Pour étudier cette question, l'équipe du Collège de France a construit un dispositif d'étude du métabolisme qui est capable d'extraire les diverses composantes du métabolisme et d'enregistrer séparément les coûts de la locomotion, de la thermogenèse (l'augmentation du métabolisme) liée à la prise alimentaire et, surtout, du métabolisme de repos chez un organisme qui n'est pas au repos. Des expériences de détermination de la thermogenèse de repos extrapolée aux périodes d'activité (thermogenèse qui indique l'intensité du métabolisme quel que soit le comportement locomoteur des animaux) montrèrent en 1991 que la stimulation de rats par perfusion de glutamate de sodium dans la bouche et dans l'estomac n'entraînait qu'une faible réaction hormonale : le glutamate de sodium, s'il induisait un réflexe anticipateur, ne semblait efficace que lorsqu'il était associé à d'autres signaux caractéristiques d'une prise alimentaire.

Afin de tester cette hypothèse, les physiologistes ont placé des canules dans la bouche de rats, de sorte que l'on puisse leur injecter directement des solutions de glutamate de sodium ou de l'eau distillée, au moyen d'un cathéter relié au sommet de la cage où les animaux étaient conservés. Les rats étaient libres de leurs mouvements, et leur métabolisme était suivi en continu.

Juste après l'opération de pose des canules, les rats étaient habitués à recevoir, par ces canules, de l'eau distillée ou des solutions de glutamate de sodium; puis dès le début de leurs repas, ils recevaient du glutamate de sodium à diverses concentrations alors qu'ils étaient en train de manger. D'autres animaux témoin ne recevaient que de l'eau distillée.

Il fut ainsi vérifié que le goût du glutamate de sodium, quand il accompagne un repas complet, provoque des changements métaboliques notables: la thermogenèse induite par l'alimentation augmente bien plus et bien plus rapidement que chez les rats témoins, et le glutamate de sodium agit donc comme une sorte de «saccharine» des protéines, capable d'induire l'organisme en erreur par sa saveur: le repas, majoritairement glucidique, est perçu comme essentiellement protéique.

Combien de temps l'organisme se laisse-t-il cependant tromper lorsque les informations gustatives ne sont pas confirmées lors du métabolisme? Les réflexes anticipateurs contribuent-ils à la satiété? L'étude reste à faire...

Rat muni d'une canule dans une cage qui enregistre son métabolisme.

LA SAVEUR DANS LE CERVEAU

Par résonance magnétique nucléaire, on identifie les aires cérébrales activées lors de la perception des saveurs.

«Comme jusqu'ici ne s'est encore présentée aucune circonstance où quelque saveur ait dû être appréciée avec une exactitude rigoureuse, on a été forcé de s'en tenir à un petit nombre d'expressions générales, telles que doux, sucré acide, acerbe, et autres pareilles, qui s'expriment, en dernière analyse, par les deux suivantes : agréable ou désagréable au goût. Ceux qui viendront après nous en sauront davantage.»

Jean-Anthelme Brillat-Savarin était prescient, puisque les neurobiologistes sont aujourd'hui sur la piste des molécules réceptrices des saveurs, à la surface des cellules des papilles. Simultanément, les techniques d'imagerie par résonance magnétique nucléaire (IRM) révèlent comment l'information perçue par les capteurs du goût monte au cerveau, où elle est alors traitée.

Depuis la mise au point de ces techniques, qui enregistrent l'activité des aires cérébrales en détectant les modifications du débit sanguin dans ces zones, les neurobiologistes ont surtout étudié des activité cognitives comme le langage, le calcul, la mémorisation. En revanche, l'olfaction a été peu explorée, et la perception des saveurs complètement oubliée (on la note gustation, mais, comme le goût est la sensation générale donnée par la dégustation d'un mets, on devrait plutôt la nommer «sapiction»). Barbara Cerf et Annick Faurion, du Laboratoire de neurobiologie sensorielle de Massy, et Denis Le Bihan, du Centre hospitalier d'Orsay, ont identifié les aires cérébrales activées par les molécules sapides.

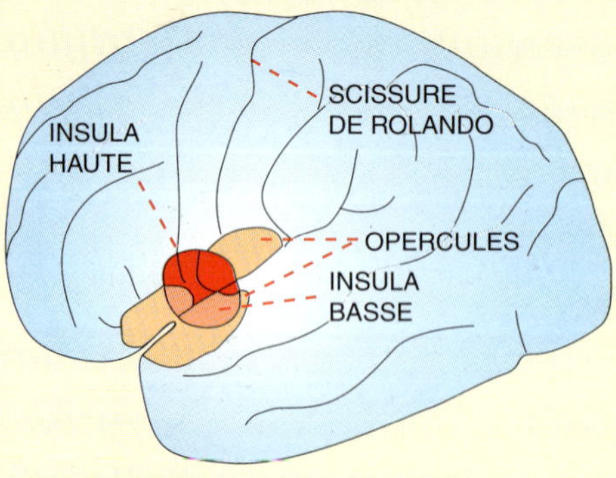

Les aires cérébrales stimulées lors de la perception des saveurs.

Les connaissances de base étaient rudimentaires. On savait seulement, par l'observation de personnes dont une partie du cerveau avait été détruite, au cours de la Seconde Guerre mondiale, que l'opercule pariétal, près de la scissure de Rolando, avait sans doute une fonction dans la gustation. Toutefois des études d'électrophysiologie donnaient des résultats contradictoires : elles incriminaient plutôt une autre aire, localisée dans le lobe de l'insula.

Les explorations par IRM imposent d'allonger les sujets testés dans un tube de deux mètres de long, et, de ce fait, de les alimenter par des solutions transmises par des tuyaux souples. Ces contraintes ont déterminé le type de produits sapides qui ont été testés : les sujets recevaient des solutions d'aspartame (un édulcorant), de chlorure de sodium, de quinine (amère), d'acide glycirrhizique (une saveur «réglisse»), de guanosine monophosphate (la saveur *umami*, proche de celle du monoglutamate de sodium, employé dans la cuisine asiatique) et de D-thréonine (une saveur indescriptible, je vous invite à y goûter!). Les expérimentateurs envoyaient d'abord aux sujets de l'eau, puis des solutions sapides, puis de nouveau de l'eau, et ainsi de suite, afin d'éviter les adaptations tout en maintenant des stimulations durant plusieurs dizaines de secondes, le temps que l'appareil d'IRM puisse acquérir suffisamment de signal.

Latéralisation du goût

Les sujets qui recevaient ces solutions avaient pour mission de se concentrer sur leur saveur, afin d'éviter des activations parasites du cerveau. Ils décrivaient l'intensité de leurs sensations à l'aide d'un curseur qu'ils déplaçaient plus ou moins le long d'une réglette. Les neurobiologistes ont calculé des corrélations entre les profils perceptifs et les activations des diverses zones du cerveau. Ils ont ainsi déterminé les activations liées à la perception des saveurs : les différences entre individus sont considérables, et les images sont bruitées, de sorte que l'on doit analyser de nombreuses expériences afin de connaître les aires qui seraient spécifiques de la perception de la saveur.

Les premières études ont montré que quatre aires cérébrales ont des activations suscitées par les solutions sapides : le lobe de l'insula et les opercules frontal, pariétal, temporal qui l'entourent *(voir la figure page précédente)*. Il n'existe ainsi pas un unique «centre cérébral de la saveur» ni d'aires cérébrales spécifiques des diverses saveurs. D'autre part, certaines des aires qui n'étaient pas systématiquement activées participent à la compréhension du langage : d'où l'hypothèse que la détection de la saveur soit associée à sa nomination.

Une deuxième étude, qui comparait cinq gauchers et cinq droitiers, a montré que les quatre aires cérébrales de la saveur n'étaient pas systématiquement inversées dans les deux groupes. En revanche, l'insula réagissait différemment chez les divers individus *(voir la figure ci-dessous)*. Cette aire est composée de deux régions : la partie haute est activée dans les deux hémisphères, pour les droitiers comme pour les gauchers ; la partie basse s'active plutôt de façon unilatérale dans l'hémisphère dominant des sujets. Il existe ainsi une latéralisation de la perception de la saveur analogue à celle du langage ou de la motricité.

Une troisième série d'études a comparé la réaction à des molécules uniquement sapides, et la réaction à des molécules à la fois sapides et astringentes ou piquantes. Cette fois, les aires activées étaient analogues, ce qui explique pourquoi le goût, la sensation générale obtenue lors de la dégustation d'un mets, est une sensation si globale et si difficile à analyser : le cerveau construit une sensation globale, par synthèse des signaux provenant des divers types de récepteurs.

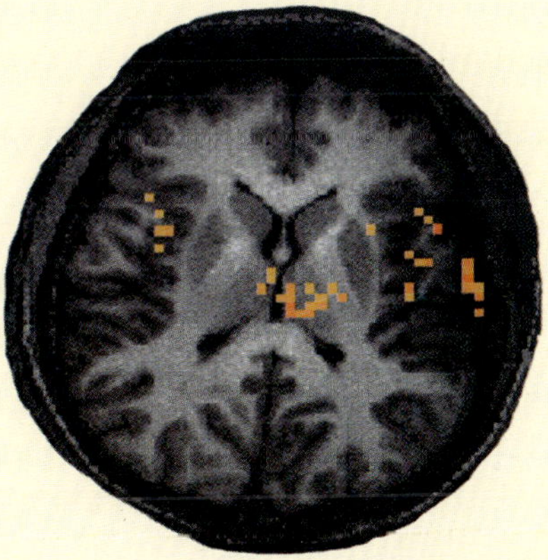

Une image des aires cérébrales de la «sapiction».

DANS LES PAPILLES

On découvre le fonctionnement des cellules qui perçoivent la saveur des aliments.

En 1994, Richard Axel et Linda Buck annonçaient la découverte des protéines qui, présentes dans la membrane des cellules du nez, captent les molécules odorantes et permettent l'olfaction. La nouvelle fit alors grand bruit; néanmoins ceux qui s'intéressent à la saveur perçue par les papilles restèrent... sur leur faim: la biochimie de la gustation demeurait mystérieuse. Deux ans après, Gwendolyn Wong, Kimbermley Gannon et Robert Margolskee, à New York, ont présenté les résultats d'une étude de la gustducine, une protéine trouvée dans les cellules des papilles gustatives, clonée en 1992, mais dont la fonction dans la gustation était inconnue. En inhibant la synthèse de la gustducine dans des cellules gustatives de souris, les biochimistes ont observé que les animaux perdent leur aversion contre les saveurs amères et, ce qui est plus étonnant, perdent aussi leur sensibilité aux molécules sucrées.

La gustation commence quand une molécule sapide se lie à des récepteurs ou à des canaux, dans la membrane d'une cellule sensorielle des papilles: à la suite d'une série de réactions, le potentiel électrique de la cellule est modifié et, quand la modification est suffisante, la cellule réceptrice excite des neurones, qui, de proche en proche, convoient l'information jusqu'au cerveau.

Toutes les molécules sapides n'agissent pas de la même façon. Si les ions hydrogène (saveur acide) ou les ions sodium (saveur salée) agissent directement sur des canaux des membranes cellulaires, modifiant immédiatement le potentiel électrique des cellules réceptrices en ajoutant leur charge électrique à la charge totale de la cellule, les composés de saveur sucrée, amère ou autres (réglisse, par exemple) se lient à des molécules nommées récepteurs (sans doute des protéines), placées dans la membrane des cellules réceptrices et en contact avec le milieu extracellulaire.

On suppose que ces récepteurs sont couplés à d'autres protéines déjà identifiées, les protéines G; celles-ci déclenchent l'émission de molécules nommées seconds messagers, qui agissent dans la cellule. Toutefois les récepteurs eux-mêmes sont évanescents, parce qu'ils ne se lient que faiblement aux molécules sapides. C'est un inconvénient pour l'analyse, mais un avantage gastronomique: si des molécules sapides se liaient trop fortement aux récepteurs, nous ne percevrions pas les successions rapides de saveurs.

Sans attendre la découverte des récepteurs, R. Margolskee et ses collègues se sont intéressés aux protéines G des papilles. À l'aide de la méthode d'amplification de gènes par l'enzyme polymérase, ils avaient multiplié les gènes des sous-unités alpha de plusieurs protéines G, particulièrement abondantes dans les cellules réceptrices, s'intéressant tout particulièrement à la gustducine, qui est une de ces protéines G, exprimée seulement dans les cellules des papilles.

Ces études avaient confirmé des ressemblances entre la gustation et la

...ssemble aux trans-
des cellules récep-
...ncore, les neuro-
...ais ont retrouvé la
et des bâtonnets
...ices de la saveur.

... éclairante : si les
...ctionnent comme
...cine et la transdu-
...e qui diminue la
...e ; la raréfaction
...nodifierait alors
...ymes, ou bien
...ions calcium
des cellules.
hypothèse,
...tivé le gène
de la gustdu-
...portement de
...é quand on

leur proposait à boire des solutions diversement sapides ; simultanément les neurophysiologistes enregistraient les signaux électriques des nerfs de la corde du tympan, qui conduit au cerveau les informations gustatives : les réactions étaient normales, pour les saveurs salées ou acides, mais considérablement affaiblies pour les stimuli amers, tels ceux du sulfate de quinine ou du benzoate de dénatorium (deux composés amers), ainsi que du saccharose (le sucre de table) et d'un édulcorant synthétique normalement très intense.

Pourquoi la perception des sucrés et des amers n'était-elle pas complètement annihilée ? Les neurophysiologistes expliquent que la transducine n'était pas éliminée, et qu'elle participerait, avec la gustducine, à la perception de ces saveurs. La prochaine expérience consistera donc à inhiber les deux gènes de la transducine et de la gustducine.

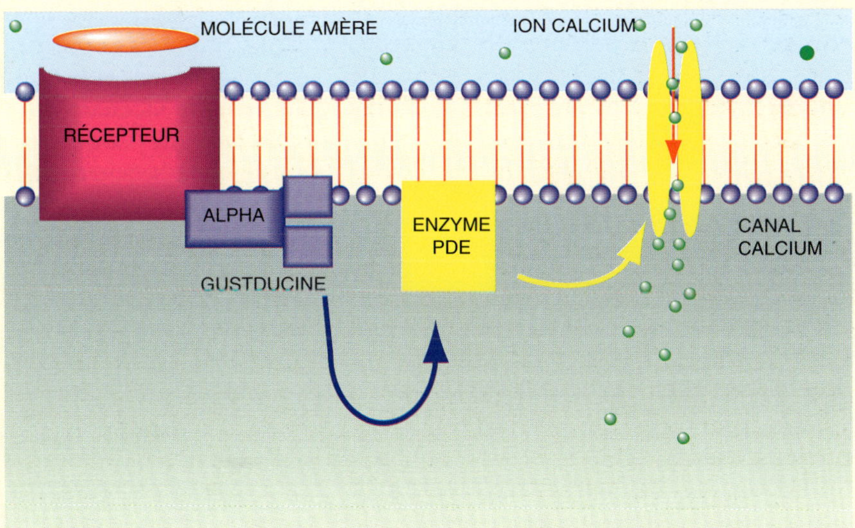

La perception d'une saveur amère commence quand une molécule sapide se lie à un récepteur de la surface d'une cellule des papilles. Ce récepteur interagit avec des protéines G, telle la gustducine, qui modifient la différence de potentiel électrique entre l'intérieur et l'extérieur de la cellule. Quand la stimulation est suffisante, la cellule émet un signal vers le cerveau.

COMMENT LE SEL MODIFIE LE GOÛT

La saveur salée transforme et atténue les saveurs amères et sucrées.

Le vrai gourmand a deux grandes craintes : la goutte et le régime sans sel. Contre la goutte, il s'abstient (parfois) des viandes faisandées, mais il est désarmé contre le régime sans sel, et redoute le médecin qui l'administre. Cette crainte est doublement fondée : Gary Beauchamp et ses collègues du Centre Monell d'étude des sens chimiques, à Philadelphie, ont montré que l'absence de la saveur salée n'est pas le seul désagrément du régime ; absent, le sel laisse s'exprimer les saveurs déplaisantes, et il ne met pas les goûts plaisants sur le devant de la scène gustative.

Dans la première partie de ce livre (voir page 50), nous avons examiné l'action du sel sur la texture des aliments, mais nous avons négligé son goût. Le chlorure de sodium est une molécule sapide, qui stimule les récepteurs des papilles ; a-t-il d'autres vertus gustatives? Est-il cet «exhausteur de goût» que certains évoquent?

Cette question a été expérimentalement examinée au Centre Monell. G. Beauchamp ne s'est pas limité au seul chlorure de sodium, mais il a également testé d'autres sels, tels que le chlorure de lithium, le chlorure de potassium, l'aspartate de sodium...

Les études visaient à explorer l'effet paradoxal du sel : la plupart des études de psychophysiologie, qui testent les saveurs par paires, montrent que le sel supprime la saveur qu'il accompagne ou n'a aucun effet sur celles-ci, mais tout gourmand sait que les aliments sans sel perdent beaucoup de leur intérêt. Par exemple, si les cuisiniers ajoutent du sel à leur pâte à tarte (même pour une tarte sucrée, une pincée), c'est moins pour saler la pâte que pour lui donner du «goût».

Filtration des saveurs

Les psychophysiologistes de Philadelphie ont voulu savoir si le sel filtrerait sélectivement les saveurs, comme l'intuition culinaire l'indique, affaiblissant les saveurs déplaisantes (tels l'amer) et rehaussant les saveurs agréables (tel le sucré). Ils ont jugé que les comparaisons par paires étaient insuffisantes, et ils ont comparé des solutions aqueuses contenant une ou plusieurs substances parmi les trois suivantes : l'urée (amère), le saccharose (le sucre de table) et l'acétate de sodium. Ce choix a ses raisons : le saccharose, ajouté à l'urée, en supprime l'amertume ; et l'acétate de sodium apporte des ions sodium sans donner une saveur trop salée. Une dizaine de sujets devaient évaluer l'intensité de la saveur amère, de la saveur sucrée et des autres sensations sapides, pour toutes les combinaisons de trois concentrations en urée, de quatre concentrations en sucre et de trois concentrations en sel.

Comme prévu, l'acétate de sodium réduisait l'amertume, mais, ce que l'empirisme gastronomique ne prévoyait pas, l'amertume de l'urée était bien plus éteinte par le sel que par le sucre : les mélanges de sucre, d'urée et de sel étaient moins amers et plus sucrés que les mélanges d'urée et de sucre non salés. En outre, aux fortes concentrations en sucre, le caractère sucré était augmenté par l'ajout d'acétate de sodium. Ce phénomène survient probablement parce que le sel élimine l'affaiblissement de l'intensité sucrée par l'amertume due à l'urée. Conformément à l'hypothèse, l'ajout d'acétate de sodium au sucre, en l'absence d'urée, n'augmentait jamais l'intensité sucrée.

Ces travaux, complétés pour bien d'autres composés, ont démontré que l'ion sodium est responsable de l'effet : c'est lui qui supprime sélectivement l'amertume et, probablement, d'autres saveurs désagréables, tout en augmentant l'intensité des saveurs agréables. L'ion sodium n'est donc pas un exhausteur de goût, mais un modificateur de saveurs. L'ajout de sel à des aliments aussi variés que les légumes (souvent amers, comme l'endive, mais souvent sucrés aussi, tels la carotte ou le petit pois), certains aliments gras ou les viandes, s'est peut-être imposé parce que l'on voulait inconsciemment supprimer des goûts déplaisants et renforcer leur douceur naturelle. Les expériences semblent également expliquer pourquoi certains amateurs de café mettent une pincée de sel dans le filtre : ils éviteraient ainsi l'amertume de la caféine.

On ignore aujourd'hui comment la stimulation des récepteurs gustatifs explique ces effets, mais on comprend enfin pourquoi les régimes sans sel font faire la grimace.

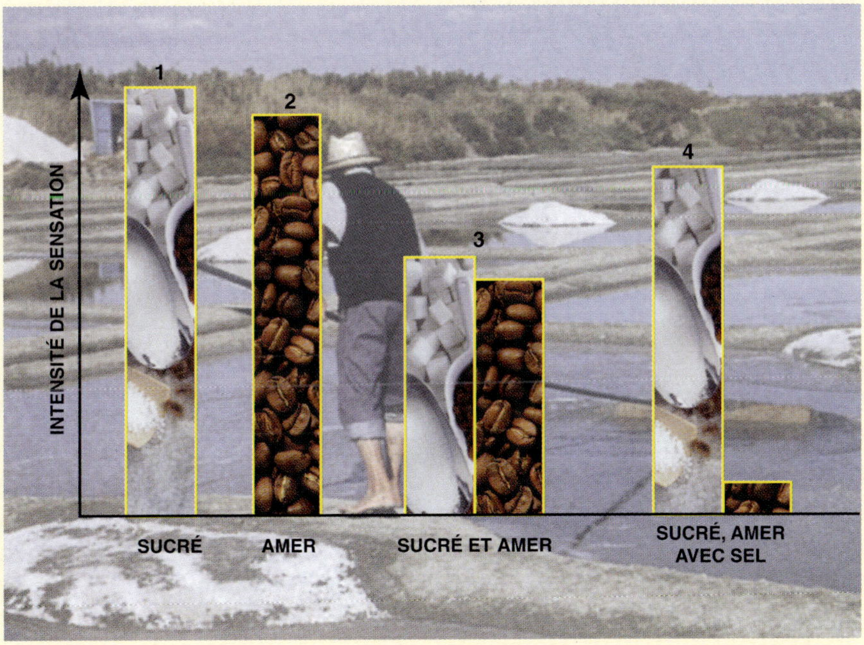

Une solution sucrée et amère (3) semble moins amère et plus sucrée quand on lui ajoute du sel (4). Les concentrations en urée, en sucre et en sel étaient identiques pour les quatre tests.

LA DÉTECTION DES SAVEURS

Découverte d'un récepteur des molécules du goût, celui de la cinquième saveur.

Un des Graals de la physiologie est enfin dans nos mains! Depuis des décennies, les physiologistes cherchaient comment les cellules des papilles gustatives détectent les molécules sapides. On supposait que ces cellules portaient, à leur surface, des protéines nommées récepteurs, sur lesquels les molécules sapides se fixaient, mais ces récepteurs étaient insaisissables : comme ils se lient faiblement aux molécules sapides, on ne parvenait pas à les extraire de solutions préparées à partir des cellules des papilles. Cette difficulté expérimentale résulte d'un avantage physiologique : si la liaison était forte, les récepteurs resteraient stimulés longtemps par une même molécule, et la résolution du système gustatif serait faible ; les gastronomes dégusteraient au ralenti! En se fondant précisément sur cette capacité de liaison réduite, des physiologistes de l'Université de Miami ont identifié l'un des récepteurs cherchés : celui de la saveur nommée «*umami*».

On a longtemps prétendu que la bouche ne détectait que quatre saveurs (salé, acide, amer, sucré), mais on avait bien hâtivement examiné la question. Dès 1908, Kikunae Ikeda, de l'Université impériale de Tokyo, avait identifié que le glutamate (la forme ionisée d'un acide aminé, l'acide glutamique) engendrait une sensation particulière, qui n'était ni salée, ni sucrée, ni acide, ni amère.

Après des décennies de lutte contre les idées reçues, la «cinquième saveur» s'est imposée, surtout quand s'est popularisée dans les pays occidentaux la cuisine asiatique, qui utilise beaucoup le monoglutamate de sodium. On a notamment montré que même les animaux détectent cette saveur. Pourquoi? Peut-être parce que le glutamate est présent dans de nombreux aliments riches en protéines (qui sont des enchaînements d'acides aminés), tels que la viande, le lait et les produits de la mer. Et la détection des saveurs est importante pour l'organisme parce que c'est la clé de la satiété : on n'arrête pas de manger parce qu'on a le ventre plein, mais parce que le cerveau, alerté par le système sensoriel, signale à l'organisme quand une quantité suffisante d'aliments a été consommée.

De la bouche au cerveau

À la recherche de récepteurs du glutamate, Nirupa Chaudhari et ses collègues de l'Université de Miami se sont fondés sur des résultats obtenus il y a dix ans par Annick Faurion, du Laboratoire de neurobiologie sensorielle, à Massy : puisque le glutamate est un neuromédiateur, c'est-à-dire une molécule que les neurones du cerveau s'échangent, pourquoi ne pas chercher dans les cellules gustatives de la bouche des molécules analogues aux récepteurs neuronaux?

Suivant cette idée, N. Chaudhari et ses collègues ont cherché des récepteurs couplés à des protéines G, c'est-à-dire à des protéines qui sont plongées dans la membrane des cellules gustatives et qui transmettent le message détecté par le récepteur (ce dernier dépasse à l'extérieur de la cellule). Les physiologistes ont ainsi découvert une étonnante protéine qui correspond à une forme tronquée d'un récepteur des neurones: le «récepteur métabotropique du glutamate», en abrégé mGluR4.

Sur la piste des récepteurs

Dans le cerveau, ce récepteur (non tronqué) réagit à de très faibles concentrations en glutamate: sans modification, il aurait été complètement saturé par les quantités notables de glutamate que l'on a dans la bouche à la dégustation de certains plats. N. Chaudhari et ses collègues ont montré que la troncature de la protéine est probablement une adaptation à la fonction gustative: la forme du récepteur qui est synthétisée par des tissus gustatifs de rat a perdu ses 300 premiers acides aminés, et le récepteur tronqué se lie faiblement au glutamate. Mieux encore, les concentrations qui l'activent sont du même ordre de grandeur que les seuils de perception mesurés chez des rats (le seuil de perception est la plus faible concentration à laquelle les animaux sont sensibles).

Pourquoi la troncature de la protéine réduit-elle son affinité pour le glutamate? Les physiologistes ont observé que la molécule ressemble beaucoup à une protéine de bactéries, que l'on a bien étudiée par cristallographie: la protéine bactérienne a deux sites de liaison au glutamate. La troncature semble faire disparaître le plus sensible des deux.

La protéine trouvée est-elle bien un récepteur gustatif de la saveur *umami*? Les physiologistes se sont évidemment demandés si elle ne servait pas à la transmission de l'information nerveuse, en aval des cellules gustatives, mais les confirmations sont nombreuses.

Tout d'abord, la protéine mGluR4 est activée par d'autres molécules sapides que des rats ne distinguent pas du glutamate. C'était prévisible, car A. Faurion avait observé que la langue et le cerveau réagissaient de façon analogue à ces molécules. De plus, la protéine mGluR4 tronquée n'est synthétisée que dans les papilles; enfin ni la protéine mGluR4 complète ni la forme tronquée n'ont été dépistées dans la bouche à l'extérieur des papilles gustatives.

La découverte pose de nombreuses questions: le mGluR4 tronqué est-il le seul récepteur de la saveur *umami*? Intervient-il dans la perception d'autres saveurs? Les cellules réceptrices ne portent-elles chacune qu'un seul type de récepteurs? Le résultat obtenu semble être le début d'une série, car les physiologistes ont trouvé d'autres molécules de la même classe, qui semblent également être des récepteurs gustatifs. Il aura aussi sans doute des applications: connaissant la structure de la protéine mGluR4, on pourra utiliser des systèmes de modélisation moléculaire pour chercher quelles molécules se lient à la protéine.

La conception informatique de molécules sapides inédites semble proche.

LES SAVEURS AMÈRES

Nous savons qu'il existe plus de quatre saveurs (sucré, salé, acide, amer) et les physiologistes ont découvert plusieurs types de saveurs «amères».

En 1995, la physiologie de l'olfaction a progressé d'un coup : les méthodes de la biologie moléculaire ont identifié les protéines qui constituent les récepteurs des cellules olfactives du nez. En revanche, les récepteurs des cellules des papilles gustatives de la langue et de la bouche, sensibles aux saveurs, restaient inconnus. Ces lacunes sont peu à peu comblées : à l'Université de Miami, Alejandro Caicedo et Stephen Roper ont montré que l'appareil gustatif distingue plusieurs sortes d'«amers».

En 2000, les mêmes biologistes qui avaient découvert les familles de «gènes de l'olfaction» ont trouvé une vaste famille de récepteurs de ce que l'on nommait la saveur amère. Puis d'autres équipes ont montré que les récepteurs individuels réagissent sélectivement à des composés d'une amertume particulière. Parallèlement, il est apparu que chaque cellule réceptrice des saveurs exprime plusieurs ARN messagers, codant plusieurs récepteurs : il semblait alors naturel de penser que les cellules réceptrices réagissent à plusieurs composés sapides.

Des études neurologiques et comportementales menées sur des rats, des singes et des sujets humains, indiquaient que les diverses espèces animales distinguent plusieurs stimuli amers. Quelle était la base cellulaire de cette distinction? Les cellules réceptrices des saveurs réagissaient-elles spécifiquement à un stimulus ou à plusieurs? La question était lancinante, mais on doutait des résultats de neurophysiologie, car les interférences sont nombreuses sur la voie nerveuse qui conduit des papilles au cerveau...

Les chercheurs de l'Université de Miami ont attaqué le problème à l'aide d'une nouvelle méthode d'imagerie, qui montre, *in situ*, l'activation des cellules réceptrices des saveurs par les mouvements d'ions calcium engendrés : à l'aide d'une micropipette, on injecte un colorant sensible aux ions calcium dans les cellules, et l'on observe les réactions des cellules aux divers stimuli en détectant en temps réel la répartition de ces ions calcium à l'aide d'un laser, qui excite le colorant, et d'un microscope confocal, qui permet l'observation des cellules dans les profondeurs du tissu. Les biologistes ont ainsi examiné plusieurs centaines de cellules gustatives, qu'ils excitaient par divers composés amers.

Ainsi, le cycloheximide provoque de fortes variations transitoires de la concentration en ions calcium dans les cellules réceptrices. Les autres molécules testées, tels le benzoate de dénatonium, l'octaacétate de saccharose et la phénylthiocarbamide produisent des réactions inférieures, mais prolongées (jusqu'à plusieurs minutes). La concentration en molécule amère à partir de laquelle les cellules réagissent diffère pour chaque type de molécule amère, et l'intensité de la réaction dépend de la concentration en molécule stimulante. Mieux encore, les réactions ainsi enregistrées correspondent aux réactions comportementales des rats auxquels on fait boire des solutions de ces molécules amères (les molécules n'agissent qu'à partir d'une concentration seuil).

5 types d'amertume...

Après une minutieuse étude, les biologistes de Miami ont établi que seules 18 pour cent des 374 cellules testées réagissaient à un ou plusieurs des cinq composés amers testés, quand on appliquait ces derniers à une concentration modérée. Parmi ces cellules sensibles aux composés amers, les réactions aux divers composés dépendaient des cellules : 14 pour cent des cellules réagissaient au cycloheximide, 4,5 pour cent à la quinine, 3,7 pour cent au benzoate de dénatorium, 2,4 pour cent à la phénylthiocarbamide, 1,6 pour cent à l'octaacétate de saccharose.

Au total, la proportion de cellules réceptrices de l'amer dans les papilles gustatives est analogue à la proportion de cellules sensibles à l'amer dans la population complète de cellules du goût testées : aucune des papilles étudiées (les papilles regroupent plusieurs cellules réceptrices) ne semble spécifique de l'amer, et la proportion, ainsi que la répartition de cellules sensibles à l'amer est analogue à celle des ARN messagers de récepteurs amers. Ces études montrent, une fois de plus – mais au niveau cellulaire – que les diverses parties de la langue ne sont pas spécifiques des diverses saveurs, contrairement à une hypothèse «gastronomique» répandue.

Les cellules réagissent-elles différemment aux cinq molécules amères testées, ou bien certaines cellules sont-elles spécifiques de certaines molécules? Les physiologistes ont appliqué successivement les cinq stimuli aux mêmes cellules et observé

J.-M. Thiriet

que la plupart des cellules sensibles à l'amer ne réagissent qu'à un des cinq composés testés, leurs voisines réagissant à d'autres composés.

Un quart des cellules testées sont activées par deux composés amers, et sept pour cent de la population cellulaire réagit à plus de deux des cinq composés. Les réactions sont indépendantes : il n'y a pas d'association entre deux stimuli dans les cellules de la saveur, et des concentrations supérieures en molécules amères n'augmentent pas les proportions de cellules sensibles.

La spécificité des cellules réceptrices des amers – on ne dira plus «de l'amer» – expliquerait les réactions comportementales et, notamment, la capacité de distinguer sensoriellement les divers amers : les fibres nerveuses issues des cellules spécifiques de chaque amer particulier sont sans doute groupées en faisceaux spécifiques de cet amer, irriguant une zone particulière du cerveau.

Reste maintenant à trouver des mots pour désigner les diverses saveurs amères. Sourions : l'une d'elle se dénommera-t-elle Michèle?

CHAUD DEVANT

Pourquoi les aliments piquants brûlent la bouche.

Comment créer un plat parfaitement savoureux? Le cuisinier peut naturellement imaginer des variations de recettes anciennes, afin d'assembler des ingrédients dont l'association a été validée au cours de l'histoire, mais ne gagnerait-il pas à se souvenir que les molécules qu'il réunit doivent stimuler harmonieusement la gustation, l'olfaction, ainsi que les capteurs thermiques, mécaniques ou du piquant?

La mise en application de cette idée manque toutefois de bases précises. On sait que l'acidité ou l'amertume sont combattues par le sucré, ou que le salé facilite la perception des autres saveurs, par exemple, mais une compréhension moléculaire de la physiologie du goût manque encore. Pourquoi le piment met-il la bouche en feu, par exemple? Pourquoi les consommateurs réguliers de piments supportent-ils des doses intolérables aux novices? Pourquoi aimons-nous manger des produits qui nous endolorissent? David Julius et ses collègues de l'Université de San Francisco éclairent ces questions en étudiant le récepteur de la capsaïcine, la principale molécule piquante du piment.

La douleur et le cerveau

Une avancée importante de la physiologie humaine avait été, il y a quelques décennies, l'exploration des effets de la morphine sur le cerveau, et l'identification de récepteurs de la morphine et de ses dérivés. Si l'organisme contenait de tels récepteurs, il devait exister dans le corps des molécules analogues à la morphine. La prévision était exacte : on découvrit bientôt des opioïdes endogènes, ainsi que le système de régulation qui supprime la douleur.

De même, raisonnèrent D. Julius et ses collègues, si notre espèce consomme des aliments qui contiennent des molécules piquantes et qui activent ainsi les voies de la douleur, c'est sans doute que l'évolution a doté notre organisme de récepteurs qui sont activés par ces molécules... et surtout par des molécules endogènes qui interviennent probablement dans les mécanismes de la douleur.

Comment identifier ces récepteurs? Les biologistes ont isolé les ARN messagers présents dans les neurones qui détectent le piquant dans la bouche et construit un groupe de molécules d'ADN correspondantes ; puis ils ont introduit ces ADN dans diverses cultures de cellules pour observer les liaisons de la capsaïcine avec les protéines produites par l'ADN inséré. Ils ont finalement identifié l'ADN qui code le récepteur, nommé VR1, de la capsaïcine. L'introduction de cet ADN dans des œufs de grenouille a fourni des cultures de cellules dont la membrane contenait le récepteur voulu.

Les biologistes ont alors analysé que VR1 est un canal membranaire, c'est-à-dire une protéine qui règle le passage d'ions (surtout des ions calcium), entre l'extérieur et l'intérieur des cellules. Il est composé de quatre sous-unités, et sa liaison à la capsaïcine provoque son ouverture.

En quoi ces études aident-elles la gastronomie? Des études psychophysiologiques anciennes avaient conduit à la mise au point d'une sorte d'échelle de Richter du piquant : l'échelle du docteur Wilbur Scoville. Les enregistrements électrophysiologiques des cellules de grenouille dotées du récepteur VR1 démontrent la validité de ce classement : la réaction des cellules et, sans doute aussi, la réponse cérébrale, sont proportionnelles à la concentration en capsaïcine.

D'autre part, D. Julius et ses collègues ont montré que la capsaïcine, soluble dans les graisses, peut se lier au canal, à l'intérieur ou à l'extérieur des neurones. Son affinité pour les graisses explique pourquoi l'eau n'éteint pas les incendies de la bouche, tandis que l'absorption de pain est plus efficace.

Accoutumance aux épices

Troisièmement l'exposition des récepteurs à la capsaïcine a donné des indications sur l'accoutumance aux mets épicés. L'ouverture du canal VR1 provoque l'afflux d'ions calcium dans les neurones, qui émettent une impulsion nerveuse quand le potentiel électrique intracellulaire atteint un seuil. Toutefois l'excès d'ions calcium intracellulaire est nocif : les œufs de grenouille dotés du récepteur VR1 meurent après quelques heures d'une exposition continue à la capsaïcine, sans doute parce que l'afflux d'ions calcium est excessif.

La perte de sensibilité des amateurs d'épices, qui semble résulter de la mort des fibres sensorielles, expliquerait l'effet paradoxal de la capsaïcine dans le traitement des névropathies virales ou diabétiques, ainsi que dans la polyarthrite rhumatoïde : tuant les neurones de la douleur, la capsaïcine provoquerait une analgésie.

Enfin les biologistes ont mesuré que des augmentations rapides de la température provoquent, dans le récepteur VR1, des courants d'ions analogues aux courants provoqués par la capsaïcine : le canal VR1 est un capteur simultanément chimique et thermique... et voilà pourquoi la consommation des plats pimentés met la bouche en feu.

Le piquant des piments est décrit par des unités Scoville : les piments guajillos (à gauche) *ont un piquant de 3 000 unités Scoville, tandis que les piments de Cayenne* (au centre) *ont un piquant de l'ordre de 40 000 ; le piquant des piments habaneros* (à droite) *atteint jusqu'à 300 000 unités Scoville. Les unités Scoville sont proportionnelles à la concentration en une molécule nommée capsaïcine.*

LE GOÛT DU FROID

Le refroidissement ou le réchauffement de la langue suscitent la perception de saveurs, même en l'absence d'aliments.

La physiologie du goût est une déferlante : ces dernières années, les physiologistes ont élucidé les bases moléculaires de la sensation gustative du piquant, puis ils ont identifié, dans les cellules des papilles gustatives, les mécanismes qui conduisent à la perception de la saveur ; en avril 2000, ils ont découvert – enfin! – le premier récepteur d'une molécule sapide. Les physiologistes ont en main les méthodes analytiques pour trouver d'autres récepteurs... mais la nouveauté est inattendue. C'est la découverte de «saveurs thermiques» : des variations de la température de la langue suscitent la perception de saveurs sans que des molécules sapides ne soient présentes!

Quand nous mangeons, diverses molécules des aliments stimulent les cellules olfactives du nez, les papilles de la bouche, des récepteurs de la douleur (pour le piquant) et, aussi, des capteurs mécaniques ou thermiques. Comment les diverses perceptions interagissent-elles pour former la notion synthétique du «goût»? On a longtemps supposé que les informations obtenues par les diverses cellules sensorielles montaient, de neurone en neurone, jusqu'aux centres supérieurs du cerveau, qui les interprétaient, formant la sensation du goût, mais les électrophysiologistes ont compris, il y a quelques années, que cette

description était insuffisante : les informations sensorielles se mélangent dès les premiers relais neuronaux, et l'«intégration» sensorielle commence dès la langue.

Chauffage de la langue

Afin de déterminer l'effet physiologique de ce mélange, Ernesto Cruz et Barry Green, de l'Université Yale, ont cherché l'effet de la température des aliments sur la perception des saveurs. À cette fin, ils ont stimulé la langue de sujets à l'aide de petites «thermodes» (des systèmes dont on commande la température à l'aide de courants électriques)... et c'est ainsi qu'ils ont redécouvert les «saveurs thermiques», suscitées par divers réchauffements ou refroidissements de la langue. L'effet avait été découvert il y a 35 ans, mais l'observation avait été intégrée à une théorie controversée.

Les réactions n'étaient pas identiques pour tous les individus, mais, pour une forte proportion des sujets testés, le chauffage de la pointe de la langue (jusqu'à la température de 35 degrés) produisait une légère sensation sucrée, tandis que le refroidissement (jusqu'à 5 degrés) provoquait la sensation acide, ou salée pour un des sujets. Le chauffage de l'arrière de la langue ne donnait qu'une faible sensation de sucré, mais le refroidissement de l'arrière langue suscitait souvent des sensations plus nettes, décrites comme amères ou acides. Certains des sujets testés ne percevaient aucune de ces saveurs thermiques.

Étrange phénomène, qui méritait d'être exploré. Les physiologistes cherchèrent d'abord à quantifier les relations entre la température et l'intensité des sensations : l'intensité de la saveur sucrée, à l'avant de la langue, augmente avec la température (jusqu'à 35 degrés), alors que l'«acide thermique», dû au refroidissement, évolue vers le salé. Puis, comme les sujets avaient souvent signalé des différences entre le centre et les bords de la langue, les chercheurs précisèrent les impressions : la perception du sucré thermique est maximale sur la pointe de la langue pour tous les sujets et l'acide thermique est mieux perçu sur les bords de la langue.

Paradoxe élucidé

Comment interpréter ces résultats? On sait que les fibres nerveuses de deux nerfs crâniens innervent les papilles : les fibres de la corde du tympan se ramifient dans les papilles gustatives et transmettent les informations sur les saveurs, tandis que les fibres de la branche linguale du nerf trigéminal se terminent dans l'épithélium des papilles, près des bourgeons du goût, et elles transmettent au cerveau les informations de température, douleur, irritation et pression. Les capteurs thermiques et les récepteurs des saveurs sont proches dans la bouche.

Ainsi les changements de température activeraient les récepteurs responsables du codage normal de la perception des saveurs. Dans cette hypothèse, on devrait bloquer les saveurs thermiques en stimulant les récepteurs de saveurs. Au contraire, si la saveur thermique n'est pas due aux récepteurs normaux des saveurs, le blocage de ces récepteurs n'aura pas d'effet sur la perception de la saveur thermique. Les tests sont en cours.

Que feront les cuisiniers de telles découvertes? On ne goûte pas de la seule pointe de la langue, de sorte que l'effet des saveurs thermiques est faible en dégustation courante. En revanche, chacun peut déterminer s'il fait partie des personnes qui perçoivent les saveurs thermiques : il suffit de placer un glaçon contre la pointe de la langue, ou de tremper celle-ci dans un verre d'eau tiède.

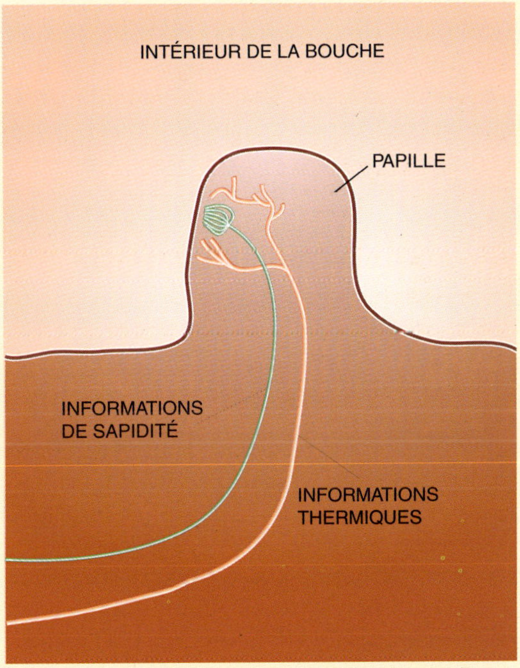

Les capteurs thermiques (en rouge) *sont proches des récepteurs des saveurs* (en vert) *dans les papilles gustatives.*

LA MASTICATION

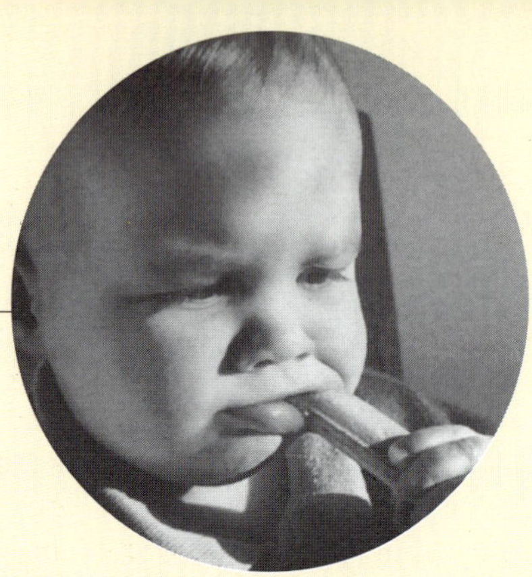

Comprenant comment nous mâchons, nous concevrons différemment les plats.

Kellog – oui, celui des petits déjeuners – préconisait une hygiène de vie fondée sur la mastication approfondie : «*Masticate, masticate.*» Son idée n'était pourtant qu'un avatar d'une vieille tradition orientale, qui voulait que chaque bouchée de riz (complet) soit mâchée cent fois. Une fois, dix fois, cent fois... mais, au fait, pourquoi mastiquons-nous? Bien sûr, la mastication divise les aliments, formant des bouchées si petites que, lubrifiées par la salive, elles descendent facilement dans le système digestif. Toutefois Jons Prinz et Peter Lucas, à l'Institut odontologique de Londres, ont identifié une autre fonction : sans le savoir, nous mâchons jusqu'à ce que les fragments alimentaires soient liés par la salive en une bouchée compacte, que nous avalons en minimisant le risque que de petites particules fassent une fausse route, vers le canal respiratoire. À chaque aliment correspondrait ainsi un nombre optimal de mouvements masticatoires.

En affirmant que «les animaux se repaissent, l'homme mange», Jean-Anthelme Brillat-Savarin voulait oblitérer notre composante animale, celle-là même qui dérangeait les Précieuses : elles mirent les mousses à la mode, parce que ces dernières leur évitaient «le mouvement disgracieux de la mastication». Pourtant, un bon croustillant! Un gluant! Un craquant! Pour profiter de l'éventail que nous offre l'univers culinaire, acceptons notre humaine condition et tournons nos particularités physiologiques à l'avantage de la gourmandise.

La mastication divise les aliments en morceaux de diamètre inférieur à celui du pharynx. Toutefois nous poursuivons la division bien au-delà de cette limite : notre organisme de mammifère, qui dépense beaucoup d'énergie, utilise la mastication pour diviser les aliments et augmenter la surface accessible aux enzymes digestives ; indirectement la mastication accélère l'assimilation.

J. Prinz et P. Lucas ont créé un modèle de la mastication pour savoir comment la salivation assurait la cohérence des particules formées, au cours de la mastication. Leur modèle recense les diverses forces qui s'exercent sur les particules alimentaires : des adhérences entre particules et des adhérences des particules aux surfaces buccales. Ces forces dépendent de la sécrétion de salive et de la quantité de jus exprimée par la mastication.

Lors des mouvements de la bouche, les petits morceaux sont moins divisés que les gros. D'autre part, quand un fragment est divisé, il l'est en un nombre de morceaux qui dépend des caractéristiques mécaniques de l'aliment. Pour simplifier la modélisation, les deux physiologistes britanniques ont supposé que chaque particule était divisée en particules sphériques et ils ont calculé la force de tension superficielle totale.

Enfin les deux chercheurs ont admis que les particules s'agglomèrent quand la force d'adhérence des fragments, dans une bouchée, est supérieure à la force d'adhérence des fragments à la paroi de la bouche.

À l'aide d'un ordinateur qui calculait numériquement les diverses forces et en utilisant des valeurs des divers paramètres tirées d'études de physiologie humaine, ils ont alors déterminé la cohésion des bouchées sur 150 cycles masticatoires et pour deux aliments aux comportements très différents: des carottes crues, qui se brisent très lentement, et des noix du Brésil, qui se divisent bien plus rapidement.

Le calcul a montré que la cohésion des bouchées, initialement faible, augmente rapidement, devient maximale après une vingtaine de cycles, puis diminue quand les particules sont de plus en plus divisées.

Comment tester le modèle proposé? Les cohésions calculées ont été comparées à des cohésions mesurées sur des bouchées qui ont été recrachées après avoir été mâchées: l'accord entre la théorie et la pratique est assez bon, mais les nombres de cycles masticatoires effectivement effectués sont un peu supérieurs aux nombres calculés, sans doute parce que nous ne sommes pas seulement des machines à absorber de la nourriture: «Le Créateur, en obligeant l'homme à manger pour vivre, l'y invite par l'appétit, et l'en récompense par le plaisir» ; ayant du plaisir à manger, nous prolongeons ce plaisir en mastiquant plus que les simples besoins de la cohésion des fragments.

Modèle et cuisine

Que déduire enfin du modèle, en pratique culinaire? Que les caractéristiques des aliments peuvent déclencher ou réduire la mastication, au choix. Tout d'abord, on observera que l'ajout de composés qui fluidifient la salive (les tanins, par exemple) ou l'augmentation de la concentration en liquides exprimables par les dents, en réduisant la cohésion, devraient allonger la mastication : le mangeur profitera davantage du plat qu'il consomme. Est-ce pour cette raison que les gourmands boivent du vin (qui contient des tanins) avec les mets?

À l'inverse, des épaississants devraient accélérer l'absorption : c'est gênant pour l'industrie qui en utilise dans les produits allégés, notamment, car une moindre mastication s'accompagne d'une moindre libération de molécules aromatiques et savoureuses. Plus généralement, l'hypothèse d'une détection automatique, par l'organisme, de la cohésion idéale des bouchées, donne des idées au cuisinier qui jongle avec le collant, le gluant, le sec, l'absorbant...

Répartition des fragments d'aliments au début (en haut) *et à la fin de la mastication d'un aliment* (en bas).

TENDRETÉ DE LA VIANDE

Mastiquons... pour connaître la jutosité et la tendreté de la viande.

Il y a moins de dix ans, la tendreté de la viande semblait être sa plus grande qualité : le gourmand, on le sait, déteste la viande dure. Oui, mais... qu'est-ce qu'une viande dure? Et, *a contrario*, une viande tendre? On avait oublié que la viande n'est pas du beurre et que sa texture est une de ses qualités. On avait confondu sa dureté avec sa faible jutosité et avec un besoin de la mastiquer longtemps avant de l'avaler. Afin d'élucider les relations entre la structure des viandes et leur texture, des biologistes de l'INRA de Theix ont analysé en temps réel la mastication d'échantillons de bœuf diversement préparés.

Pendant longtemps, les études de la texture des aliments ont été entravées par une confusion : on assimilait la texture à la structure physique des aliments. Il s'agit plutôt de la réaction psychologique aux stimulus physico-chimiques provoqués par la mastication. Les perceptions sensorielles modulent les actions motrices qui divisent l'aliment. Cycle masticatoire après cycle masticatoire, la structure de l'aliment est modifiée, tandis que sa texture se dévoile. Comment connaître cette texture des aliments?

Laurence Mioche, Joseph Culioli, Christèle Mathonière et Eric Dransfield ont étudié cette question dans le cas de la viande, en cherchant des correspondances entre les perceptions sensorielles de dégustateurs, les propriétés mécaniques de la viande (résistance en compression, résistance au cisaillement) et l'activité électrique des muscles de la mastication. La viande utilisée était du bœuf que l'on avait préparé de plusieurs façons : certains échantillons étaient rendus très durs (et la cuisson ne les attendrissait pas) par refroidissement immédiat après l'abattage, tandis que d'autres échantillons subissaient une longue maturation à la température de 2 degrés. Puis les divers couples d'échantillons étaient cuits à 60 degrés et à 80 degrés. Un échantillon sur deux de chaque couple était analysé mécaniquement, tandis que l'autre était consommé par un dégustateur entraîné, qui jugeait l'élasticité, la tendreté initiale, la tendreté générale et la durée en bouche, c'est-à-dire le temps de mastication nécessaire avant que la viande puisse être avalée. Pendant cette dégustation, les physiologistes analysaient la mastication en enregistrant l'activité électrique du muscle masséter et du muscle temporal.

Une dureté bien sentie

Les mesures mécaniques ont d'abord corroboré ce qu'avaient établi les études effectuées depuis des années à Theix : le stockage immédiat au froid multiplie par trois ou quatre la résistance à la compression et au cisaillement. À l'inverse, un refroidissement lent suivi par une maturation prolongée diminue à la fois la résistance à la compression et au cisaillement. De surcroît, une température de cuisson supérieure augmente notablement la résistance à la compression, mais pas la résistance au cisaillement. Enfin les diverses viandes doivent surtout leurs différences aux protéines myofibrillaires (qui assurent la contraction) et au tissu conjonctif, formé de collagène, qui entoure les fibres musculaires. Face aux échantillons, les divers dégustateurs réagissent très différemment : pour les mêmes viandes, les activités masticatoires diffèrent selon les individus. La maturation et la température de cuisson ont des effets perceptibles sur la mastication, mais le type de viande consommée détermine peu l'activité électrique.

Lors des tests, les dégustateurs notaient leurs sensations. Tous savaient parfaitement repérer les viandes les plus dures : le type de muscle, le mode de stockage et la température de cuisson déterminent la perception sensorielle de la même façon qu'ils modifient la mastication. Toutefois les descriptions sensorielles ne correspondaient pas aux prévisions des expérimentateurs : par exemple, l'élasticité ne traduit pas la tendreté initiale ; la jutosité est associée par les dégustateurs à la tendreté initiale, mais pas à l'élasticité ; la jutosité est plus influencée par la température de cuisson que par le type de stockage ; la perte de jus n'est pas une perte de jutosité. Aujourd'hui, on ignore donc ce qu'est exactement la jutosité : la quantité d'eau dans la viande et dans la bouche? La quantité de gras? La quantité de salive sécrétée au cours de la mastication?

Au total, les dégustateurs ont groupé les viandes en cinq classes. Les viandes les plus tendres sont celles qui sont maturées le plus longtemps. Les viandes les plus dures sont celles qui sont refroidies juste après l'abattage. L'allongement de la période de maturation n'a d'effet que sur les viandes cuites à 80 degrés. Enfin, les viandes cuites à basse température sont plus tendres que celles qui sont cuites à température supérieure. La jutosité est surtout déterminée par la température de cuisson, et peu par le type de stockage ou de maturation, ou par le type de muscle. Les premières bouchées font la différence selon la température de cuisson.

Bouches fiables

Ainsi, les mesures mécaniques, les appréciations sensorielles et les mesures électromyographiques donnent les mêmes résultats, pour la tendreté. Ce ne sont pas quelques coups de dents qui donnent la meilleure information, mais une mastication prolongée. En revanche, la jutosité est mieux appréciée par les premiers coups de dents : ceux-ci détectent les caractéristiques générales de l'aliment, avant d'adapter la mastication.

Une telle étude donne aussi des indications méthodologiques. Elle révèle que l'évaluation sensorielle est la méthode la plus sensible pour détecter les différences selon les échantillons. L'enregistrement de la séquence masticatoire complète représente mieux les propriétés sensorielles de la viande que les mesures mécaniques, et le nombre de cycles masticatoires est une meilleure mesure de l'élasticité, de la tendreté et de la dureté en bouche que les mesures de compression ; en revanche, une mesure de compression est un meilleur marqueur de la jutosité. On sait que le dégustateur adapte sa mastication à l'aliment, mais à partir de quel stade de division les bouchées passent-elles? C'est la question étudiée aujourd'hui...

ARÔMES MESURÉS

Les masticateurs les plus lents sentent mieux les arômes des mets.

Quels arômes percevons-nous, lorsque nous mangeons? Cette question est restée longtemps inabordable : les analyses chimiques ne déterminaient pas directement les concentrations en molécules aromatiques au voisinage des cellules réceptrices du nez. Depuis 1996, Andrew Taylor, Rob Linforth et leurs collègues de l'Université de Nottingham et de la Société *Firmenich* disposent d'un appareil qui montre comment les composés aromatiques sont libérés au cours de la mastication des aliments ; ils démontrent qu'un même aliment est différemment senti par chacun d'entre nous.

Composants importants du goût, les arômes sont des molécules volatiles qui stimulent les récepteurs du nez, lorsqu'elles remontent par les fosses rétronasales, lors de la mastication des aliments. Toutefois leur action sensorielle est difficile à analyser, car ces molécules interagissent avec la salive et avec divers composés également présents dans les aliments : le profil aromatique d'un aliment ne se résume pas à sa composition chimique.

Comme les molécules ne sont senties que si elles passent en phase vapeur, les physiologistes ont cherché à mesurer les concentrations en arômes dans l'air, au-dessus des aliments, mais comment se fier à ces mesures, quand la mastication de la nourriture, la respiration et la salivation modifient la libération des arômes? Pour connaître les arômes effectivement actifs d'un aliment, il fallait mesurer la libération d'arômes pendant la consommation.

La nouvelle spectrométrie de masse mise au point par A. Taylor et ses collègues mesure directement les concentrations en molécules d'arômes dans l'haleine de sujets qui mastiquent les aliments : un courant de gaz contenant les molécules volatiles à analyser est aspiré dans une chambre où une aiguille électriquement chargée ionise des molécules d'eau ; les ions hydrogène qui se forment transfèrent ensuite leur charge électrique aux molécules aromatiques, qui sont attirées par une série de plaques électriquement chargées dans une chambre de focalisation, où elles sont guidées jusque dans la chambre d'analyse.

Sage lenteur

À l'aide de leur nouvel instrument, les chimistes britanniques ont d'abord examiné comment un gel de gélatine et de saccharose libère des composés volatils (de l'éthylbutyrate, que l'on trouve dans des fruits tels que la fraise, et de l'éthanol) piégés dans le gel : un tube placé dans une narine des sujets, qui pouvaient respirer sans gêne, captait une partie de l'air présent.

La première observation n'a rien de surprenant : les concentrations dans l'air du nez varient périodiquement, au rythme de la respiration, et l'information intéressante, à chaque respiration, est la concentration maximale mesurée. Pour l'acétone, cette concentration maximale était identique, pour toutes les respirations, parce que la molécule, libérée par le métabolisme des acides gras dans le foie, se trouve naturellement dans l'haleine.

En revanche, l'éthylbutyrate et l'éthanol détectés dans l'haleine ne provenaient que du gel : l'éthylbutyrate n'était libéré que pendant la mastication, soit environ une minute, tandis que l'éthanol était libéré pendant plus longtemps : comme l'éthanol est soluble dans l'eau, il se dissout dans la salive après avoir été libéré par la rupture du gel, et c'est seulement ensuite qu'une partie passe dans l'air ; ce partage lent entre l'eau et l'air est stimulé par la mastication et il se prolonge même après la fin de celle-ci.

Les études confirment également ce qu'avaient pressenti les fabricants de chewing-gum : la libération d'arômes dépend de la vitesse de mastication et de la mollesse de la gomme. En outre, les études qui comparaient les réactions de trois personnes au même aliment (un gel de gélatine contenant de l'éthanol, du butanol et de l'hexanol) ont révélé l'«inégalité aromatique» des mangeurs. Pour chaque personne testée, la libération des arômes était différente : la concentration maximale dans l'haleine, et le temps après lequel cette concentration apparaissait, différaient selon la vitesse de mastication. Les mangeurs les plus rapides sont ceux pour lesquels les concentrations maximales en arômes sont inférieures, sans doute parce qu'ils divisent moins le gel. Brillat-Savarin avait donc raison : «Ceux qui mangent vite et sans attention ne discernent pas les impressions du second degré ; elles sont l'apanage exclusif d'un petit nombre d'élus ; et c'est par leur moyen qu'ils peuvent classer, par ordre d'excellence, les diverses substances soumises à leur examen.»

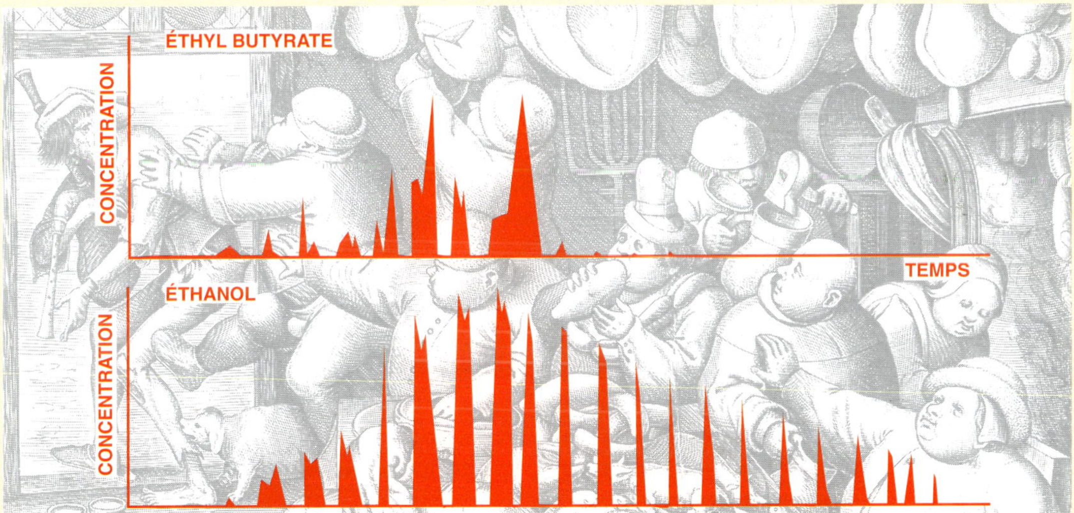

Mesure de la concentration en deux composés volatils dans l'haleine d'une personne qui mâche un gel de gélatine où ces composés sont piégés. Chaque pic correspond à une respiration.

Petit Format/A. Chaumat

EN CULOTTE COURTE

L'observation des enfants en crèche révèle l'évolution de leurs goûts alimentaires.

Les parents gastronomes font tous entendre la même antienne : leurs enfants semblent n'aimer que les féculents – pâtes, riz, pommes de terre – les fromages les plus fades et les viandes insipides, tel le blanc de poulet. Pourquoi les enfants commencent-ils leur vie alimentaire par ces aliments fades? Comment les mettre sur la «voie»? Psychologues et sociologues pourraient s'interroger sur les motivations biologiques qui poussent les parents à se désoler, mais, aujourd'hui, ce sont des «sensorialistes» qui explorent les choix alimentaires des enfants et l'évolution de ces choix.

L'expérience qui livre aujourd'hui ses premiers résultats a commencé en 1982 et s'est achevée en 1999, dans la crèche Gaffarell de l'hôpital de Dijon. Elle a porté sur des enfants âgés de deux à trois ans, qui, au déjeuner, choisissaient la composition de leur repas. Avec quelques contraintes, toutefois : parmi les huit aliments proposés figuraient du pain, deux entrées, une viande ou un produit carné ou un poisson, deux légumes ou féculents, deux fromages; les plats sucrés n'étaient pas mis au menu, en raison de l'attrait présumé pour le sucré : ils étaient réservés au goûter. Les enfants pouvaient se resservir, mais ils n'étaient pas autorisés à prendre plus de trois fois d'un même aliment pendant le même repas. Pour les 25 enfants présents à la crèche, chaque année, les puéricultrices orchestraient et notaient ces libres choix; les huit plats étaient sur une table, les enfants prenaient ce qu'ils voulaient, et ils pouvaient notamment ne rien manger. Au total, 420 enfants ont été suivis sur 110 repas en moyenne.

Aujourd'hui, Sophie Nicklaus et Sylvie Issanchou, du Laboratoire de recherches sur les arômes de la Station INRA de Dijon, en collaboration avec Vincent Boggio, de la Faculté de médecine de Dijon, dépouillent les résultats. Les questions étudiées sont nombreuses : quels aliments ont-ils été consommés? Les enfants ont-ils des aversions générales pour certains plats? Comment interpréter les différences de choix entre les plats? Comment expliquer les variations des choix? Par des particularités individuelles des enfants? À ces questions, le dépouillement des données donne des confirmations et des informations nouvelles.

Le goût pour le fade

Tout d'abord, comme le pressentent les parents, les enfants choisissent surtout des féculents et des viandes; les fromages choisis sont ceux qui ont peu de goût et une texture molle, et rares sont les «amateurs de roquefort» dès l'âge de deux ou trois ans : gastronomes en culotte courte, peut-être, mais pas en couches. Le pain – signe des temps – est le féculent le moins choisi par rapport aux pâtes, au riz ou aux frites. Et les plats les plus consommés sont les frites, les chipolatas, les quiches, les pâtes, le poisson pané, le riz, la purée, le jambon, le bifsteak. Pas de surprise, mais une confirmation quantifiée.

La sauce fait passer le plat

Les choix des viandes, en revanche, ont étonné les chercheurs : les enfants font peu de différence entre les viandes, choisissant presque indistinctement le rôti de porc, le dindonneau, le gigot ou les abats. En revanche, pour les légumes (moins souvent choisis que les viandes), les choix sont tranchés : le type de légumes et le type de préparation culinaire déterminent les choix des enfants. Par exemple, l'épinard, qui a si mauvaise réputation parmi les enfants, est pourtant le légume le plus consommé... quand il est nappé de sauce blanche. Les légumes tels que les endives, le chou (cru ou cuit), les tomates ou les haricots verts attirent peu les gastronomes de crèche : apparemment les produits de texture dure et fibreuse (difficiles à mâcher) sont rejetés, de même que ceux dont l'amertume est prononcée.

Pourquoi ces choix des enfants? Les sensorialistes ont cherché à mettre en relation ces choix avec la valeur nutritionnelle, et ils ont découvert que plus les aliments ont une valeur énergétique notable, plus ils sont choisis (à l'exception des fromages). Doit-on voir dans cette observation une influence encore forte de l'inné, chez les enfants? On sait que les nourrissons à qui l'on fait goûter des solutions salées, sucrées, acides ou amères font des grimaces de dégoût pour l'acide ou l'amer, et une mimique de plaisir quand ils testent du sucré : ils sont analogues aux singes frugivores, qui associent la saveur sucrée à la présence de sucres, molécules à haute densité d'énergie, et l'amer aux végétaux qui contiennent des alcaloïdes toxiques. C'est progressivement que l'enfant apprend, plus tard, par conditionnement et par culture, à diversifier son alimentation : le conditionnement est celui qui apparaît, par exemple, quand le cerveau associe satiété et consommation préalable de molécules énergétiques et non sucrées, telles les graisses ; la culture, elle, explique que certains enfants, même tout jeunes, apprennent à se délecter de mets au goût puissant, que les explications biologiques feraient rejeter.

Tous égaux, tous différents

La deuxième synthèse importante concerne la forte variabilité des choix pour les produits à goût puissant. Aujourd'hui, aucune des variables analysées n'explique cette variabilité : ni le sexe, ni l'allaitement maternel, ni le rang de l'enfant dans la famille, ni son indice de masse corporelle (une mesure de la masse graisseuse, que l'on obtient en divisant le poids par la taille au carré)... On ignore donc encore comment s'expliquent les variations importantes existant d'un enfant à l'autre.

Les choix alimentaires des jeunes enfants ayant été très peu étudiés, il n'est pas étonnant que ces premières études laissent de nombreuses observations inexpliquées. De surcroît, il faudra encore attendre longtemps avant de pouvoir corréler les choix des enfants étudiés aux préférences des adultes que ces enfants deviendront. C'est à ce prix que l'on comprendra les mécanismes de l'apprentissage alimentaire au cours de l'enfance, et que l'on découvrira l'importance des expositions précoces dans les choix ultérieurs, supposée depuis longtemps, mais peu démontrée. L'industrie s'intéresse évidemment aux résultats de ces études : pour offrir des produits qui plairont plus longtemps, elle veut comprendre la dynamique des préférences alimentaires des tout petits.

ALLERGIES ALIMENTAIRES

Comment prévoir et prévenir les risques d'allergie aux aliments transgéniques.

Au pays de la gastronomie, tout n'est que fumets, goûts, plaisirs... Pourtant, plus du quart de la population, dans sept États de l'Union européenne, se dit sujette à des allergies ou à des intolérances alimentaires. Quand on confirme le diagnostic par des tests cliniques, on mesure que les véritables allergies alimentaires sont moins nombreuses qu'elles ne sont déclarées (environ 3,5 pour cent de la population), mais elles posent un important problème de santé publique, car la gravité des accidents observés augmente : depuis dix ans, le nombre de chocs anaphylactiques consécutifs à une allergie alimentaire a quintuplé, et beaucoup de ces accidents sont mortels, notamment ceux qui sont provoqués par l'ingestion de produits dérivés de l'arachide.

Au Laboratoire d'immuno-allergie alimentaire INRA-CEA, à Saclay, Jean-Michel Wal et ses collègues ont notamment montré comment une protéine du lait de vache provoque des allergies, malgré ses ressemblances avec une protéine humaine qui, elle, est parfaitement tolérée. Les biologistes de l'INRA explorent également, chez l'animal, une méthode d'«immunisation génique» pour prévenir les allergies.

Pourquoi l'accroissement récent des allergies alimentaires? L'augmentation du nombre d'aliments incriminés semble liée au développement des allergies respiratoires dues aux pollens des végétaux : les anticorps produits par l'organisme contre un antigène de pollen réagissent parfois aussi contre des molécules d'origines très différentes. Ces «réactivités croisées» sont dues à des épitopes communs, c'est-à-dire à des fragments moléculaires analogues, qui sont la cible du système immunitaire. Ce type de phénomène explique comment la multiplication des allergies aux fruits exotiques (avocats, kiwis, bananes...) peut être associée au développement des allergies au latex, elles-mêmes en augmentation.

À ces aliments «classiques» s'ajoutent les aliments dérivés des organismes génétiquement modifiés. Ces produits contiennent des protéines normalement absentes des aliments classiques et la question s'impose avant la commercialisation : sont-ils allergéniques? Peu de cas ayant été rapportés jusqu'ici, comment déterminer leur allergénicité? Plusieurs approches sont aujourd'hui envisagées : tests à l'aide de sérums de patients allergiques (les anticorps de ces sérums se lient aux molécules allergéniques), tests cutanés (on dépose les molécules soupçonnées sur la peau afin de détecter une éventuelle réaction allergique), études avec des animaux (on administre les molécules soupçonnées à des animaux sensibilisés) et prévision théorique de l'allergénicité à partir de la séquence des protéines en acides aminés.

Cette dernière voie est d'avenir, mais sa mise en œuvre doit être préparée par l'établissement de banques de données de séquences bien caractérisées, pour des protéines dont on connaît l'allergénicité. Grâce à de telles banques, J.-M. Wal et ses collègues ont comparé la réactivité immunitaire de la caséine bêta humaine et de la caséine bêta bovine.

Allergies au lait

Les caséines constituent 80 pour cent des protéines du lait. Elles sont de quatre types nommés alpha S1, alpha S2, bêta et kappa. La caséine bêta du lait de vache est un allergène important : 92 pour cent des sérums provenant de personnes allergiques aux caséines contiennent des anticorps responsables des réactions allergiques, les immunoglobulines E, spécifiquement dirigées contre la caséine bêta.

En 1997, les immunologistes de Saclay avaient démontré l'existence, dans le sang de personnes allergiques, d'immunoglobulines E spécifiques d'une protéine du petit lait bovin, et ils avaient observé que ces immunoglobulines E réagissent également avec la protéine correspondante humaine. Ce même type de réactivité croisée existait-il pour la caséine bêta? Les immunologistes ont récemment testé le sérum de 20 personnes allergiques à la caséine bêta de lait de vache. Ils en ont dosé les immunoglobulines E spécifiques de la caséine bêta bovine et ils ont ensuite vérifié que ces immunoglobulines réagissent également avec les caséines bêta humaines.

Pourquoi ces réactions croisées? Parce que les caséines bêta humaine et bovine ont en commun 50 pour cent de leurs acides aminés. D'où l'intérêt d'étudier les parties communes. Un des domaines communs, par exemple, correspond à une séquence en acides aminés qui se replie en hélice dans les protéines bovines et humaines. Un autre domaine commun contient les principaux «sites de phosphorylation» : après l'enchaînement des acides aminés qui constituent les protéines, ces dernières sont modifiées, notamment par addition de groupes phosphate (c'est la phosphorylation). De telles modifications chimiques «post-traductionnelles» influencent les propriétés des molécules, en changeant leur charge électrique ou leur repliement. Les immunologistes de l'INRA ont montré que la phosphorylation du second domaine influe sur l'allergénicité de la caséine bêta.

Préventions à l'étude

À ce jour, les études qui préparent les évaluations des nouveaux aliments dérivés d'organismes génétiquement modifiés ou contenant de tels organismes n'ont pas révélé d'allergénicité particulière. Ces études s'accompagnent d'une recherche de méthodes de prévention des allergies alimentaires. Dans le cas de la caséine bêta, les substitutions de lait sont inefficaces, car les caséines des divers laits sont très semblables. Le groupe de Saclay préfère aujourd'hui tester (chez la souris) l'immunisation génique, c'est-à-dire l'injection d'ADN d'origine bactérienne, où ils introduisent l'ADN codant une protéine étudiée : une telle injection apporte des séquences qui activent une réaction du système immunitaire de type non allergique, laquelle «éteint» la réaction allergique. Dans le cas d'une telle prévention contre les allergies à la bêta lactoglobuline bovine (une autre protéine du lait de vache), la méthode réduit considérablement et durablement la production d'immunoglobulines E spécifiques de cette protéine.

ALERTE À LA LISTÉRIOSE

Les alertes alimentaires témoignent des progrès de la microbiologie.

Les cas de listériose sont dramatiques. Peuvent-ils être évités? Les accidents, parfois mortels, sont d'autant plus choquants que l'hygiène publique n'a jamais été aussi bonne. Toutefois cette sécurité n'évitera pas que des accidents surviennent chez les personnes fragiles, constituant les groupes à risque : les femmes enceintes, les personnes âgées, les jeunes enfants et les personnes immunodéprimées. Tandis que les alertes sont déclenchées à la suite d'enquêtes épidémiologiques rétrospectives, par une comparaison de souches isolées des victimes et des produits incriminés, le travail de fond des microbiologistes débouche progressivement sur une meilleure connaissance des *Listeria* et des autres micro-organismes de l'alimentation.

La première étude, la plus urgente, est l'identification des souches pathogènes. C'est seulement quand on les connaît que l'on peut identifier les populations à risques, puis tester les aliments commercialisés. Au Laboratoire INRA de pathologie infectieuse et immunologie de Nouzilly, Patrick Pardon et ses collègues étudient la virulence des *Listeria*. Les souches isolées dans les filières agro-alimentaires ont des pathogénicités variables. Comment distinguer les souches dangereuses de celles qui ne le sont pas? Ces dernières années, les microbiologistes avaient déjà appris à distinguer deux types de *Listeria* : les *Listeria monocytogenes*, considérées comme toujours pathogènes, et les *Listeria innocua*, inoffensives. Toutefois même cette classification affinée (qui a évité des alertes intempestives) restait insuffisante. Les techniques actuelles ne permettent pas de caractériser la virulence exacte des diverses souches.

Tests rapides pour des alertes nécessaires

De surcroît, la virulence des souches était naguère étudiée sur des animaux de laboratoire (principalement des souris) à qui on inoculait les micro-organismes que l'on voulait tester. Toutefois la méthode est longue, coûteuse (elle impose l'entretien d'animaleries) et son usage est injustifiable quand d'autres méthodes sont validées.

Les microbiologistes de Nouzilly mettent aujourd'hui au point un test *in vitro*, qui utilise les cellules faisant office de porte d'entrée dans l'organisme : les cellules intestinales humaines. Pour tester la pathogénicité d'une souche bactérienne, on dépose une suspension de ces bactéries sur une culture de telles cellules, et l'on observe l'apparition de trous dans le tapis cellulaire, en fonction de la dose de bactéries utilisées.

Lors de la validation de ce test, les biologistes ont confirmé que le groupe *Listeria monocytogenes* n'est pas homogène : certaines souches sont peu ou pas virulentes (les résultats ont été confirmées sur des animaux de laboratoire), ce qui a conduit à une poursuite de l'étude par des analyses du génome et des protéines de ces bactéries. Un programme national sur trois ans est maintenant lancé : plusieurs équipes passent en revue une banque d'environ 400 souches de *Listeria monocytogenes*. Afin d'affiner ultérieurement la détection des souches pathogènes, les gènes et les protéines des souches peu ou pas virulentes seront comparés à ceux de souches très virulentes.

Le travail s'accompagnera d'une recherche des diverses souches dans les filières alimentaires ; on veut identifier quels produits et quelles méthodes conduisent aux souches pathogènes, et quelles fabrications sont susceptibles de produire des *Listeria* dangereuses : on identifiera les taux d'humidité, les températures, les acidités, les durées de conservation qui sont associés à un risque de contamination, afin de perfectionner les autocontrôles industriels (obligatoires et d'une fréquence qui dépend des produits) ou les contrôles effectués par les services officiels.

Le mangeur et le risque

La publication des informations parmi les fabricants et les consommateurs inquiète. Elle s'impose, parce qu'elle prévient des accidents, en conduisant au retrait d'aliments contaminés, mais il n'empêche que le choix du type de nourriture suscite une interrogation sociale. Certaines nourritures présentent plus de dangers que d'autres. Faut-il les interdire? Selon P. Pardon, l'objectif n'est certainement pas d'interdire la vente de produits où des *Listeria* risquent d'apparaître – on ne privera pas la France de ses rillettes ni de ses fromages au lait cru – mais de mettre en garde les populations à risques : on ne laisse des enfants traverser seuls une rue que s'ils ont été avertis des risques et des précautions à prendre. L'interdiction serait dramatique pour l'industrie alimentaire, et aussi pour le goût du public, qui risquerait de s'approvisionner en produits interdits par des voies parallèles moins sûres.

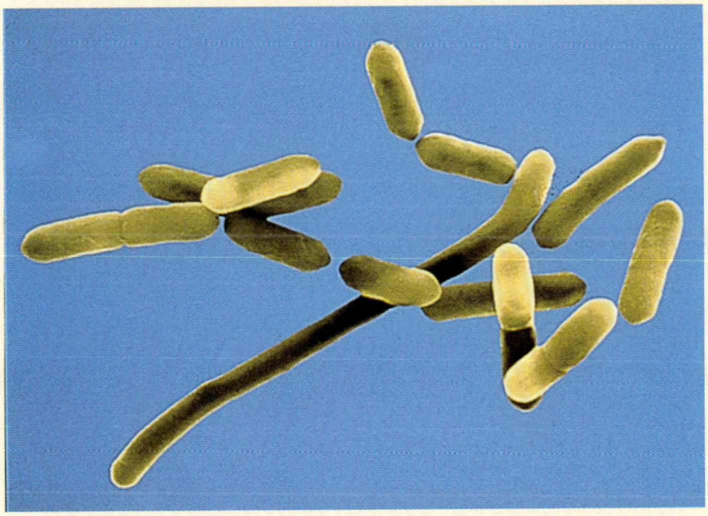

Les bactéries Listeria *ne sont pas toutes dangereuses.*

Partie 3

Exploration, modélisation

LE SECRET DU PAIN

Les chimistes déterminent, à des fins d'améliorations, les liaisons entre les protéines qui forment le réseau de notre bonne vieille pâte à pain.

Les constituants de la farine de blé sont les clefs du succès du pain : à côté des grains d'amidon, qui gonflent quand ils sont chauffés en présence d'eau, des protéines forment, lors du pétrissage, un réseau nommé gluten. Pour améliorer le pain, il est intéressant d'étudier les associations de ces protéines. Comment les forces entre les protéines contribuent-elles aux propriétés mécaniques de la pâte à pain? On savait que des liaisons entre des atomes de soufre portés par des protéines contribuent à la structuration du gluten ; on a découvert que d'autres forces y participent aussi.

La qualité d'un pain dépend de celle du gluten, d'où la nécessaire maîtrise de la réticulation des protéines, c'est-à-dire de l'établissement de liaisons entre ces molécules. Le gluten est un réseau «viscoélastique» : étiré, il s'allonge, puis reprend partiellement sa forme initiale quand on supprime la tension. La panification n'est possible que grâce au gluten : quand les levures produisent des bulles de dioxyde de carbone, le volume de la pâte augmente et le réseau de protéines du gluten préserve la forme en boule de la pâte en retenant les bulles de gaz.

L'amidon disposé dans de l'eau (à gauche) *et le gluten qui a été extrait de la farine* (à droite).

En 1745 déjà, le chimiste italien Jaccopo Beccari a montré que l'on extrait le gluten en malaxant de la farine avec un peu d'eau, puis en passant le pâton formé sous un filet d'eau ; l'eau entraîne les grains blancs de l'amidon, laissant le gluten entre les doigts. Les chimistes ont montré que seules certaines protéines insolubles du blé contribuent au réseau du gluten : les prolamines.

Ces prolamines sont de deux types : les gliadines, qui ne sont composées que d'une seule chaîne protéique (un enchaînement d'acides aminés), et les gluténines, qui sont de gros édifices composés de plusieurs sous-unités protéiques liées par des ponts disulfure (entre deux atomes de soufre). Ces ponts disulfure relient-ils aussi les gluténines entre elles? Selon une conception classique, le pétrissage établit des ponts disulfure supplémentaires entre les diverses prolamines, ponts qui se rompent et se reforment à mesure que le boulanger travaille la pâte.

Les gluténines ont une partie centrale (entre 440 et 680 acides aminés) formée de courtes séquences répétées, flanquées de deux domaines terminaux. La taille du domaine central détermine la masse moléculaire des gluténines ; les domaines terminaux contiennent des cystéines, acides aminés qui portent les atomes de soufre susceptibles de former les ponts disulfure. Toutefois les caractéristiques chimiques des gluténines n'expliquaient pas bien leurs capacités à faire le gluten.

Le fil à la pâte

Il y a quatre ans, l'équipe de Jacques Guéguen, à l'INRA de Nantes, avait montré que les prolamines pouvaient se lier par des «liaisons dityrosine» (la tyrosine est un acide aminé dont la chaîne latérale est composée d'un groupe CH_2, d'un noyau benzénique et d'un groupe hydroxyle – OH). Sur la base de ces travaux, Katherine Tilley et ses collègues de l'Université du Kansas ont récemment démontré l'importance des liaisons dityrosine dans le gluten. Dans des pâtes à pain, à divers stades du pétrissage, ils ont extrait, dissocié et analysé par voie chimique le gluten de la farine pétrie, et ont trouvé que les concentrations en dityrosine augmentent lors du pétrissage. La question était reposée : quel rôle jouait la dityrosine dans la structuration du gluten?

Une analyse approfondie a montré l'existence de deux types de liaisons dityrosine : dans la dityrosine, les deux groupes benzéniques sont liés par le carbone voisin du groupe hydroxyle – OH ; dans l'isodityrosine, un atome d'oxygène d'un groupe hydroxyle d'une tyrosine se lie au carbone voisin du groupe hydroxyle sur l'autre tyrosine.

La découverte agite la communauté des chimistes du gluten. Pour les biochimistes, ces liaisons dityrosine sont communes entre les protéines végétales, dont les séquences et les structures ressemblent à celles des gluténines ; ils connaissent aussi l'existence de ces liaisons dans les protéines, nommées résiline, des insectes et des arthropodes, et dans l'élastine et le collagène des vertébrés. Ainsi le boulanger reproduit-il le vivant en formant des liaisons dityrosine lors du pétrissage.

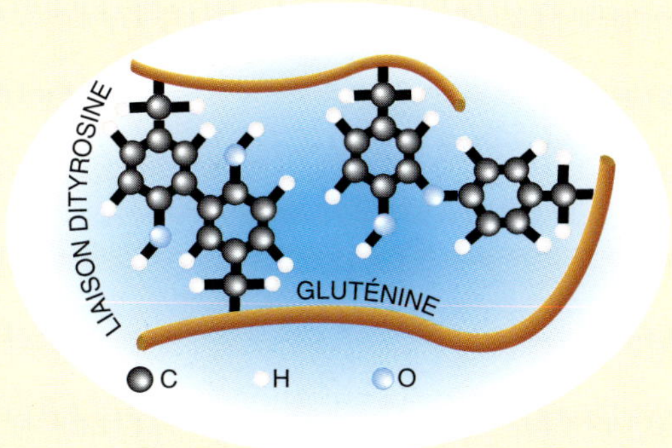

Entre deux protéines du gluten (en rouge) *s'établissent des «liaisons dityrosine» au cours du pétrissage.*

D'autre part, l'équipe de Nantes a observé que les liaisons dityrosine s'établissent en présence d'enzymes (péroxydases) naturellement présentes dans la farine. Le long travail de la pâte, lors de la confection du pain, a-t-il pour rôle de faire réagir les enzymes avec les gluténines et à leur donner le temps d'établir les liaisons dityrosine? Quelles sont les parts respectives des dityrosines et des ponts disulfures dans la structuration du gluten?

À quoi sert, enfin, la détermination de ces liaisons? À perfectionner les additifs, employés soit pour faciliter le pétrissage soit, au contraire, pour intensifier la formation du gluten : quand des composés oxydants tels l'acide ascorbique ou le bromate de potassium sont ajoutés aux pâtes à pain, le nombre de liaisons dityrosines formées augmente ; on pensait que ces additifs favorisaient la formation des ponts disulfure, mais peut être forment-ils aussi des liaisons dityrosine. On imagine ainsi des méthodes de sélection des blés à gluten : suffirait-il de doser les dityrosines pour estimer la valeur des glutens?

LEVURES ET PAIN

Le goût de la mie résulte de la fermentation.

On reproche au pain français et à son principal représentant, la baguette, d'avoir moins de goût que naguère et de sécher trop vite. La seconde critique est injuste : c'est oublier que la baguette fut fabriquée spécialement pour des citadins, qui pouvaient s'approvisionner plusieurs fois par jour chez leur boulanger ; on a délibérément préféré la croûte à la conservation. Cependant la boulangerie admet s'être davantage préoccupée du comportement mécanique de la pâte que du goût du pain.

Ce goût provient, d'une part, de la cuisson de la croûte, où diverses réactions chimiques engendrent des molécules aux notes de grillé. D'autre part, deux laboratoires INRA, à Nantes, ont cherché comment les molécules constitutives des levures *Saccharomyces cerevisiae*, ou les produits de leur fermentation, contribuent à la formation des composés volatils de la pâte, puis de la mie. À cette fin, ils ont comparé des pains, avec ou sans levure, ayant fermenté ou non, et obtenus par plusieurs méthodes de panification.

La méthode la plus classique, la fermentation à la levure en direct, commence par un pétrissage d'une pâte composée de farine, d'eau, de levure et de sel pendant une vingtaine de minutes ; puis on laisse fermenter la pâte pendant 45 minutes (pointage), on la divise en pâtons et on la refermente pendant 100 minutes (apprêt) avant de la cuire à 250 degrés pendant une demi-heure. La méthode sur «poolish» est identique, mais la pâte subit une préfermentation en milieu semi-liquide : une quantité de farine est additionnée d'une quantité d'eau telle qu'on obtienne une préparation de la consistance d'une pâte à crêpe ; cette préparation fermente pendant plusieurs heures, puis on ajoute de la farine pour retrouver une consistance égale à celle de la pâte fermentée en direct et l'on effectue les mêmes opérations que pour celle-ci. Enfin, on fait du pain au levain en cultivant préalablement, sur de la pâte, une microflore naturelle, composée de levures et de bactéries lactiques, et l'on utilise la pâte obtenue, ou levain, pour ensemencer la pâte.

Il faut faire "vinaigre"

Dans les années 1985, les analyses des composés volatils de la mie n'ont pas révélé de différences qualitatives systématiques d'un type de pain à l'autre, alors que des dégustateurs distinguaient parfaitement les produits ; seule la proportion de certains acides organiques volatils semblait varier fortement. Notamment les méthodes sur poolish et au levain conduisent à des concentrations en acide acétique respectivement deux et vingt fois supérieures à celles que l'on obtient par la fermentation directe. Dans les procédés au levain, de l'acide lactique est en outre produit par les bactéries lactiques qui colonisent la pâte avec les levures.

Des études de la fermentation directe ont complété ces premiers résultats, en précisant l'action des levures dans la mie, milieu complexe modifié par la cuisson, de surcroît. Une première comparaison de pains obtenus par fermentation directe avec des pains réalisés soit après inhibition des levures, soit sans ajout de levure, soit encore avec des levures ajoutées juste avant la cuisson, a révélé l'ensemble des composés dus aux levures dans la mie de pains français : la fermentation de la pâte par les levures est directement responsable de la présence de composés tels que le 3-hydroxy 2-butanone, le 3-méthyl 1-butanol, et le 2-phényléthanol (à l'odeur de rose fanée).

Dans le pain cuit sans levure, d'autres composants sont plus abondants que dans le pain standard : notamment des aldéhydes mono- et polyinsaturés, et des alcools tels que le pentanol ou l'alcool benzylique, peut-être dus à l'oxydation des lipides de la farine (l'analogue du rancissement), pourraient jouer un rôle dans le goût de la mie. Le rôle des composés constitutifs de la levure semble faible.

Cependant la complexité des phénomènes qui aboutissent à la transformation de la pâte en pain a poussé le Laboratoire INRA de microbiologie de Nantes à étudier la pâte non cuite, additionnée ou non de levure, fermentée ou non. Dans cette toute dernière étude, l'analyse chimique a été couplée à une détection des propriétés olfactives d'extraits de pâte : les composés volatils, après leur extraction par divers solvants, étaient séparés par chromatographie et sentis en sortie de colonne par les expérimentateurs.

Ces derniers ont ainsi découvert une augmentation générale de la concentration en plusieurs alcools, cétones, esters et lactones ; ils ont confirmé une réduction de la concentration en aldéhydes, confirmé aussi que les levures engendrent des alcools supérieurs ; mais les analyses chromatographiques couplées aux détections sensorielles ont montré que ces alcools participent peu à l'arôme de la pâte fermentée, contrairement aux aldéhydes et à deux composés encore non identifiés.

De telles études surviennent alors que les farines de fèves et de soja, ajoutées pour donner plus de blancheur à la mie, sont de moins en moins utilisées : quand la pâte subissait un pétrissage intensifié (plus long et plus rapide), ces farines engendraient de l'hexanal, d'odeur fade et grasse. En reprenant des techniques délaissées, telle la fermentation sur poolish, les boulangers veulent, en outre, éviter l'uniformisation de la production et ranimer le marché d'un produit aussi ancien que l'humanité.

Le développement de levures sur la pâte à pain.

CURIEUX JAUNE

Les structures insoupçonnées du jaune d'œuf.

Devant vous, un œuf, entier et cru, dans sa coquille. Où est le jaune? Sans doute sur un axe vertical, pour des raisons de symétrie, diront les physiciens. Cependant, des possibilités demeurent : le jaune pourrait être dans la partie supérieure, au centre ou dans la partie inférieure. Comment le savoir? Une expérience simple consiste à couvrir un jaune par plusieurs blancs d'œuf, dans un verre étroit et haut : on voit le jaune flotter et l'on déduit qu'il en est de même dans un œuf entier.

Les membranes qui entourent le jaune et le lient au reste de l'œuf évitent-elles l'ascension du jaune, dans un œuf entier, en coquille? Il existe plusieurs façons de montrer que non. Par exemple, cuisez l'œuf debout, et vous verrez, dans l'œuf dur formé, le jaune logé dans la partie qui était la plus élevée. Vous craignez que la coagulation n'ait perturbé l'arrangement interne de l'œuf? Placez un œuf entier, frais, avec sa coquille, dans du vinaigre : après deux jours environ, la coquille ayant été dissoute par le vinaigre, vous verrez le jaune flotter dans le blanc (l'œuf conserve sa forme parce qu'il est limité par des membranes et parce que les couches externes auront coagulé, sous l'action du vinaigre).

Ou bien, plus simple encore, décalottez l'œuf frais, et regardez où se trouve le jaune.

À ces procédés de cuisine, on peut en ajouter de plus élaborés. Si la radiographie donne de mauvais résultats (parce que la coquille est un matériau opaque aux rayons X), l'échographie procure des images étonnantes. La figure de la page ci-contre a été obtenue, à ma demande, par mon frère Bruno, par immersion d'une sonde à ultrasons dans un œuf décalotté : le jaune apparaît composé de couches concentriques, analogues aux cernes d'un arbre.

Pourquoi cette structure que ne soupçonne aucun mangeur d'œuf à la coque? Le jaune est une alternance de couches nommées «jaune profond» et «jaune clair», dont l'épaisseur est respectivement de deux millimètres, et de 0,25 à 0,4 millimètre. Ces couches sont respectivement produites par la poule pendant le jour et pendant la nuit : la différence entre les deux types de couches provient du rythme de l'alimentation ; pendant la nuit, les pigments jaunes sont produits en concentration plus faible que pendant le jour.

Granules et plasma

Si nous continuons l'exploration au microscope, nous voyons que les deux couches, jaune clair et jaune profond, ne sont pas homogènes, mais composées de granules, dispersés dans une phase continue, nommée le plasma. D'où des questions sur les rôles respectifs de ces constituants en cuisine.

À la Station INRA de Nantes, Marc Anton et ses collègues explorent cette composition en séparant les granules du plasma par centrifugation. On constate ainsi que le jaune est composé pour moitié d'eau, pour un tiers de lipides (dont du cholestérol) et pour 15 pour cent environ de protéines.

Protéines et lipides sont souvent associés en particules qui se distinguent par leur densité : lipoprotéines de faible densité (LDL) dans le plasma ou lipoprotéines de haute densité (HDL) dans les granules.

Comment ces constituants du jaune d'œuf interviennent-ils, en cuisine? La séparation des divers constituants permet de tester leurs propriétés. Et c'est ainsi que l'on vérifie que les LDL s'associent en un gel, quand on les chauffe à environ 70 degrés : ces structures composées de protéines, de lipides et, notamment, de cholestérol, seraient responsables de la prise en masse du jaune, lors de la cuisson.

Et les mayonnaises, composées de gouttelettes d'huile dispersées dans l'eau (du jaune et du vinaigre) : sont-elles stabilisées, comme on l'a longtemps prétendu, par les «lécithines» et autres phospholipides du jaune? Ou bien résultent-elles de l'action stabilisante des protéines? M. Anton et ses collègues ont étudié cette question en cherchant d'abord si les propriétés émulsifiantes du jaune provenaient plutôt du plasma ou des granules. Comme les protéines ont une solubilité qui dépend de l'acidité, les biochimistes ont d'abord étudié leur solubilité selon le *p*H (qui mesure l'acidité) et selon la concentration en sel : les protéines du plasma sont complètement solubles, à tous *p*H et à toutes concentrations en sel, tandis que les protéines des granules ont des solubilités différentes, selon les conditions. Peu solubles à *p*H égal à 3 (celui d'une mayonnaise), elle ne le deviennent que partiellement à *p*H neutre, en milieu peu salé (l'ion sodium remplace l'ion calcium qui établit des ponts entre les protéines, de sorte que ces dernières sont libérées).

La solubilité des protéines n'est pas le fin mot de la confection des émulsions : celles-ci sont d'autant plus stables que le phénomène de crémage est réduit. Avec le plasma, le crémage est minimal à *p*H égal à 3, et la concentration en sel n'a pas d'effet en milieu acide, tandis que les émulsions obtenues à partir de granules sont sensibles à l'acidité et à la concentration en sel. Les émulsions obtenues à partir de jaune complet se comportent comme celles qui sont obtenues à partir de plasma.

Au total, les constituants du plasma sont principalement responsables de l'effet émulsifiant du jaune d'œuf complet, et les protéines préviennent mieux le crémage que les phospholipides. Comment les protéines qui figurent dans les LDL du plasma agissent-elles? Par des répulsions électrostatiques? Ou par leur encombrement (répulsion «stérique»)? À *p*H égal à 3, les protéines sont électriquement chargées, et elles se repoussent, mais à *p*H égal à 7, c'est l'encombrement des protéines qui stabilise les gouttelettes ; il reste à comprendre comment...

Tout cela pour un banal jaune d'œuf!

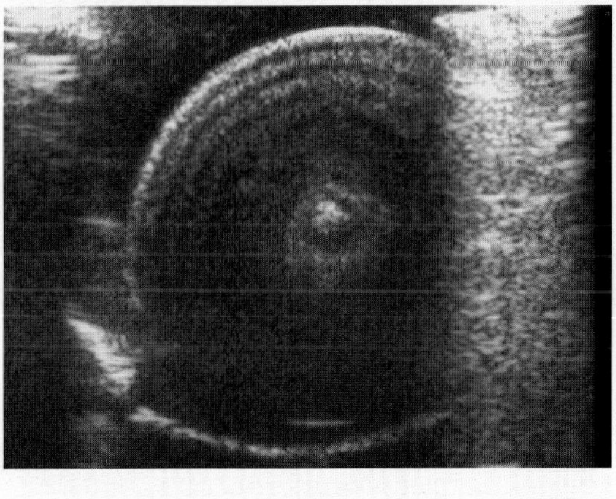

Bruno This

Échographie d'un jaune d'œuf. Le jaune est composé de couches concentriques.

PARADOXES GUSTATIFS

L'environnement des arômes modifie la perception que nous en avons.

Un verre de vinaigre, imbuvable, devient supportable si l'on ajoute une grande quantité de sucre. Pourtant l'acidité mesurée par la concentration en ions hydrogène, le *p*H, ne change pas. Pourquoi la sensation acide est-elle alors affaiblie? Parce que la perception des saveurs dépend de l'environnement des récepteurs gustatifs. Les mêmes interactions existent autour des récepteurs olfactifs. À la Station INRA de Nantes, Chantal Castelain et ses collègues cherchent à identifier ces synergies afin de poser les bases d'une aromatisation rationnelle des produits alimentaires.

La plupart des aliments sont composés à la fois d'eau et de matières grasses, insolubles dans l'eau ; selon leur composition chimique, les molécules aromatiques se répartissent différemment dans ces phases. Puis, quand les aliments sont mis en bouche, les molécules aromatiques ou sapides atteignent les récepteurs gustatifs après avoir diffusé dans la salive (solution aqueuse) et dans les phases de type huile des membranes cellulaires, où se trouvent les récepteurs gustatifs. Simultanément elles passent en phase vapeur, dans l'air contenu dans la bouche, d'où elles migrent vers les récepteurs olfactifs, logés aussi, comme les récepteurs gustatifs, dans des phases de type huile. Autrement dit, on ne peut maîtriser l'aromatisation des produits alimentaires que si l'on comprend les diffusions de molécules entre des phases liquides, de type eau ou huile, et des phases gazeuses.

Afin d'analyser ces migrations, les biochimistes nantais ont construit un dispositif où une huile neutre est en contact avec de l'eau, et où l'on peut mesurer la répartition des arômes entre quatre compartiments : dans de l'eau, dans de l'huile, dans l'air qui surmonte l'eau, et dans l'air qui surmonte l'huile (*voir figure page ci-contre*). Ils dissolvent les arômes soit dans l'eau, soit dans l'huile, et ils mesurent la concentration dans les trois autres compartiments. Selon les conditions expérimentales, les molécules aromatiques suivent des trajectoires différentes : quand on les dissout initialement dans l'huile, par exemple, elles passent dans l'air qui surmonte l'huile en même temps qu'elles diffusent dans l'eau et qu'elles passent de l'eau à l'air qui surmonte l'eau.

Plusieurs mélanges de molécules aromatiques ont été testés : esters, ou aldéhydes, alcools ou cétones. Qu'observe-t-on? Les transferts sont plus rapides de l'huile vers l'eau que de l'eau vers l'huile pour les esters et pour les cétones, et plus rapides de l'eau vers l'huile que de l'huile vers l'eau pour les alcools et les aldéhydes.

De tels résultats sont paradoxaux : puisque les alcools, par exemple, sont souvent solubles dans l'eau, on pourrait penser qu'ils migreraient difficilement vers l'huile ; de ce fait, le transfert, prévoyait-on, devait être plus lent de l'eau vers l'huile que de l'huile vers l'eau. Pourquoi l'expérimentation a-t-elle contredit cette intuition? Parce que l'on mesure non seulement le transfert d'une phase liquide dans l'autre, mais aussi parce que les arômes diffusent ensuite dans l'air qui surmonte les phases liquides ; or, si un composé est peu soluble dans l'huile, il aura tendance à quitter rapidement l'huile, pour atteindre la phase supérieure. Autrement dit, le transfert d'une phase liquide à la phase gazeuse qui le surmonte est plus rapide que le transfert entre deux phases liquides.

Dans le nez

Pour mieux maîtriser l'aromatisation des produits alimentaires, ces études doivent être complétées par une exploration des effets des molécules aromatiques sur les récepteurs du nez, après traversée de la couche de mucus qui tapisse ces récepteurs et dissolution dans les phases hydrophobes des membranes cellulaires.

Aussi les chercheurs nantais étudient-ils aujourd'hui la perception des arômes au-dessus des phases eau et huile. Ayant dissous une même molécule aromatique dans deux liquides – de l'huile et de l'eau – en concentrations telles qu'un détecteur mesure la même pression partielle de la molécule aromatique au-dessus des deux liquides, ils ont analysé les perceptions de personnes qui respiraient l'air au-dessus des deux liquides.

Paradoxalement le nez humain perçoit parfois une différence. Pour certaines molécules, le nez donne une indication très proche de celle des détecteurs (par exemple, pour le linalol, à odeur de lavande ou de bergamote, selon les concentrations), mais aucune loi générale n'a été dégagée, puisque, pour d'autres arômes, la perception est différente : par exemple, pour le 1-octène-3-ol (à l'odeur de sous-bois et de champignon), le benzaldéhyde (à l'odeur d'amande), et l'acétophénone (à odeur de miel-cire). Manifestement la présence de vapeur d'eau peut interagir avec la perception de l'arôme.

De tels phénomènes se retrouvent probablement pour la gustation : pensons au vinaigre additionné de sucre. Ils expliquent que la texture des aliments détermine les saveurs et arômes, en modifiant la durée pendant laquelle les molécules sapides ou aromatiques restent en bouche ainsi que les vitesses de diffusion de ces molécules, des aliments vers les récepteurs olfactifs ou gustatifs. Une mayonnaise trop acide le devient moins quand on la bat, parce que sa texture plus ferme ralentit ces transferts.

Appareillage pour étudier le transfert des molécules aromatiques entre de l'eau et de l'huile. Des prélèvements d'échantillons du gaz qui surmonte les liquides permettent leur analyse ultérieure.

LE GOÛT DE L'ALIMENT

La texture des vinaigrettes détermine leur arôme.

Les cuisiniers le savent : l'excès de farine affadit la sauce. Explication : le goût des aliments ne dépend pas seulement des molécules aromatiques présentes, mais aussi des interactions moléculaires ; des molécules au goût neutre, telles les protéines ou les molécules de l'amidon, se lient à certains arômes, prévenant l'action de ces derniers sur nos sens. Quels arômes sont-ils ainsi masqués?

On ne peut se contenter de chercher les liaisons chimiques possibles entre les diverses molécules présentes, car la structure physique de l'aliment intervient également. Déjà dans les phases homogènes, telles les solutions, la libération des arômes dépend de la viscosité. Toutefois les aliments sont plutôt des systèmes dispersés : des bulles d'air sont emprisonnées dans des liquides ou dans des solides (mousses), des gouttes d'huile sont dispersées dans l'eau (émulsions), des particules solides sont réparties dans des liquides (suspensions)... Les molécules aromatiques qui sont présentes au sein des phases dispersées ou continues de tels systèmes physio-chimiques ne se libèrent pas de la même façon que si elles étaient simplement dissoutes.

Pis encore, dans les émulsions, par exemple, les gouttelettes d'huile dispersées sont limitées par des couches de molécules tensioactives ; celles-ci, par leur double solubilité dans l'huile et dans l'eau, se lient quasi nécessairement aux arômes, qui sont alors inaccessibles au dégustateur. Afin d'identifier les phénomènes qui déterminent la libération des arômes, Marielle Charles, Elisabeth Guichard et leurs collègues de l'INRA et de l'ENSBANA à Dijon ont étudié des sauces pour salade, en collaboration avec des chercheurs de la Société *Amora-Maille*.

Vinaigrettes parfumées

Dans les vinaigrettes étudiées – des émulsions – la phase aqueuse était un mélange de vinaigre de vin, de jus de citron et de sel. Des gouttes d'huile de tournesol y étaient émulsifiées (c'est-à-dire maintenues dispersées) grâce à des protéines du petit lait ; enfin un mélange de xanthane (un polymère obtenu par fermentation microbienne de glucose) et d'amidon stabilisait la sauce. À cette vinaigrette de base, les physico-chimistes avaient ajouté des quantités connues de molécules aromatiques : de l'allyl isothiocyanate, dans la phase huile, donnait une note moutarde, tandis que du phényl-2-éthanol et de l'éthyl hexanoate, dans la phase aqueuse, donnaient respectivement une note rose et une note fruitée. Plusieurs émulsions ont été comparées : chacune était caractérisée par des gouttelettes d'huile d'une taille particulière. Un jury de dégustation entraîné évaluait les diverses sauces, notant l'intensité de descripteurs : la note citron, la note vinaigre, la note moutarde...

Le résultat des tests gustatifs est difficile à analyser : le goût acide étant prépondérant, les dégustateurs peinent à décrire les autres sensations. Toutefois, avec de l'entraînement, ils perçoivent que l'intensité de l'arôme total, du goût œuf, de l'odeur d'œuf, du goût moutarde et du goût beurre augmentent avec la taille des gouttes d'huile; inversement l'intensité de l'odeur d'agrumes diminue quand la taille des gouttes d'huile augmente.

Les migrations de molécules aromatiques

Pour interpréter ces observations, les chercheurs ont analysé les concentrations en arômes volatils dans l'air au-dessus des sauces. Ces analyses indiquent que les composés solubles dans l'eau sont présents en concentrations réduites dans l'air quand la taille des gouttes d'huile diminue. Inversement les molécules solubles dans l'huile sont alors plus abondantes.

Examinons l'origine de ces différences, d'abord pour les arômes solubles dans l'huile. Quand les émulsions sont fortement battues, à proportions d'huile et d'eau fixées, les gouttelettes d'huile sont plus nombreuses et plus petites: les arômes lipophiles ont moins de distance à parcourir pour atteindre la surface des gouttes. En outre, comme la surface totale de l'interface huile-eau est augmentée, les molécules tensioactives forment une couche plus mince, à la surface des gouttes d'huile: les arômes lipophiles diffusent plus facilement à l'extérieur des gouttes. Enfin ils ont des épaisseurs d'eau inférieures à traverser (où ils se lieraient aux épaississants) avant d'atteindre l'air qui surmonte les émulsions.

Pour les molécules aromatiques solubles dans l'eau, l'effet est inverse: les émulsions aux petites gouttelettes étant plus visqueuses, ces molécules diffusent alors plus difficilement, dans une couche d'eau plus mince, et elles sont alors moins perçues.

Ces lois sont-elles générales? Comme les aliments contiennent des molécules variées, de nombreuses études s'imposent afin de quantifier tous les mécanismes et d'élucider enfin leurs importances relatives: «La vie est courte, l'art est long, l'occasion fugitive, l'expérience trompeuse, le jugement difficile», disait Hippocrate.

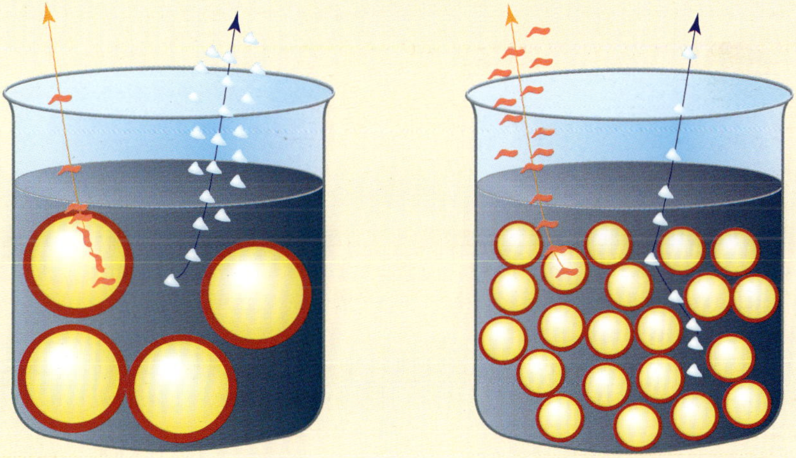

Quand les gouttes d'huiles sont grosses, les arômes solubles dans l'eau (en blanc) *sont mieux perçus, les arômes lipophiles* (en rouge) *moins perçus. La perception est inversée dans les émulsions plus fines.*

FILS ET GRUMEAUX

Ils se forment parce que l'eau diffuse lentement dans les gels et dans les empois.

Les grumeaux? La honte du cuisinier! À son désespoir, ils apparaissent dans les sauces qu'il lie à la farine, telles les sauces béchamel. Les auteurs d'ouvrages de cuisine préconisent diverses façons de les éviter: certains conseillent de faire d'abord un roux, par cuisson de beurre et de farine, puis d'y ajouter du lait, froid selon certains, bouillant selon d'autres ; pour d'autres encore, on devrait suivre la méthode inverse, qui consiste à verser le roux dans du lait, froid ou bouillant selon les écoles.

Quelle méthode adopter? Osons gâcher un peu de farine, de beurre et de lait pour tester les quatre possibilités: nous découvrons alors que la formation des grumeaux est une question de vitesse. Quand on ajoute progressivement le roux au lait ou le lait au roux, les grumeaux n'apparaissent pas. En revanche, quand on mélange les deux ingrédients d'un coup, des grumeaux se forment, surtout quand on verse le roux dans le lait bouillant.

Cette expérience nous donne une méthode, mais elle n'explique pas le phénomène. Poursuivons l'étude en simplifiant la situation: le beurre sert principalement à cuire la farine, afin d'éviter son goût fade par création de molécules aromatiques (le brunissement correspond aux réactions chimiques qui forment ces molécules aromatiques), mais il n'est pas la cause des grumeaux, qui s'obtiennent également par mélange de farine et d'eau. Pourquoi? La farine est principalement composée de grains d'amidon, eux-mêmes formés de molécules d'amylose et d'amylopectine. Ces deux molécules sont des polymères, c'est-à-dire des enchaînements (linéaires pour l'amylose et ramifiés pour l'amylopectine) de molécules de glucose. Ces molécules sont peu solubles dans l'eau froide, mais elles le sont dans l'eau chaude: les grains d'amidon gonflent alors, formant un gel que l'on nomme un empois.

Cette description nous donne alors une première piste, pour la compréhension des grumeaux: un bloc de farine qui tombe dans de l'eau chaude s'entourerait-il d'une couche empesée qui limiterait alors la diffusion de l'eau vers le cœur sec du grumeau? L'explication est insuffisante, car si l'eau diffuse dans la périphérie des grumeaux, pourquoi n'atteindrait-elle pas aussi leur cœur?

Grumeaux à une dimension

Nous avons vu que tout est affaire de vitesse. Pour mesurer cette vitesse d'empesage, simplifions encore le problème: faisons un grumeau à une seule dimension et dont on puisse observer le cœur. À cette fin, plaçons de la farine dans une éprouvette et versons de l'eau au-dessus de la farine (si l'eau est colorée, on suit sa diffusion dans la farine en observant un front coloré). Ce système, à la température ambiante, montre qu'après une infiltration assez rapide dans la couche de farine supérieure de farine, l'eau s'infiltre très lentement dans la farine: moins d'un millimètre par heure.

Quand on chauffe l'eau à l'aide d'une résistance chauffante, l'eau fait gonfler les grains, et c'est la diffusion de l'eau dans la partie empesée qui limite la progression du front coloré. La vitesse de diffusion atteint alors quelques millimètres par heure.

Conclusion : c'est la lenteur de la diffusion de l'eau dans la périphérie empesée des grumeaux qui explique que le cœur reste sec. Quand l'eau a diffusé et empesé les grains d'amidon, ceux-ci, soudés, font une couche qui ralentit tant la diffusion vers le cœur sec que celui-ci reste sec (on expliquera le phénomène en précisant les interactions moléculaires nombreuses entre l'amidon et l'eau). Autrement dit, un bloc de farine d'un centimètre de diamètre tombant dans l'eau chaude s'empèse sur un ou deux millimètres, en périphérie, mais le cœur reste sec pendant un temps supérieur aux durées courantes de préparation culinaire.

Comment se débarrasser des grumeaux? Aucune physique fondamentale n'est nécessaire pour le savoir : il suffit de diviser les grumeaux, à l'aide d'un fouet, par exemple, en blocs plus petits que l'épaisseur de la couche qui s'empèse.

Le trempage de la gélatine

Cette théorie des grumeaux de farine s'applique-t-elle à des grumeaux d'autres types? Par exemple, les cuisiniers savent que les feuilles de gélatine doivent tremper dans l'eau froide avant d'être utilisées dans un liquide chaud : celui qui contrevient à cette règle obtient des fils aussi difficiles à éliminer que les grumeaux de farine dans l'eau chaude. Ces fils seraient-ils composés d'un cœur sec et d'une gaine où les molécules d'eau et de gélatine sont mêlées? Pour le savoir, mesurons d'abord la diffusion de l'eau dans une gelée froide en déposant de la poudre de café en un point de la surface : une zone colorée hémisphérique s'étend à une vitesse de un centimètre par jour environ : c'est très lent.

Puis répétons l'expérience que nous avons faite avec la farine, mais en remplaçant cette dernière par de la gélatine. On observe alors que le front de l'eau colorée ne s'enfonce que très lentement dans la gélatine... mais un nouveau phénomène apparaît : sous la couche où la gélatine est en solution, le matériau (de la gélatine sans eau) est à l'état fondu.

De même, dans un bouillon chaud, une feuille de gélatine qui n'a pas trempé se dissout mal et conserve une partie centrale qui fond à la chaleur ; ses molécules adhèrent entre elles, formant les redoutables fils.

En revanche, quand la feuille a trempé, l'eau a lentement diffusé jusqu'au cœur, et le chauffage provoque la dissolution : point de fils!

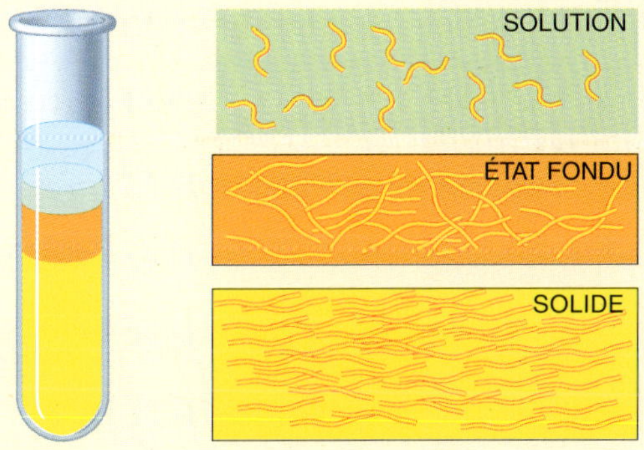

Des fils apparaissent quand on place une feuille de gélatine dans l'eau chaude, parce que l'eau ne diffuse que lentement dans la feuille et que, au centre de la feuille, la gélatine est à l'état fondu. On observe ce phénomène quand on chauffe l'eau (en bleu) *qui recouvre de la gélatine dans un tube : les molécules d'eau diffusent et forment une solution sur une très petite épaisseur* (en vert), *tandis que la chaleur qui est transmise à la gélatine fond cette dernière* (en orange).

LES MOUSSES

Leur stabilité dépend de la disposition des protéines à l'interface de l'air et de l'eau.

Aliments allégés parce qu'essentiellement composés d'air, les mousses sont abondamment utilisées dans la nouvelle cuisine et l'industrie agro-alimentaire. Elles étaient obtenues à partir de blancs d'œufs battus en neige, mais la diversité des œufs et la méconnaissance des conditions de formation optimale des mousses sont responsables de résultats irréguliers, rédhibitoires pour l'industrie. L'analyse physico-chimique des mousses de protéines débouche aujourd'hui sur une meilleure compréhension des relations entre la composition des protéines et leurs propriétés moussantes.

1. Appareil pour la réalisation contrôlée de blancs d'œufs : un gaz est soufflé à travers un disque poreux (en bas de colonne) *et forme des bulles en barbotant dans une solution de protéines.*

Composées de bulles d'air séparées par des films liquides, les mousses ne subsistent que si le liquide des parois de bulles ne retombe pas ou si ces parois se soutiennent suffisamment malgré le drainage du liquide. Un blanc d'œuf que l'on bat révèle une des conditions de la stabilité : que les bulles d'air soient suffisamment petites, de sorte que les forces de surface soient plus intenses que les forces de gravité, qui font tomber l'eau et monter l'air.

En comparant les couches formées par diverses protéines à l'interface de l'eau et de l'air, Roger Douillard, et Jacques Lefebvre, à la Station INRA de Nantes, et Justin Teissié, à Toulouse, ont montré que la stabilité résulte à la fois des interactions des protéines présentes dans les parois des films liquides qui séparent les bulles et de la viscosité de ces films liquides.

Dans l'étude des mousses, un paramètre clef est la tension interfaciale des films de protéines à l'interface eau-air. Les physicochimistes mesurent cette tension par la force nécessaire pour retirer une lame de platine très propre, plongée dans une solution couverte d'un film de protéines : plus le liquide mouille la lame, plus la force nécessaire pour extraire celle-ci est élevée. Les protéines modifient la tension interfaciale parce que ce sont des chaînes d'acides aminés, avec des parties hydrophiles (solubles dans l'eau) et des parties hydrophobes (insolubles). En se disposant à l'interface eau-air avec leurs parties hydrophiles dans l'eau et leurs parties hydrophobes dans l'air, elles favorisent l'augmentation des surfaces de contact entre l'air et l'eau, et facilitent la formation de mousses.

On stabilise une mousse en augmentant sa viscosité (par exemple en ajoutant du sucre ou du glycérol) et, surtout, en modifiant les propriétés d'écoulement des films d'absorption. Dans les mousses de protéines, ces films sont rigidifiés par des liaisons intramoléculaires et par des liaisons intermoléculaires, tels les ponts disulfure entre les groupes cystéine des protéines, ou des liaisons faibles (forces de Van der Waals ou liaisons hydrogène).

Les physico-chimistes de Nantes et de Toulouse ont surtout étudié le rôle des protéines dans la formation des mousses en analysant les dimensions de la tension interfaciale en fonction de la concentration en protéines. On savait que les protéines très solubles, qui s'adsorbent peu sur l'interface eau-air, ne réduisent pas beaucoup la tension interfaciale quand leur concentration augmente, mais le comportement de toutes les autres protéines - la quasi-totalité d'entre elles - était difficilement analysable en raison de leur complexité moléculaire : non seulement les protéines sont des polymères, c'est-à-dire de longues chaînes pouvant former des pelotes, mais ce sont en outre des molécules portant des groupes électriquement chargés, qui interagissent à l'intérieur des protéines et avec les groupes chargés d'autres molécules.

Les descriptions actuelles des polymères dues à Pierre-Gilles de Gennes et M. Daoud, du CEA de Saclay, prévoient que l'abaissement maximal de tension interfaciale devrait être obtenu pour les molécules qui forment les couches adsorbées les plus denses. La présence des charges électriques complique cette prévision, car plus une protéine est chargée, plus elle est soluble et moins la couche adsorbée est dense. En revanche, les contre-ions, qui entourent les groupes chargés des protéines, affaiblissent les attractions et les répulsions intra- et intermoléculaires.

Pour tester les interprétations théoriques, les physico-chimistes ont centré leurs travaux sur les caséines, car, ne formant pas de pelote, elles ne peuvent être déroulées («dénaturées») lors de la formation des mousses : un mécanisme de moins intervient lors de l'analyse. Des comparaisons de diverses protéines ont révélé que pour les protéines globulaires ou non, la tension interfaciale augmente avec la concentration en protéines moussantes, et deux populations de protéines s'établissent successivement à l'interface eau-air. On suppose que ces deux populations sont deux couches moléculaires : à faible concentration en protéines, une première couche de protéines s'établirait à la surface, puis l'ajout de protéines supplémentaires provoquerait la constitution d'une seconde couche.

La différence principale entre les protéines globulaires et les protéines non globulaires porte sur les molécules de la couche au contact de l'air : les protéines non globulaires sont dans une seule conformation, tandis que les protéines globulaires semblent se scinder en deux sous-populations, dont les nombres d'acides aminés adsorbés à l'interface diffèrent.

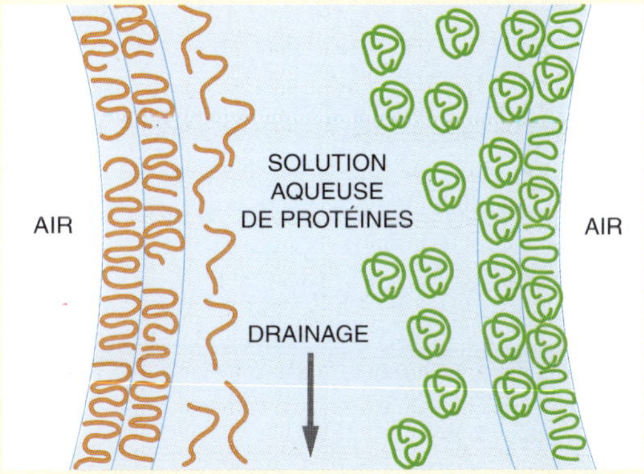

2. Les bulles d'air, dans une mousse de protéines, sont séparées par des films liquides stabilisés par des couches de protéines, situées à l'interface eau-air. On a représenté à gauche l'absorption d'une protéine non globulaire et, à droite, l'adsorption d'une protéine globulaire, partiellement dénaturée dans la couche au contact de l'air.

LE SAUCISSON

On détermine les molécules responsables de ses qualités aromatiques.

On produit traditionnellement le saucisson en mélangeant des viandes, puis en leur ajoutant du sucre, du salpêtre et des aromates ; on entonne ces mélanges dans des boyaux, puis on procède à un séchage qui dure plusieurs mois. Cette méthode, sans ajout de ferments de maturation (des micro-organismes acidifiants ou aromatisants) est capable du meilleur comme du pire : une acidification insuffisante, par des bactéries naturellement présentes, risque de laisser se développer des micro-organismes pathogènes ; en outre, les flores spontanées ne sont pas toutes capables de donner un bon goût de saucisson.

Pour éviter ce Charybde, les industriels utilisent des ferments contrôlés, mais ils sont parfois tombés dans Scylla : à la mollesse excessive de nombreux saucissons industriels (le séchage dure souvent moins d'un mois) s'ajoutait une insuffisance aromatique notoire. La situation a toutefois changé, car l'industrie agro-alimentaire se préoccupe d'élaborer des produits haut de gamme. Dans le cas du saucisson, elle a confié aux chercheurs de la Station INRA de Clermont-Ferrand le soin de déterminer les facteurs déterminants d'un bon saucisson.

Pour améliorer, il fallait comprendre, et pour comprendre, il fallait analyser. Jean-Louis Berdagué, Marie-Christine Montel et Régine Talon ont d'abord extrait, puis identifié les composés qui constituent l'arôme des saucissons secs par des méthodes de chromatographie en phase gazeuse haute résolution (un gaz vecteur fait passer les molécules volatiles extraites d'un échantillon dans une colonne capillaire qui retient différemment, donc sépare, les divers constituants de l'arôme) couplées à la spectrométrie de masse (qui identifie les composés séparés par la chromatographie). Leurs techniques permettent aujourd'hui de caractériser la viande qui a été utilisée pour la production d'un saucisson, ainsi que le procédé de fabrication.

L'équipe de Clermont-Ferrand a d'abord observé que l'arôme de saucisson est dû à une centaines de composés organiques, provenant des enzymes de la viande et du métabolisme des ferments. Puis des analyses de saucissons préparés à partir de diverses combinaisons bactériennes ont montré que la flore de maturation jouait un rôle primordial dans l'élaboration de l'arôme.

Dans une expérience, par exemple, six mélanges de bactéries acidifiantes *(Lactobacillus* et *Pediococcus)* et aromatisantes *(Staphylococcus)* étaient employés pour produire 30 saucissons différents (cinq échantillons par mélange de bactéries). Les composés volatils étaient analysés, tandis que l'arôme des saucissons était parallèlement évalué par douze dégustateurs entraînés, qui s'étaient préalablement accordés sur des termes décrivant des caractéristiques de l'arôme.

Une analyse statistique a alors montré les relations entre la présence des divers composés et l'arôme. Plus précisément, l'oxydation des lipides joue un rôle prépondérant dans l'arôme : l'arôme rance est associé à la présence d'aldéhydes, d'alcanes et d'alcools, tandis que l'arôme de saucisson sec est associé à la présence de méthyl cétones et de méthyl aldéhydes. Enfin la dégradation des sucres peut orienter les produits soit vers les arômes vinaigre, dus à l'acide acétique, soit vers les arômes de beurre, provenant de la 2,3-butanedione.

Ainsi ces études du saucisson montrent une situation analogue à celle qui prévaut pour la fabrication des yaourts : de bonnes souches, sur un lait sain, déterminent la qualité du produit final ; de ce fait, avec les procédés de fabrication actuels, on obtiendra des produits de bonne qualité aromatique si l'on reprend les souches bactériennes qui assurent la maturation des bons saucissons.

Emballage et aromatisation

D'autres études, effectuées avec Christine Viallon, montrent l'influence, sur les arômes de saucisson, de la durée de maturation et de l'emballage. Un séchage prolongé provoque souvent un appauvrissement aromatique, parce que la diffusion de l'eau, lors du séchage, entraîne les composés volatils. Les saucissons, en revanche, s'affermissent lors de la sèche, tandis que leur saveur se relève, en raison de la concentration progressive en sel. Un emballage sous film plastique éviterait-il la perte d'arôme du séchage? Les agronomes de l'INRA ont montré que le séchage est alors limité et que la dégradation des sucres est fortement modifiée : les produits emballés ont des arômes moins acides et plus beurrés.

Enfin les procédés d'aromatisation ont également été étudiés. Les chercheurs savent notamment retrouver des traceurs du poivre (terpènes), de l'ail (molécules soufrées), des eaux-de-vie (esters formés par réaction de l'alcool éthylique avec les acides gras des produits de salaison). Ainsi les industriels pourront retrouver les goûts des bonnes fabrications. Mieux encore, la connaissance des arômes de saucisson sec permet d'envisager la composition d'arômes de synthèse, afin d'épauler les souches incomplètement efficaces. Ainsi un composé tel que le 1-octène-3-ol, introduit en début de fabrication par M. Roux, de la Société *Capsulis*, a donné des saucissons au délicat arôme de sous-bois.

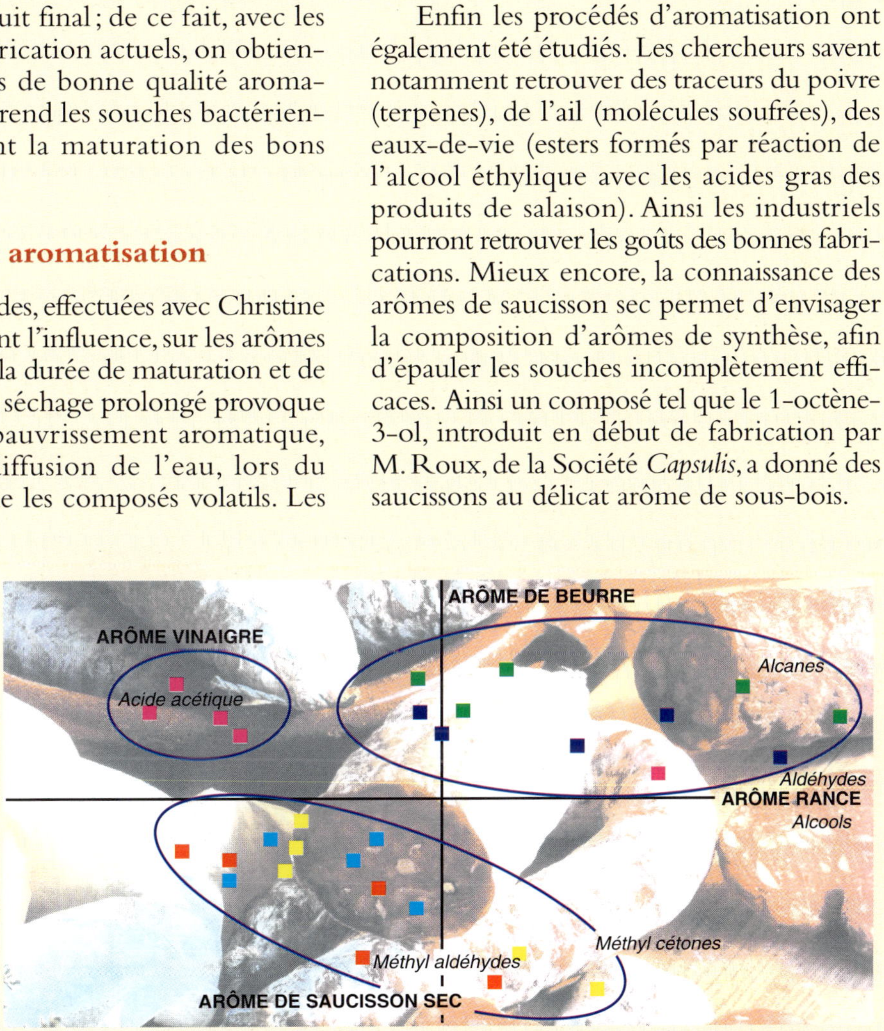

Classification, en fonction de leurs composés volatils, de saucissons obtenus à partir de différentes combinaisons de souches bactériennes acidifiantes et aromatisantes.

JAMBONS CRUS D'ESPAGNE

L'attribution d'appellations d'origine contrôlée impose une exploration rationnelle du goût.

Ces dernières années, la production des jambons crus espagnols a augmenté jusqu'à atteindre 30 millions de pièces par an. Certaines d'entre elles, obtenues à partir du porc ibérique local (plus d'un million de jambons par an) par des méthodes traditionnelles, dans le Sud-Ouest de l'Espagne, ont un goût si remarquable que l'Union européenne leur a accordé le privilège d'appellations d'origine contrôlée. Comment ce goût se forme-t-il? Jésus Ventanas et ses collègues de l'École vétérinaire de Caceres ont analysé les diverses étapes de la longue préparation de ces jambons et identifié les raisons de leur originalité.

Le procédé traditionnel de fabrication a ses particularités qui commencent dès l'élevage : les porcs, de race ibérique, sont engraissés en liberté, se nourrissant majoritairement de glands et d'herbes, jusqu'à ce que leur masse atteigne 160 kilogrammes. Après l'abattage, les jambons sont conservés pendant deux jours à une température de 0 degré ; puis ils sont frottés avec du sel contenant 1 % de salpêtre et placés dans un lit de ce sel pendant une semaine à basse température (entre 0 et 4 degrés). Débarrassés du sel, ils sont ensuite conservés aux mêmes températures pendant deux à trois mois avant d'être séchés : le séchage se fait à une température croissante pendant un mois et demi jusqu'à 18 degrés. Puis, pendant l'été, les jambons sont encore conservés un mois et demi à la température ambiante, avant la maturation finale, qui s'effectue en cave pendant 14 à 22 mois.

Ce procédé très long est une adaptation empirique aux particularités du climat de l'Estramadure, mais, aujourd'hui, les chambres froides et les thermostats évitent les aléas climatiques. Pour adapter les méthodes traditionnelles aux outils de production modernes, les fabricants doivent choisir des températures et des durées précises et, si possible, moins longues. Comment faire ces choix, afin de conserver le goût particulier des jambons traditionnels?

Dans les années 1970, des chimistes avaient montré que des produits formés lors de la dégradation des protéines (des molécules formées par l'enchaînement d'acides aminés) et des lipides contribuent à l'arôme de certains aliments, tels le fromage. Ces produits étaient-ils responsables des arômes des jambons espagnols ou étaient-ils seulement des précurseurs de ces arômes? À partir de 1990, les chercheurs de Caceres se sont attachés à reproduire des fabrications traditionnelles en analysant, à chaque étape, les modifications des protéines et des lipides. Ils ont ainsi observé que les acides aminés libérés par la décomposition des protéines, au cours du salage, étaient ensuite dégradés : ce sont des précurseurs de molécules aromatiques.

Plusieurs réactions étaient envisageables : par exemple, les réactions de Maillard entre les acides aminés et les sucres sont responsables des arômes de la viande grillée, de la croûte du pain ou du café torréfié, mais elles se produisent également lors du stockage prolongé des produits alimentaires, qu'elles font brunir. D'autre part, les dégradations de Strecker sont des réactions des acides aminés avec des acides, tels les acides gras libérés au cours de la dégradation des lipides ; elles engendrent des aldéhydes, souvent aromatiques.

La maturation fait le bon jambon

Dans les jambons ibériques, l'accumulation de produits de Maillard augmente proportionnellement à la durée de maturation : on ne saurait obtenir de bons jambons sans une longue maturation. De surcroît, les aldéhydes, qui sont formés après le salage, participent aux réactions de Maillard, formant des produits qui retardent le rancissement des graisses.

Une autre étude, plus récente, a pris le problème à l'envers : les chimistes ont identifié les molécules volatiles et cherché l'origine de ces molécules. Les plus abondantes sont les alcanes, molécules composées exclusivement d'atomes de carbone et d'atomes d'hydrogène. Dans le jambon cru espagnol, on en trouve deux types : d'une part, les alcanes linéaires proviennent vraisemblablement de la décomposition des lipides ; d'autre part, les alcanes ramifiés sont dus à l'alimentation à base de glands et ils sont caractéristiques des porcs ibériques. Ainsi la chimie justifie que l'appellation d'origine contrôlée ne soit attribuée qu'aux jambons provenant d'animaux élevés en liberté dans les chênaies.

Une autre classe aromatiquement importante est celle des aldéhydes linéaires, qui sont formés par les réactions de Strecker, mais aussi par les réactions de rancissement des acides gras insaturés. Là encore, la chimie justifie l'appellation : les porcs ibériques ont une chair marbrée d'une graisse qui contient beaucoup d'acides gras insaturés.

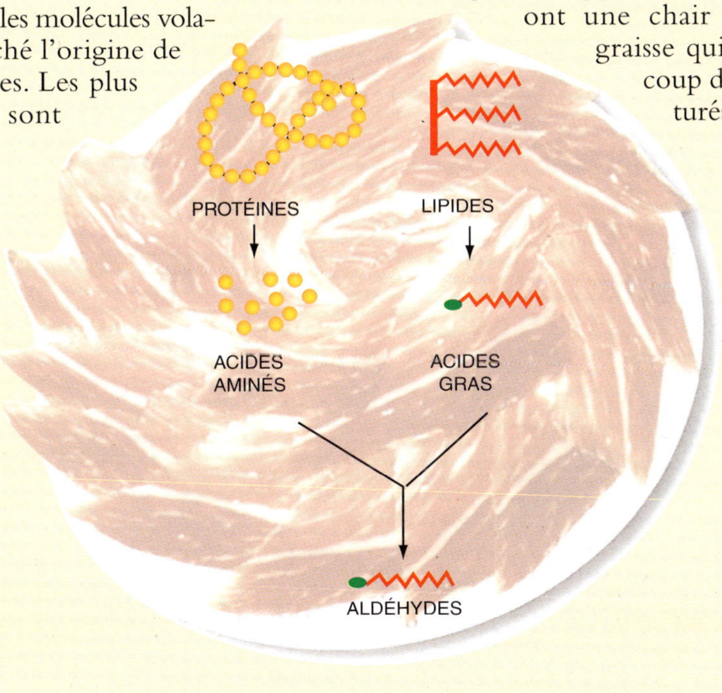

Deux voies de production d'aldéhydes, qui contribuent à l'arôme des jambons crus d'Espagne : la dégradation des protéines (à gauche) *et la dégradation des lipides* (à droite).

LE FOIE GRAS

Il est meilleur et fond moins à la cuisson quand celle-ci a lieu juste après l'abattage.

L'Alsace et le Sud-Ouest se disputent l'antériorité de la préparation du foie gras, mais les Romains, déjà, gavaient les oies avec des figues : le foie gras n'est pas un délice récent. En revanche, sa cuisson a changé depuis peu : traditionnellement les foies étaient cuits plusieurs heures après l'abattage, mais l'évolution de la réglementation a conduit à centraliser les abattages et à effectuer des éviscérations immédiates, «à chaud». Quelles conséquences pour la qualité des foies?

Au début des années 1990, D. Rousselot-Paillet, Gérard Guy et leurs collègues de la Station INRA d'Artiguères avaient montré que les foies obtenus par une éviscération à chaud perdaient moins de graisse que les foies traditionnels, préparés à froid. Les producteurs jubilaient, mais ils s'inquiétaient aussi : le goût serait-il changé par la nouvelle méthode? Pour répondre à cette question dont dépend un des fleurons de notre gastronomie, Sylvie Rousset-Akrim et ses collègues de la Station INRA de Clermont-Ferrand ont analysé les caractéristiques sensorielles de conserves de foie gras d'oie préparées dans les deux conditions.

Trente oies ont été élevées et gavées à Artiguères ; puis le grand lobe des foies a été partagé dans sa longueur en deux parties, après éviscération à chaud. Un échantillon a été immédiatement stérilisé à 105 degrés pendant 50 minutes tandis qu'un autre échantillon, prélevé sur l'autre moitié du grand lobe, était préparé selon le même protocole de cuisson, mais «à froid», c'est-à-dire après plusieurs heures de stockage en chambre froide. Puis les deux échantillons ont été testés par des dégustateurs entraînés (quelle chance!).

Des études préalables qui comparaient le foie gras d'oie et le foie gras de canard (elles avaient notamment révélé la grande disparité des foies) avaient permis la mise au point du protocole des tests : les dégustateurs devaient noter l'intensité, entre 0 et 20, de 18 descripteurs d'aspect (compact, lisse, veiné), d'odeur (de foie de volaille, de foie gras), de texture (collante, compacte, ferme, fondante, granuleuse, grasse, lisse, émiettée), de saveur (acide, amère) et d'arôme (de foie gras, de foie de volaille, rance). L'analyse statistique des résultats a ensuite donné les informations cherchées.

L'équipe de Clermont-Ferrand a d'abord montré que l'homme est un instrument de mesure fiable quand on sait l'utiliser : beaucoup de ces descripteurs permettent de distinguer les deux modes de préparation. Notamment les foies préparés à chaud sont plus veinés, plus fondants, plus gras, plus lisses, moins granuleux et moins émiettés, moins amers et d'arôme foie gras plus développé que les foies préparés à froid. Mieux encore, certaines correspondances sont systématiques : les foies fondants sont aussi ceux dont la texture est grasse, et ce sont les moins granuleux, les moins émiettés et les moins fermes. Les foies collants sont les plus gras et les moins émiettés. Les foies compacts sont les plus fermes et lisses, et les moins émiettés. Enfin les plus granuleux sont les plus émiettés, et les moins gras et lisses.

Plus fondants, plus parfumés

De même, les analyses statistiques montrent une correspondance entre les odeurs et les arômes : les arômes de foie de volaille et rance sont opposés à l'arôme de foie gras. L'acidité varie à l'inverse de l'intensité de l'arôme de foie gras. Ce sont surtout les termes de texture qui sont corrélés positivement avec l'arôme de foie gras ; outre l'aspect lisse et l'odeur de foie gras, les textures fondantes, compacte, grasse, lisse sont associées à l'arôme de foie gras.

Sans *a priori*, la dégustation fait ainsi apparaître deux groupes : le premier est composé essentiellement de foies préparés à froid, avec une texture granuleuse, émiettée, un arôme de foie de volaille et un peu rance ; le second groupe est composé de foies préparés à chaud (ainsi que de quelques foies préparés à froid), plus gras, plus fondants et plus lisses.

Pourquoi cette séparation? Comme le taux de fonte lipidique (la libération de matière grasse à la cuisson) est bien supérieur pour les foies préparés à froid (21 pour cent) que pour les foies à chaud (9 pour cent), on suppose que le prélèvement rapide du foie et la cuisson après l'abattage évitent l'évolution *post mortem* du tissu hépatique, ce qui limite les lésions membranaires et la fuite des lipides.

Ce taux dépend de la masse des foies, pour la préparation à froid, mais pas pour la préparation à chaud, et, quel que soit le mode de préparation, à chaud ou à froid, la compacité et la fermeté des foies varient à l'inverse du poids du foie : les foies les plus lourds sont plutôt moins compacts et moins fermes. Or, lorsque le taux de fonte augmente, ce qui est le cas de la moitié des foies préparés à froid, le foie gras semble plus granuleux, émietté, rance et moins lisse, fondant, compact, gras et moins aromatique.

Les producteurs sont rassurés : le nouveau mode d'abattage ne nuit pas à leurs produits, au contraire. Les cuisinières et les cuisiniers, eux, tirent également des conclusions : pour obtenir des produits parfaits, ils devront s'approvisionner à la source.

Les caractéristiques sensorielles des foies gras dépendent du mode de préparation : l'analyse des résultats de dégustation fait apparaître un groupement des points correspondant aux foies préparés immédiatement après l'abattage (en rouge) *ou selon la méthode classique, après plusieurs heures de stockage à froid* (en bleu).

LES AGENTS ANTIOXYGÈNES

Les plantes aromatiques évitent l'oxydation des graisses alimentaires.

Au contact de l'air, le beurre et les aliments qui contiennent des graisses rancissent en raison d'une réaction en chaîne : l'autoxydation des acides gras. Comment lutter contre cette dégradation qui engendre des goûts et odeurs désagréables, et qui crée des radicaux libres, dont on craint les effets sur l'organisme? Éliminer l'oxygène des aliments et les protéger de la lumière est insuffisant : on doit aussi utiliser des composés antioxygènes afin de lutter contre les précurseurs d'autoxydation déjà présents.

Certains aliments contiennent naturellement des composés antioxydants qui les protègent du rancissement, tels les tocophérols (la vitamine E) de l'huile d'olive vierge, ou l'acide ascorbique (la vitamine C) du citron. Afin d'allonger la durée de consommation de ses produits, l'industrie agro-alimentaire a initialement utilisé ces composés naturels, puis elle a cherché à synthétiser des substances à l'activité antioxydante supérieure. Las! Les consommateurs, craignant la toxicité inconnue des produits de synthèse, ont incité les chercheurs à confiner leurs investigations au domaine naturel.

La connaissance de la réaction d'autoxydation des acides gras facilite néanmoins la recherche de tels composés. Cette réaction a lieu quand la lumière coupe des liaisons –C–H d'un lipide en formant des radicaux libres $-C^{\bullet}$ instables, qui réagissent avec l'oxygène de l'air pour former d'autres radicaux libres $-COO^{\bullet}$, lesquels réagissent ensuite avec d'autres liaisons –C–H pour créer un nouveau radical libre $-C^{\bullet}$, lequel propage l'oxydation.

Les antioxygènes utilisés par l'industrie agro-alimentaire sont des phénols (des molécules contenant un cycle benzénique, à six atomes de carbone aux sommets d'un hexagone, dont au moins un est lié à un groupe hydroxyle – OH). Connus dans les produits naturels, les acides-phénols, ou flavonoïdes, et leurs esters, ont une activité antioxygène qui dépend de leur structure et, notamment, de la délocalisation des électrons de leur centre aromatique : certains de leur électrons sont mis en commun entre tous les atomes du cycle benzénique. Quand ces composés réagissent avec les radicaux libres formés par autoxydation des graisses, ils se transforment en radicaux, mais restent stables parce que les électrons non appariés sont délocalisés, ce qui limite leur réactivité ; la réaction de propagation est alors bloquée, tout comme le rancissement.

La recherche des antioxydants, malgré son but bien défini, restait fastidieuse parce que la réaction à éviter n'apparaît que lentement : le rancissement naturel est (heureusement) lent. Au moyen des tests classiques de rancissement, qui duraient plusieurs jours, la recherche systématique d'antioxygènes était impossible parce que beaucoup trop longue.

Un test mis au point au laboratoire de chimie des substances naturelles de l'École nationale supérieure des industries agricoles et alimentaires, à Massy, résout le problème en indiquant le pouvoir antioxydant d'un composé en quelques heures seulement.

Cette méthode consiste à faire barboter de l'oxygène dans un solvant lipophile, le dodécane, où l'on dissout du linoléate de méthyle (la graisse qui sert de test) et le candidat antioxygène. Sans protection, à la température de 110 degrés où s'effectue le test, des chromatographies en phase gazeuse révèlent que la moitié du linoléate de méthyle est oxydé en trois heures ; le pouvoir antioxygène d'un composé est déterminé comme l'allongement de cette demi-vie du linoléate de méthyle.

Ce type de détermination rapide a été utilisé à deux fins : l'élucidation des caractéristiques chimiques des composés antioxydants (afin de prévoir les composés qui seraient les plus efficaces) et l'étude des possibilités d'utilisation des plantes aromatiques.

La comparaison de plusieurs acides-phénols végétaux avec trois antioxydants couramment utilisés dans l'industrie agroalimentaire - le butylhydroxyanisole (BHA), le butylhydroxytoluène (BHT), le 2-tertiobutylhydroquinone (TBHQ) et le gallate de propyle - a révélé le fort effet antioxygène de nombreux composés naturels. Il est notamment apparu que l'activité antioxygène d'une molécule semble dépendre du nombre de ses groupes hydroxyle – OH, et de la stabilisation assurée par la délocalisation des électrons. Ces règles devraient aider la prévision de l'efficacité antioxygène des composés, et la détermination des substances naturelles où ces antioxygènes sont présents.

D'autre part, le test mis au point à Massy a été utilisé pour explorer divers extraits de plantes aromatiques. L'activité antioxydante des extraits de romarin, de sauge, de clou de girofle, de muscade, de thym, d'origan, de gingembre et de piment, souvent signalée dans le passé, a été confirmée, sauf pour la muscade : les extraits de romarin, de sauge, de girofle et de gingembre présentent une activité voisine de celle de l'alpha-tocophérol, et à peine dix fois inférieure à celles du BHA ou du gamma-tocophérol.

Si le poivre, le persil, le céleri, le céleri des Indes et. le basilic ne présentent aucun pouvoir antioxydant, conformément à des études plus anciennes, le benjoin et la vanille possèdent des activités proches de celle de l'alpha-tocophérol : ces deux végétaux contiennent de la vanilline, dont l'intérêt antioxygène a été signalé pour la première fois en 1989.

Parmi les extraits les plus efficaces révélés par le test, les plus intéressants sont sans doute ceux de romarin, de girofle, de sauge, de gingembre et de benjoin. La sauge pourrait notament être une bonne source d'antioxygènes, car les analyses ont révélé qu'elle contenait six composés puissamment antioxygènes : le carnosol, l'acide carnosique et l'isorosmanol, présents en quantités notables, ainsi que le rosmadial, le rosmanol et l'épirosmanol.

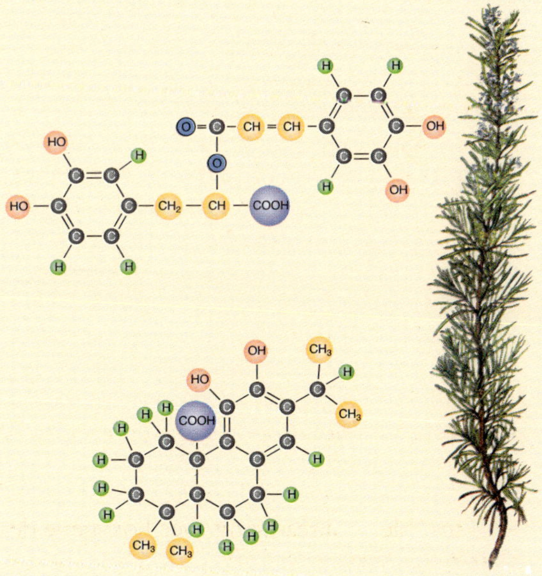

La structure chimique de l'acide rosmarinique (en haut), *et de l'acide carnosique* (en bas), *antioxygènes importants du romarin* (à droite).

LES TRUITES

Les physico-chimistes caractérisent leurs filets et explorent leur cuisson.

Qu'est-ce qu'une bonne truite de mer? La couleur rosée de sa chair est-elle un gage de qualité? Comment doit-elle être cuite pour satisfaire les gourmands? Et comment doit-elle être élevée pour convenir aux industries de transformation, telle celle du fumage, dont la France s'est fait une spécialité?

Alors que notre pays est au premier rang mondial pour la production de truites, l'aquaculture de la truite a presque 30 ans de retard sur la filière viande. Notamment, la sélection génétique apparemment insuffisante est à l'origine d'une variabilité des poissons qui gêne les industries de transformation. À la recherche des causes et des effets des différences de qualité entre les truites, Benoît Fauconneau, Michel Laroche et leurs collègues des Stations INRA de Rennes et de Nantes, en collaboration avec l'Institut français de recherches sur la mer (IFREMER) et quelques sociétés privées, explorent les caractéristiques physico-chimiques et les qualités sensorielles des filets de truite.

On savait que l'aptitude à la transformation (fumage, marinade, etc.) et les qualités gustatives des grands salmonidés dépendent principalement de la concentration des chairs en lipides, molécules qui dissolvent les composés aromatiques et peuvent également communiquer des goûts quand elles sont chauffées ou oxydées. Sur des truites fario élevées en mer par la Société *Elsamer* et par la Station expérimentale SEMMI, de Camaret, les analyses des physico-chimistes ont d'abord montré que la chair des poissons contient 65 à 75 pour cent d'eau, 20 à 24 pour cent de protéines, et 2 à 12 pour cent de lipides.

La couleur rosée de la chair ne semble pas être un bon indicateur de qualité : elle résulte de la présence de molécules de caroténoïdes (astaxanthine ou canthaxanthine) apportées par l'alimentation. Bien qu'il existe une variabilité génétique de la fixation de ces pigments, la couleur varie principalement selon que l'alimentation contient ou non ces caroténoïdes (de jaune, la chair devient rosée).

Pourquoi la teinte varie-t-elle alors entre des poissons nés des mêmes parents? Sans doute, parce que ces animaux ont des vitesses de croissance différentes. En effet, les analyses ont montré que les muscles s'enrichissent en lipides au cours de la croissance : un poisson est d'autant plus gras qu'il est gros (et donc qu'il s'est développé plus rapidement). Comme la composante rouge de la couleur augmente comme la concentration en lipides, elle augmente également comme la vitesse de croissance : une truite qui mange beaucoup, c'est-à-dire qui grossit rapidement, absorbe plus de pigments qu'un petit poisson. Autrement dit, on régularisera la qualité des filets fumés si l'on parvient à standardiser la vitesse de croissance.

Les caractéristiques physiques et les qualités sensorielles des chairs des poissons dépendent de l'organisation macroscopique des cellules musculaires, très différente de celle des viandes. Dans ces dernières, les cellules sont des fibres très longues, gainées d'une protéine de soutien, le collagène, et regroupées en faisceaux, eux-mêmes gainés de collagène, et ainsi de suite. La cuisson des viandes est un compromis délicat entre le durcissement, qui résulte de la coagulation des protéines contenues dans ces cellules, et l'attendrissage dû à la séparation et à la dissolution des molécules de collagène.

Le poisson, tendre à cuire

Pour le poisson, la cuisson doit être plus courte, parce que les chairs contiennent peu de collagène : les cellules musculaires ne sont pas individuellement gainées, mais regroupées en feuillets, dont seule la surface est soutenue par du collagène ; les lipides, localisés dans des tissus adipeux anatomiquement distincts des feuillets musculaires, jouent un rôle important en association avec le collagène, dans la tenue des feuillets et, donc dans la texture de la chair. L'étude de la texture par des tests de résistance à la compression a montré que la chair de la truite est plus ferme que celle d'autres poissons d'eau douce : carpe et silure.

Afin de connaître les modifications des chairs dues à la cuisson, les physico-chimistes nantais ont commencé par comparer les deux filets des mêmes animaux : l'un des filets était prélevé cru et caractérisé aussitôt, et l'autre filet était analysé après cuisson, de 10 degrés jusqu'à une température atteignant 40, 45, 50... jusqu'à 90 degrés, selon les expériences ; la température du filet placé en sachet scellé, était augmentée d'un degré par minute, puis rapidement redescendue par immersion dans un bain de glace.

Ces études ont montré que la cuisson modifie peu la composition chimique des chairs, mais augmente la résistance mécanique en raison directe de la température maximale de chauffage (les protéines musculaires coagulent). La composition globale change peu, parce que tous les constituants sont perdus en mêmes proportions dans le jus ; comme celui-ci contient notamment des lipides, la couleur rouge due aux pigments dissous diminue, d'autant que la luminosité de la chair augmente en raison de la coagulation des protéines. Au total, la perte de matière sous forme de jus, comprise entre 10 et 20 pour cent, augmente avec la température maximale de pochage.

Le programme d'études se poursuit aujourd'hui par des études de la cuisson (il semble inexact que la chair de ce poisson s'amollisse quand la cuisson se prolonge) et par une recherche du rôle de l'alimentation, laquelle semble modifier considérablement la composition chimique des chairs, mais peu les qualités gustatives : pourquoi les truites ne sont-elles pas comme les volailles, dont le goût varie beaucoup selon l'alimentation?

La truite fario (en haut) *et la truite arc-en-ciel* (en bas) *: deux poissons dont la cuisson est aujourd'hui mieux connue.*

LA CUISSON

Comment déterminer les temps de cuisson pour conserver une viande tendre et juteuse.

Voici un rôti de bœuf: comment le cuirons-nous? Le problème est ancien; dans sa *Physiologie du goût*, Jean-Anthelme Brillat-Savarin le mentionnait *(voir la préface)*.

Quelles sont ces lois qui président aux diverses méthodes de cuisson? Si l'on écarte quelques cas exotiques, telle la cuisson à l'acide des poissons à la Tahitienne (les poissons sont mis à mariner dans du jus de citron vert), le cuisinier gagnera à reconnaître que la cuisson est une transformation des aliments par la chaleur.

Chauffer à l'aide de gaz chaud

D'où la question: comment transmettre cette chaleur? Classiquement les cuisinières et cuisiniers chauffent les aliments par l'intermédiaire de gaz, de liquides ou d'ondes. Examinons ici une des trois gammes de procédés: le chauffage par des gaz, c'est-à-dire le fumage, le séchage, le braisage, la cuisson au four ou la cuisson à la vapeur.

Dans le séchage comme dans le fumage, la cuisson est lente, car la température du fluide chaud est peu supérieure à la température ambiante. La cuisson à la vapeur est plus efficace, car l'aliment reçoit à la fois l'énergie cinétique de la vapeur et l'énergie résultant de la condensation de la vapeur sur l'aliment; toutefois, la température est alors limitée à 100 degrés environ. Au four, en revanche, l'air, éventuellement chargé de vapeur d'eau, atteint des températures élevées: d'où des problèmes de détermination des temps de cuisson que les cuisinières et cuisiniers ont résolu empiriquement, par des formules du type: «douze minutes par livre, plus dix minutes pour le pot».

Ces règles ont-elles un fondement? Remarquons tout d'abord que c'est l'épaisseur maximale d'un aliment qui détermine le temps nécessaire pour que sa température soit partout supérieure à une température donnée. Une saucisse d'un kilomètre de longueur mettra le même temps à cuire qu'une saucisse de seulement dix centimètres de long, pourvu que leur diamètre soient égaux.

D'autre part, un doublement de l'épaisseur doit s'accompagner d'un quadruplement du temps de cuisson, parce que la distance à chauffer est doublée, ainsi que la quantité de matière. Pour un corps sphérique, le temps de cuisson est alors proportionnel à la puissance 2/3 de la masse, variation qui se modélise bien par une courbe comportant une partie linéaire après une augmentation rapide: on retrouve approximativement la loi empirique, inapplicable aux aliments trop petits.

Également assuré par un gaz chaud, le braisage à l'ancienne est une opération remarquable, puisque, après la destruction des micro-organismes de surface au cours d'un brunissement à haute température, la viande est enfermée dans une enceinte (classiquement une braisière, aujourd'hui une cocotte) et laissée «cendre dessus et cendre dessous», écrivaient les bons auteurs. Ainsi la température du fluide chauffant, inférieure à 100 degrés, évapore l'alcool éthylique de l'eau-de-vie toujours employée dans les braisés, ainsi que divers composés aromatiques de la garniture : la viande cuit dans une atmosphère parfumée, sans perdre son eau, puisque la température est inférieure aux 100 degrés fatidiques de l'ébullition.

Les paliers fatidiques

Ce procédé est aujourd'hui à la mode dans de nombreux restaurants, où il est nommé «cuisson sous vide à basse température» : les aliments sont scellés dans un sachet en plastique d'où l'on a retiré l'air, et pochés à une température inférieure à 100 degrés. La cuisson est longue, comme pour les braisés anciens, mais elle permet de préparer les plats à l'avance. Cet avantage était si bien connu des chefs anciens que M. Menon, l'auteur d'une *Science du Maître d'Hôtel Cuisinier* (1750) ne mentionne aucun temps de cuisson dans son traité : il savait que le résultat ne change pas notablement tant que la cuisson est douce. De surcroît, les aliments sont alors d'une remarquable jutosité, car les sucs des viandes ne sont pas évaporés ; elle est également très tendre.

Jadis difficile (on craignait les «coups de feu»), le braisage donne aujourd'hui de remarquables résultats pourvu qu'on utilise un four préalablement calibré et qu'on connaisse quelques températures clefs : à 40 degrés, la viande s'opacifie, parce que les protéines de la viande commencent à se dénaturer (les protéines sont de longues molécules repliées en pelote ; leur déroulement, avant la coagulation, est la dénaturation) ; puis, à 50 degrés, les fibres commencent à se contracter ; à 55 degrés, la partie fibrillaire de la myosine (une protéine essentielle à la contraction musculaire, avec l'actine) coagule, tandis que le collagène (une protéine qui donne aux viandes leur dureté) commence à se dissoudre ; à 66 degrés, diverses protéines coagulent ; à 70 degrés, la myoglobine ne fixe plus l'oxygène, et l'intérieur de la viande devient rose ; à 79 degrés, l'actine coagule ; à 80 degrés, les parois cellulaires sont rompues et la viande devient grise ; à 100 degrés, l'eau est évaporée ; et, à une température supérieure à 150 degrés, les réactions chimiques dites de Maillard (et d'autres) engendrent des produits bruns et aromatiques.

Que faire de ces repères? Si le four dispose d'une bonne régulation de température, le cuisinier pourra choisir le point exact de cuisson qu'il voudra atteindre, sans se reposer sur des indications empiriques peu fiables et sans craindre les coups de feu qui ruinaient jadis les braisés. Naturellement la viande saignante a ses adeptes, mais ceux-ci n'oublieront pas que de trop basses températures favorisent la prolifération de micro-organismes dangereux. La cuisson à basse température est périlleuse... mais donne de si beaux résultats!

Braisière française du début du siècle, en terre. Les rebords du couvercle permettent de retenir les braises.

LE GOÛT DU RÔTI

Le goût des viandes cuites dépend de leurs graisses

Les graisses donnent-elles un goût aux viandes? Et lequel? On a longtemps cru que les lipides n'avaient que la capacité de dissoudre les composés aromatiques, souvent peu solubles dans l'eau ; on les accusait aussi d'engendrer de mauvais goûts, en rancissant ou en s'oxydant lors de la cuisson. Toutefois les cuisiniers savaient que le goût de la viande est modifié selon les graisses présentes ou ajoutées pour la cuisson. Aujourd'hui les chimistes confirment le rôle des graisses dans les réactions de Maillard, dont les produits sont les principaux composés aromatiques des aliments chauffés.

Les composés aromatiques se comptent par centaines, varient selon les viandes, selon l'âge des animaux, selon leur alimentation ou selon le mode de cuisson ; de surcroît, des composés présents en quantités infimes sont parfois aromatiquement prépondérants. L'une des principales réactions engendrant des arômes est la réaction de Maillard, entre des sucres tels que le glucose et des acides aminés, par exemple (Louis-Camille Maillard était un chimiste de Nancy, qui présenta en 1912 la réaction qui porte aujourd'hui son nom). La réaction contribue au goût de la croûte du pain, de l'arôme rôti des viandes, de la bière, du chocolat... C'est elle qui conduit aussi à la formation de composés bruns, nommés mélanoïdines, qui colorent les aliments cuits.

Recherchant depuis quelques décennies les précurseurs des composés volatils des viandes, les chimistes ont d'abord observé que ceux-ci sont des molécules de faible masse moléculaire ; outre les réactifs typiques de la réaction de Maillard (acides aminés et sucres), ils ont trouvé des sucres phosphate, des nucléotides, des peptides, des glycopeptides, des acides organiques.

Les lipides, notamment, avaient un rôle mal compris : on savait que les phospholipides (des acides gras liés à un groupe hydrosoluble), très sensibles à l'oxydation, étaient responsables de l'apparition de notes grasses et rances, mais Donald Mottram et R. Edward, de Bristol, observèrent en 1983 qu'ils sont également indispensables au développement du goût caractéristique de la viande cuite. Puis, en 1989, leur collègue Linda Farmer montra que les lipides interviennent, non seulement par leurs produits de dégradation, mais aussi par eux-mêmes, dans le déroulement de la réaction de Maillard, modifiant les profils aromatiques des viandes.

Les premières études montrèrent que l'extraction des triglycérides d'une viande modifie peu son arôme après la cuisson, alors que l'élimination des phospholipides fait perdre à la viande son arôme typique au profit d'un arôme de rôti et de biscuit. On supposa que les triglycérides (des molécules constituées d'une molécule de glycérol liée à trois molécules d'acides gras) sont pauvres en acides gras polyinsaturés, ce qui leur confère une relative stabilité chimique ; en revanche, les phospholipides sont souvent riches en acides gras polyinsaturés, ce qui explique leur sensibilité à l'oxydation ; de surcroît, leur partie hydrosoluble peut réagir.

La preuve par la réaction

À la Station INRA de Nantes, Gilles Gandemer, Anne Leseigneur-Meynier et leurs collègues ont étudié le rôle des phospholipides dans des systèmes simplifiés où ils provoquaient des réactions de Maillard : à une solution dans l'eau de cystéine (un acide aminé choisi parce qu'il comporte un atome de soufre et qu'il engendre des molécules importantes pour la formation de l'arôme de viande cuite) et de ribose (un sucre dont on connaissait l'activité dans la cuisson et qui peut être libéré à partir des nucléotides), ils ont ajouté soit des acides gras constitutifs des phospholipides (l'acide linoléique, l'acide palmitique ou l'éthanolamine), soit des phospholipides (la phosphatidylcholine ou la phosphatidyléthanolamine, qui sont les principaux phospholipides des viandes) ; les concentrations en diverses molécules étaient analogues à celles que l'on mesure dans les viandes, et les mélanges étaient chauffés à 140 degrés.

Comme les produits des réactions de Maillard sont trop nombreux pour être tous dosés, les chimistes ont plutôt étudié les changements des profils chromatographiques, se focalisant sur les hétérocycles, qui ont un goût de viande, et sur les produits d'oxydation des lipides. En observant l'apparition de pics nouveaux, sur les chromatogrammes, et la réduction de certains pics obtenus pour les systèmes modèles sans lipides, les chimistes ont confirmé que les phospholipides ont un effet plus important que les triglycérides. Ils ont en outre montré que les arômes de viande cuite apportés par les phospholipides proviennent notamment de deux effets : une note grasse due à la présence de composés carbonylés (qui comportent le groupe chimique C=O), issus principalement de l'oxydation des acides gras ; et l'interaction des lipides ou de leurs produits de dégradation avec des produits ou des intermédiaires de Maillard, ce qui aboutit à la synthèse de quelques molécules nouvelles et à une diminution de la formation d'autres composés.

On sait aussi que les produits non volatils de la réaction de Maillard entravent l'oxydation des lipides : les analyses montrent que les odeurs des systèmes modèles sont plus dues à une perturbation des réactions de Maillard qu'à une oxydation des lipides. Alors que les lipides ne viennent pas en contact des composés dissous dans la phase aqueuse, les phospholipides, avec leur tête polaire, sont partiellement solubles, et peuvent réagir avec les produits intermédiaires des réactions de Maillard.

La première étape de la réaction de Maillard : un acide aminé (en haut, à gauche) *se lie à un sucre* (en bas, à gauche) *pour former, après une étape intermédiaire, un composé d'Amadori* (à droite).

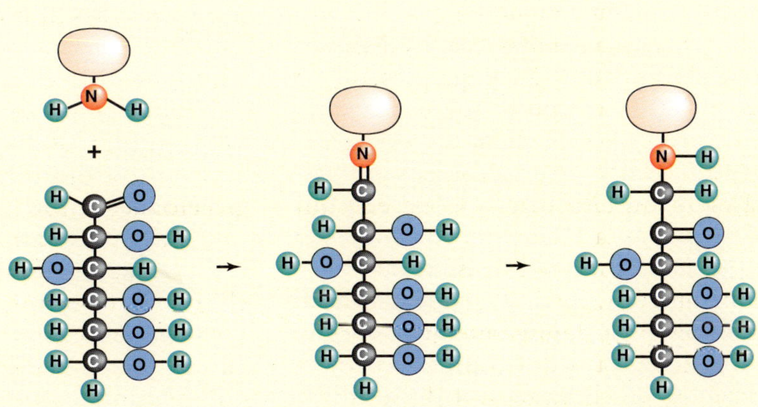

L'ATTENDRISSAGE DES VIANDES

Pourquoi une viande à bouillir n'est pas une viande à rôtir.

La viande n'est bonne que lorsqu'elle a subi une maturation suffisante : après l'abattage des animaux, elle commence par durcir (pendant 24 heures pour la viande de bœuf), puis la dureté est réduite de 80 pour cent au cours de la maturation, laquelle dure plusieurs jours (dix environ pour la viande de bœuf). Peut-on raccourcir le temps de maturation ou, au moins, savoir combien de temps au minimum conserver les carcasses ou les muscles afin d'obtenir une viande correctement attendrie? Ahmed Ouali et ses collègues de la Station INRA de recherches sur la viande, à Clermont-Ferrand, analysent les caractéristiques des muscles afin de prévoir la durée de maturation à partir de mesures des propriétés d'un muscle de référence.

La première étape de la transformation en viande des muscles d'animaux est l'installation de la rigidité cadavérique : les cellules musculaires continuent de se contracter et de se relaxer, parce qu'elles contiennent encore de l'ATP, molécule où est stockée de l'énergie. Les cycles chimiques des cellules musculaires régénèrent l'ATP pendant quelque temps, mais, quand il n'est plus produit que par la dégradation du glycogène (forme de réserve du glucose dans les muscles), le muscle n'a plus la possibilité de se relaxer et reste dans un état contracté.

Au cours de cette phase, la dégradation du glycogène et du glucose engendre de l'acide lactique, tandis que la dégradation de l'ATP libère de l'acide phosphorique : les muscles sont acidifiés. La vitesse d'acidification dépend principalement du type de muscle : les muscles rouges (muscles à contraction lente, où l'énergie provient de l'oxygène apporté par le sang) s'acidifient moins et moins vite que les muscles blancs (muscles à contraction rapide, qui ne consomment pas d'oxygène) ; ils sont alors plus sensibles à l'altération par les micro-organismes.

Attendrissage et dégradation

Les conditions d'installation de la rigidité cadavérique déterminent le déroulement de la phase suivante : l'attendrissage, qui résulte vraisemblablement de la dégradation d'éléments structuraux. On a longtemps distingué une dureté due au collagène (la protéine qui gaine les cellules musculaires, regroupant les cellules musculaires en faisceaux, et les faisceaux en muscles) et une dureté due aux myofibrilles, des protéines qui assurent la contraction des muscles en glissant les unes contre les autres. On observe aujourd'hui que le collagène, peu modifié lors de l'attendrissage, définit une dureté de base, variable selon sa concentration dans les muscles et conditionne l'utilisation des morceaux : viandes à bouillir quand la concentration en collagène est élevée, ou viande à rôtir quand la concentration en collagène est faible.

Deux types de mécanismes semblent assurer l'attendrissage des myofibrilles : certaines enzymes «protéolytiques» décomposent les protéines, désorganisent les filaments et les fibrilles, d'une part ; l'augmentation de la pression osmotique assure la dissociation des protéines constituant les filaments, d'autre part.

Les biochimistes de l'INRA ont étudié trois groupes d'enzymes capables de dégrader les protéines des myofibrilles : les cathepsines, les calpaïnes et un complexe de protéines nommé protéosome, moins bien connu parce que découvert plus récemment. Dans les muscles, l'activité de ces enzymes dépend de l'acidité, de la concentration en ions calcium, en ATP, etc. Dans les animaux vivants, elle est limitée par divers inhibiteurs qui évitent la décomposition des muscles, mais après l'abattage, la régulation des enzymes est supprimée, notamment en raison de l'acidification. L'augmentation de la pression osmotique des cellules musculaires facilite et renforce l'action des enzymes : l'accumulation de petites molécules et de sels libres dans le liquide intracellulaire dissocie les ensembles de protéines, de sorte que les enzymes protéolytiques accèdent plus facilement à leurs substrats.

La sensibilité aux enzymes protéolytiques des myofibrilles varie beaucoup selon le type de muscle : les myofibrilles des muscles rouges diffèrent considérablement des myofibrilles de muscle blanc. Les différences portent tout autant sur l'identité des protéines myofibrillaires que sur la structure et les propriétés d'extensibilité des myofibrilles. L'altération est d'autant plus rapide que les muscles se contractent rapidement. Cette observation explique, au moins en partie, l'effet bien connu de l'âge des bœufs sur la tendreté : la durée de maturation passe de 4 ou 5 jours pour les veaux, à 8 à 10 jours pour les bœufs parce que les muscles des animaux âgés sont plus rouges que les muscles des animaux jeunes.

Connaissant maintenant ces mécanismes, les sélectionneurs pourraient se préoccuper de la tendreté et, de façon plus générale, de la qualité de la viande, en essayant d'intégrer cette propriété dans les schémas de sélection, qui sont, aujourd'hui, principalement axés sur la vitesse de croissance des animaux. Les viandes très blanches de bovins ayant subi une sélection poussée sont aussi moins savoureuses et moins juteuses que les viandes d'animaux normaux de même race et de croissance plus lente. Patience et longueur de temps...

Les fibrilles contractiles d'un muscle au moment de l'abattage (à gauche) *et dix jours plus tard* (à droite). *Les enzymes ont dégradés ces fibrilles, attendrissant la viande.*

AL DENTE

Comment il faut cuire les pâtes alimentaires.

Comment cuire les pâtes? Quiconque se contente de plonger des spaghettis dans l'eau chaude, pendant huit minutes environ, n'obtient pas un bon résultat : bien que simple, la cuisson des pâtes pose de nombreuses questions. Le sel tout d'abord : doit-il être mis dans l'eau de cuisson et pourquoi? L'huile qui, dit-on, doit être ajoutée à l'eau de cuisson, est-elle vraiment nécessaire? Comment éviter que les pâtes collent?

Chez soi, on prépare rapidement de bonnes pâtes en mélangeant de la farine (souvent de blé, mais on peut aussi utiliser de la farine de maïs, de châtaigne...), un peu de sel, de l'eau, de l'huile et des œufs. Un long malaxage donne du corps à la pâte, qu'on lamine et qu'on découpe, avant de la cuire pendant trois à six minutes. Lors de cette cuisson, les grains d'amidon de la farine gonflent en absorbant de l'eau (ils s'«empèsent»), pendant que les protéines de l'œuf et de la farine forment un réseau insoluble qui enserre les grains d'amidon, limitant leur lessivage dans l'eau de cuisson.

Pour ces pâtes domestiques, le collant est évité par l'augmentation de la proportion d'œuf : lors de la cuisson, si le réseau de protéines est formé avant que l'amidon ne s'empèse, les pâtes restent fermes et ne collent pas ; si, au contraire, l'empesage de l'amidon intervient avant la formation du réseau protéique, une partie de l'amidon (surtout une de ses deux sortes de molécules, nommée l'amylose) diffuse dans l'eau de cuisson, enrichissant la surface des pâtes en amylopectine (l'autre sorte), qui fait coller. Après égouttage, un bon morceau de beurre ou une large rasade d'huile d'olive évite aux pâtes, maintenues chaudes, de coller dans l'assiette.

Pour étudier la fabrication industrielle des pâtes, Pierre Feillet, Joël Abecassis, Jean-Claude Autran et leurs collègues du Laboratoire INRA de technologie des céréales, à Montpellier, ont exploré la biochimie de la cuisson des pâtes. Ils cherchent à déterminer les protéines qui communiquent aux pâtes leur bonne qualité culinaire.

Le gluten du blé dur

L'industrie prépare les pâtes à partir de blé dur. En l'absence d'œuf, le réseau de protéines est formé par les protéines de la farine et, plus précisément, du gluten. Ce gluten s'observe par malaxage de farine et d'eau : après une longue trituration, la masse obtenue, mise sous un filet d'eau courante, n'est pas totalement lessivée ; la matière restante, élastique, est composée des protéines du gluten. Ce gluten est plus abondant dans les blés durs que dans les blés tendres. Aussi des laboratoires tels celui de Montpellier se préoccupent de la composition et de la variabilité génétique des protéines des blés durs, ainsi que des procédés de fabrication des pâtes qui favorisent la formation du réseau protéique.

La qualité d'une pâte industrielle s'apprécie par sa couleur jaune-ambré et par sa qualité culinaire, c'est-à-dire son aptitude à ne pas coller après cuisson et même après une légère surcuisson. Pour satisfaire cette demande de l'industrie, les sélectionneurs ont donc mis au point des blés durs possédant un gluten ferme et élastique. Les chercheurs de Montpellier ont montré que ce dernier caractère était associé à la présence d'une protéine particulière, nommée gliadine gamma 45, qui n'est en fait que l'indicateur de variétés de blés durs riches en gluténines de faible masse moléculaire.

D'autre part, les chercheurs ont exploré les conditions optimales de fabrication des pâtes et ils ont montré que le séchage des pâtes vers la température de 90 degrés prépare la formation d'un réseau de protéines qui s'insolubilise plus rapidement, à la cuisson. La haute température doit être appliquée en fin de séchage, afin de ne pas endommager les grains d'amidon. Le malaxage et le tréfilage, dans une vis d'Archimède sous pression, doivent également respecter ces grains. L'application de hautes températures (90 degrés) agit sur la couleur, parce qu'elle inactive les enzymes (lipoxygénases) qui détruisent les pigments jaunes et celles (peroxydases) qui font brunir.

Huile, eau, acidité

Comment cuire les pâtes, à la lumière de ces travaux? Notons tout d'abord que la proportion de protéines doit être élevée. Si l'on n'utilise pas du blé dur, on devra ajouter des œufs, ou bien triturer ou laminer soigneusement la pâte, afin de développer le réseau de gluten, en présence d'une quantité d'eau suffisante pour hydrater les protéines et pour permettre leur liaison. Quelle que soit leur composition, les pâtes doivent être jetées dans l'eau bouillante, de sorte que le temps de cuisson soit réduit et que la délitescence soit diminuée.

L'huile ajoutée à l'eau de cuisson est-elle utile? Des expériences qui consistaient à cuire trop longtemps des spaghettis dans de l'eau additionnée ou non d'huile n'ont pas montré de différences sur le collant quand les pâtes ne traversaient pas l'huile de la surface de l'eau, en fin de cuisson. L'huile est surtout utile parce qu'elle enrobe les pâtes quand celles-ci sont sorties de l'eau, en fin de cuisson, de sorte qu'il revient au même d'ajouter un morceau de beurre ou une giclée d'huile d'olive dans le plat de service.

Enfin l'eau de cuisson a son importance. À l'INRA de Nantes, Jacques Lefebvre a montré que l'amidon perd moins d'amylose dans l'eau de cuisson si celle-ci contient des protéines: on pourra donc cuire les pâtes dans un bouillon riche. L'équipe de Montpellier a aussi montré que la cuisson dans une eau minérale s'accompagne d'un accroissement progressif de la délitescence et du collant, tandis que les pâtes cuites dans une eau légèrement acide (par exemple additionnée d'une cuillerée à soupe de vinaigre ou de jus de citron, ou encore une eau de pluie) conservent un état de surface satisfaisant, même après surcuisson : une légère acidité de l'eau (*p*H égal à 6) permet aux protéines de se trouver sous une forme électriquement neutre, de sorte qu'elles s'associent davantage, formant un réseau capable de piéger l'amidon.

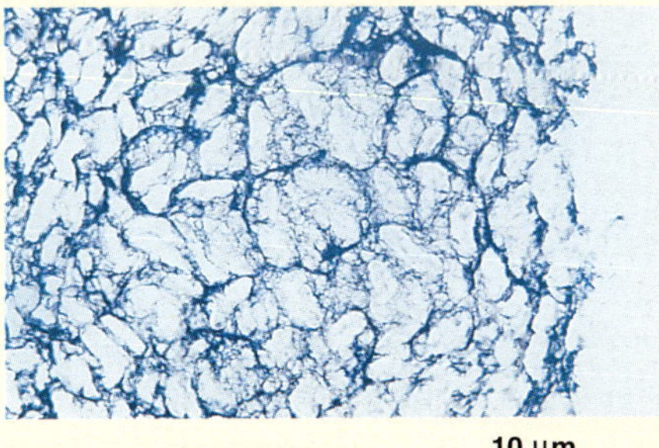

Sur cette coupe d'un spaghetti observé au microscope, Daniel Gallant (INRA-Nantes) a coloré en bleu le réseau de protéines.

LÉGUMES OUBLIÉS

L'introduction de légumes impose leur étude agronomique, nutritionnelle et culinaire

Connaissez-vous le crosne, le pépino, le panais, le coqueret du Pérou, le cerfeuil tubéreux, le crambé maritime ou le chervis? Ils renouvellent l'alimentation de ceux qui sont las des carottes, poireaux et pommes de terre : à l'école d'horticulture d'Angers, Jean-Yves Péron et ses collègues étudient les légumes oubliés ou inconnus, perfectionnant leur reproduction et leur culture. Si le gastronome s'empresse d'accueillir les nouveaux venus, l'économiste apprécie également la démarche des agronomes angevins : cette diversification est indispensable car la saturation de nombreuses productions maraîchères fait souvent diminuer la rentabilité d'investissements coûteux ; pour les agriculteurs, cultiver un légume nouveau ou oublié est parfois une nécessité pour valoriser ses investissements ou pour mieux vendre des denrées encore rares.

Sur les traces des agronomes anciens

L'introduction de légumes nouveaux ou oubliés impose des études parallèles : il faut démontrer aux producteurs la viabilité des nouvelles cultures, et convaincre les consommateurs de leur intérêt gastronomique ou nutritionnel. Aussi a-t-il fallu des décennies pour faire paraître sur les marchés français et dans quelques restaurants les premiers crosnes et les coquerets du Pérou (une variété d'Amour en cage). Les prochains qui viendront sur nos tables seront sans doute le cerfeuil tubéreux et le crambé maritime.

Parfois la réintroduction d'un légume est facilitée par les études agronomiques anciennes du légume lui-même ou, quand aucun travail n'a été fait, de légumes de la même famille : les divers choux pour le crambé maritime, et les ombellifères tel le céleri pour le cerfeuil tubéreux.

Ce dernier, qui vit à l'état sauvage dans l'Est de la France, était déjà connu de l'agronome français Charles de l'Écluse, en 1846. Toutefois, malgré les efforts de nombreux jardiniers de l'époque, la culture ne s'en est jamais beaucoup étendue : quand les chercheurs de l'École nationale d'ingénieurs des travaux de l'horticulture et du paysage d'Angers (ENITHP) ont commencé leurs travaux, elle était limitée à quelques exploitations maraîchères des régions de Dole et d'Orléans.

Traditionnellement on sème le cerfeuil tubéreux au champ, à l'automne, et on récolte en juillet les racines tubérisées, analogues à des carottes. Pour la production de semences, la mise en place des porte-graines se situe en décembre. Pourquoi ce légume est-il méconnu? Sans doute parce la germination n'a pas lieu sans une stratification préalable, que le pouvoir germinatif des semences est limité à un an, que les rendements culturaux sont faibles, que la racine tubérisée ne devient consommable et gastronomiquement plaisante qu'après une évolution des réserves, et que cette même racine, au goût fin, proche de celui de la châtaigne, est très sensible aux champignons saprophytes qui se développent sur les blessures.

Pour pallier les deux dernières insuffisances, les chercheurs angevins ont étudié la variabilité génétique de l'espèce par des hybridations de plantes sauvages ou conservées en collections, et par des cultures *in vitro* (recherche de variants par l'exploitation de l'orgagenèse sur cals). Simultanément, ils ont envisagé des améliorations de la culture. Comment, notamment, lever la dormance des semences et optimiser le peuplement des plantes de cerfeuil tubéreux aux champs? Connaissant pour d'autres plantes analogues les mécanismes d'inhibition des semences (parfois due à la présence, dans le péricarpe, de substances inhibitrices facilement lessivables), les agronomes ont testé diverses méthodes de levée de la dormance dans des conditions contrôlées : variations de température, cycles d'éclairement, application de régulateurs de croissance (gibbérelline et cytokinine), conservation en l'absence d'oxygène, etc. Finalement ils ont démontré que la dormance, de nature embryonnaire, s'installe lors des derniers stades de la maturation des semences, après une quasi-déshydratation, et ne peut être levée que par le passage des semences au froid humide pendant huit à dix semaines.

Parallèlement les travaux d'amélioration ont abouti à la création de nombreuses lignées et à la sélection d'hybrides commerciaux satisfaisants. De telles études ne garantissent pas le succès du légume : la technique mise au point doit être transmise aux agriculteurs intéressés, aux fabricants de semences, et un effort de promotion à l'attention du public doit accompagner le produit jusque chez les consommateurs. Des études de l'intérêt nutritionnel montrent ainsi comment utiliser au mieux les nouveaux légumes : le cerfeuil tubéreux, par exemple, s'appauvrit en amidon, s'enrichit en divers sucres réducteurs et développe ses arômes spécifiques, lors de son stockage. Fondées sur ces études, des recettes concoctées par des chefs de renom font beaucoup pour un légume que l'on cherche à réintroduire.

Les racines tubérisées et consommables du cerfeuil tubéreux avant et après amélioration génétique.

CHAMPIGNONS CONSERVÉS

Sous atmosphère modifiée, les champignons de Paris se conserveraient plus longtemps

Les champignons, fragiles, se conservent difficilement. Le consommateur tolère d'acquérir des champignons sauvages un peu abîmés, mais il veut des champignons de Paris bien blancs, au pied court, au chapeau petit, aux lames encore invisibles sous un voile continu... car il sait que les champignons évoluent rapidement: quelques jours suffiront pour que les champignons noircissent, que leur pied s'allonge, que leurs lamelles noires d'encre apparaissent et, pis encore, que leur goût et leur texture se dénaturent.

Comment les producteurs de champignons pourraient-ils allonger la durée de conservation de leurs produits? Les progrès des «salades de quatrième génération», préparées et emballées sous atmosphère modifiée, ont incité l'industrie agro-alimentaire à se préoccuper du sort des champignons de Paris. Une équipe de la Station INRA de Montfavet et de l'ADRIAC a d'abord montré comment, par une modification de l'atmosphère de conservation, on pouvait augmenter la durée de vie des barquettes de champignons. Puis les chercheurs ont étudié divers films plastiques afin de déterminer celui qui permettrait le meilleur contrôle de l'atmosphère.

La respiration du champignon

Le premier volet de l'étude a été une analyse du vieillissement des champignons de Paris en atmosphère ambiante, car on voulait vérifier que le froid réduit la dégradation microbienne et physiologique des champignons. Leur commercialisation classique, avec une conservation d'un ou deux jours à deux degrés, puis un jour de vente à la température ambiante, ne laisse qu'une faible durée de fraîcheur après l'achat: à 11 degrés, sous 90 pour cent d'humidité relative, les champignons restent présentables pendant trois à cinq jours - mais à 13 degrés, la durée d'acceptabilité est réduite à trois jours.

Le développement des chaînes de froid consacrées aux salades prêtes à l'emploi permet aujourd'hui la commercialisation de champignons de Paris dans des films qui augmenteraient leur durée de conservation. Quelle doit être l'atmosphère dans les conditionnements? Comment les champignons évoluent-ils?

En l'absence complète d'oxygène, les champignons seraient colonisés par des micro-organismes potentiellement dangereux, tel le *Clostridium botulinum*. En revanche, en présence d'oxygène, les champignons continuent de respirer, et d'évoluer. Depuis 1975, on sait que la couleur et la texture dépendent de l'atmosphère où les champignons sont placés. Notamment une augmentation de la concentration en dioxyde de carbone et une réduction de la concentration en oxygène peuvent réduire la respiration des cellules fongiques, et ralentir de ce fait la dégradation.

Quelle atmosphère assurerait la meilleure conservation? G. Lopez Briones et ses collègues de la Station INRA de Monfavet ont mesuré l'effet de diverses concentrations en oxygène et en dioxyde de carbone sur l'évolution de champignons stockés à la température de dix degrés.

Ils ont ainsi observé une correspondance entre la concentration en dioxyde de carbone et l'effet phytotoxique de ce gaz (détecté par une intensité respiratoire accrue à la remise à l'air), qui endommage les membranes cellulaires et favorise ainsi la mise en contact des enzymes de brunissement et de leurs substrats. Du point de vue de la couleur, les meilleures atmosphères sont celles où les concentrations en dioxyde de carbone et en oxygène sont chacune inférieures à dix pour cent.

La texture, en revanche, est mieux préservée quand la concentration en dioxyde de carbone est supérieure à dix pour cent, car les champignons ont une «superstructure de chitine» qui n'est pas modifiée : les spécimens conservés pendant une semaine à dix degrés, en atmosphère contenant 15 pour cent de dioxyde de carbone ne rompent pas leur voile, et restent dans à un stade bouton que préfère le consommateur français ; plus la teneur en dioxyde de carbone est élevée, plus le chapeau reste longtemps fermé. Enfin une humidité relative trop élevée provoque une dégradation rapide (quand nous conservons des champignons de Paris au réfrigérateur, ne fermons pas le sac!).

Les films d'une lente évolution

Un compromis doit donc être trouvé : la concentration en dioxyde de carbone devrait être modérément élevée, afin que les champignons restent blancs, mais elle ne doit pas être trop faible, afin qu'ils évoluent lentement. Des concentrations en dioxyde de carbone comprises entre 2,5 et 5 pour cent, et des concentrations en oxygène comprises entre 5 et 10 pour cent semblent optimales.

Comment créer de telles atmosphères? L'équipe de Montfavet a comparé les nouveaux films en polypropylène orienté microperforé et des films en PVC étirable : des champignons placés dans des barquettes ont été stockés entre quatre degrés (la température légale des chaînes de froid pour les produits de quatrième génération) et dix degrés pendant huit jours. Après huit jours de stockage à dix degrés, 85 pour cent des champignons non enveloppés avaient un voile qui s'ouvrait, tandis que les films ralentissaient tous la maturation à des degrés divers. Le développement était retardé par les films les moins perméables. Aujourd'hui les chercheurs optimisent la perméabilité des films à la vapeur d'eau.

Des champignons de Paris au stade bouton (à gauche) *et après quelques jours de développement* (à droite).

ESPÈCES DE TRUFFES

Les truffes noires européennes sont toutes de la même espèce. La génétique montre que les truffes chinoises sont bien différentes.

Le diamant noir! Que d'encre élogieuse n'a-t-il pas fait couler! Pas un chroniqueur gastronomique ne l'a omis, et pas un restaurateur ne le méprise quand il vise des étoiles. Depuis des siècles, on discute ses mérites : la truffe noir du Périgord est bien différente de la truffe de Bourgogne, et les truffes françaises seraient naturellement bien supérieures à celles d'Espagne ou d'Italie... La science objectivera-t-elle de tels jugements? À Montpellier, une équipe de biologistes a examiné la génétique de la truffe noire : les différences de goût proviennent plus de l'environnement que de différences génétiques.

Il existe en Europe dix sortes de truffes, c'est-à-dire de champignons du genre Tuber. La truffe noire, encore nommée truffe du Périgord, *Tuber melanosporum*, se récolte principalement en Espagne, en France et en Italie, mais ses qualités gastronomiques diffèrent selon les régions. Afin d'expliquer ces différences, Michel Raymond et ses collègues du CNRS, de l'INRA et de l'ORSTOM, à Montpellier, ont cherché si elles avaient un fondement génétique.

Plus de 200 échantillons provenant de diverses régions de France et d'Italie ont été analysés : dans l'ADN, les biologistes étudiaient des séquences dites satellites, qui diffèrent beaucoup selon les espèces d'un même genre. Aucune variabilité génétique n'a été observée parmi les échantillons de truffes noires. Les généticiens ont également comparé les truffes noires à des truffes d'été et à des truffes de Bourgogne : des différences notables sont apparues entre la truffe noire et la truffe d'été, ce qui était attendu, mais les limites d'espèces entre truffes d'été et truffes de Bourgogne sont floues ; les études génétiques confirment qu'on doit considérer ces deux types comme deux variétés, ce que les biologistes nomment un complexe d'espèces.

Comment expliquer l'homogénéité génétique de l'espèce *Tuber melanosporum*? Les biologistes montpelliérains supposent que la dernière glaciation a coincé une petite population de truffes noires contre la Méditerranée, en même temps que les arbres sur lesquels elle se développe (le champignon forme un réseau souterrain, associé aux racines, et la truffe n'est que l'organe reproducteur). Comme la truffe noire mûrit en hiver, de novembre à février, sa population a été confinée aux zones les plus méridionales. Lors du réchauffement climatique ultérieur, la truffe noire aurait recolonisé les régions où ses arbres de prédilection se développaient, quand le climat s'y prêtait : en 10000 ans, la colonisation de l'Europe méridionale se serait effectuée sans que l'espèce ait le temps d'évoluer.

En revanche, lors de la dernière glaciation, les truffes d'été et de Bourgogne, qui mûrissent respectivement au printemps et en automne, auraient conservé une aire de répartition plus septentrionale : leur observation dans des pays plus au Nord et plus à l'Est que la France montre que ces deux truffes tolèrent des climats plus froids. Ainsi s'explique leur diversité génétique actuelle : les truffes actuelles seraient issues d'une population nombreuse et variée.

Une truffe de l'Himalaya

Les études de génétique ont complété ces résultats en éclairant le problème des truffes chinoises, que des fraudeurs cherchent chaque année à faire passer pour des truffes françaises. Il y a deux ans, Marie-Claude Janex-Favre et ses collègues de l'Université Paris VI avaient étudié la truffe chinoise, que l'on avait initialement attribuée aux espèces *Tuber himalayense*, *Tuber indicum* et *Tuber sinense*. Ces truffes proviennent des contreforts de l'Himalaya, où elles sont récoltées à environ 2000 mètres d'altitude, à moins d'une dizaine de centimètres sous la surface du sol. On les confond facilement avec la truffe française, et leur prix de revient est bien inférieur.

Les truffes chinoises ont une forme variable, très irrégulière ou fortement bosselée. Leur diamètre atteint sept centimètres, et elles sont couvertes d'écailles basses, en forme de pyramides inversées à base carrée. Cet aspect général est quasi identique à celui d'une des truffes du Périgord : le type à grandes écailles planes, dépourvu d'aspérités marquées. Au microscope, toutefois, on voit que les spores sont différentes pour les deux types de truffes. Ces différences sont-elles dues à des conditions de croissance différentes plutôt qu'à une différence d'espèces? Les études génétiques effectuées par Delphine Gandebœuf et ses collègues de Clermont-Ferrand ont démontré que les espèces sont différentes : le faible goût des truffes chinoises n'est pas dû aux conditions de développement, mais à l'espèce.

Revenons à la truffe noire : si l'environnement est responsable des différences de qualités gastronomiques, la science ne nous a pas encore dit comment le terroir s'exprime. Les biologistes sont au travail...

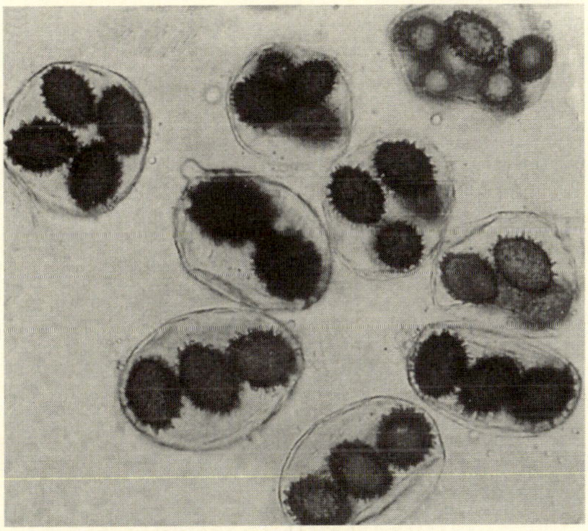

M.-C. Janex-Favre

Ces spores des truffes chinoises sont groupées par deux à six, contrairement aux spores des truffes noires, qui vont par paires.

PLUS DE GOÛT

Comment on emprisonne des molécules aromatiques pour les faire mieux percevoir.

Certaines recettes classiques apparaissent paradoxales. Ainsi, pour faire un salmis de canard, le cuisinier lève d'abord les magrets et les cuisses, qu'il fait rôtir; puis il confectionne une sauce à goût de canard en cuisant dans de l'eau les parures et les os, plus quelques légumes et herbes aromatiques. Pourquoi cette redondance? On peut supposer que, dans le plat final, les molécules aromatiques et sapides, caractéristiques du goût de canard, sont retenues différemment par la chair et par la sauce : se libérant à des moments différents, elles donnent ainsi de la longueur en bouche.

Le problème du piégeage des arômes s'est aiguisé depuis que l'industrie agro-alimentaire utilise la technique de cuisson-extrusion: dans ce procédé repris de l'industrie des polymères, on utilise un long cylindre, où tourne une vis, comme dans un hachoir à viande, mais dont le pas diminue. Quand on y introduit un mélange de solides ou de liquides, il est fortement comprimé, si bien qu'en sortie, l'eau brusquement détendue s'évapore: l'aliment «souffle». C'est ainsi que sont fabriqués bien des biscuits d'apéritifs.

Cette détente se fait au détriment du goût, car les molécules aromatiques sont entraînées par l'eau qui s'évapore. Diverses sociétés pulvérisent des arômes sur les biscuits extrudés après leur confection, mais le procédé est coûteux, et l'on cherche plutôt à déclencher, dans l'extrudeur, des réactions chimiques qui engendreraient des molécules aromatiques, ou bien à piéger les molécules volatiles.

Comment piéger des molécules? Dans la sauce pour salmis de canard, la cuisson longue des parures et des os dans de l'eau, avec des légumes, a pour effet d'extraire la gélatine présente dans la peau, les tendons et des os, mais, aussi, d'effectuer une décoction qui, les chimistes le savent bien, extrait les molécules aromatiques ou sapides présentes dans les matières animales et végétales. Ainsi les molécules aromatiques sont dans deux environnements physico-chimiques distincts: dans la chair, elles sont principalement dissoutes dans les graisses, qui sont elles-mêmes dispersées entre les cellules musculaires; dans la sauce, elles sont en solution. En bouche, ces molécules sont libérées différemment, de sorte que le goût de canard est plus durable.

Rétention en solution

Rationalisons. Si la longueur en bouche d'un plat tient à la libération plus ou moins forte des molécules aromatiques ou sapides, comment pourrions-nous maîtriser cette libération? Par la maîtrise de l'environnement des molécules aromatiques.

À l'état pur, ces molécules ont une volatilité forte, et la pression de vapeur saturante augmente avec la température. Le cuisinier pourra varier la volatilité en répartissant les molécules aromatiques dans des morceaux à différentes températures.

Puis ces molécules peuvent être placées en solution: la volatilité dépend alors des solvants (eau, alcool, huile), parce que les molécules se lient plus ou moins aux molécules du solvant (ainsi les huiles saturées et les huiles insaturées retiennent différemment des molécules en solution).

Jouer avec les interactions moléculaires

Comment ralentir davantage l'évaporation des molécules volatiles? Il suffit de placer ces molécules en présence de grosses molécules avec lesquelles elles se lieront. Par exemple, on sait que l'iode colore en bleu les aliments qui contiennent de l'amidon, parce que les molécules d'amylose, dans l'amidon (de longues chaînes composées de molécules de glucose enchaînées) s'enroulent en hélice autour de l'iode. Plus généralement, en solution dans l'eau, l'amylose s'enroule autour des molécules hydrophobes, telles que sont beaucoup de molécules aromatiques. L'amylose n'est pas la seule molécule à s'enrouler ainsi, loin s'en faut: la gélatine a également cette action. D'où son utilité dans les sauces! Plus généralement, des polymères flexibles bien choisis peuvent se lier aux molécules aromatiques pour ralentir leur libération.

La compartimentation est un autre moyen, plus radical, de retenir des molécules. Les fines herbes, par exemple, ne libèrent leurs molécules aromatiques que lorsque leurs cellules sont rompues dans la bouche. Les émulsions (dispersions d'huile dans l'eau ou d'eau dans l'huile), les mousses, les gels, les pâtes, sont des systèmes du même type. Dans la même veine, les cuisiniers pourraient également utiliser des liposomes, sortes de «cellules artificielles» composées par l'assemblage de molécules analogues aux molécules des membranes cellulaires.

De cette micro-compartimentation, passons à la macro-compartimentation: c'est la farce, le fourrage, classiquement utilisés en cuisine.

Enfin, on peut retenir les arômes en les captant dans la masse des aliments: une viande que l'on marine ou une viande qui cuit dans un bouillon parfumé s'enrichissent, dans leur masse, de molécules aromatiques du bouillon. Les techniques utilisées sont alors la décoction, l'infusion, la macération.

Au total, bien des moyens permettent de retenir plus ou moins les arômes, afin de les libérer à des temps différents de la dégustation: ainsi le cuisinier peut créer des «vagues de goût», qui rappelleront ces grands vins qui «font la queue de paon».

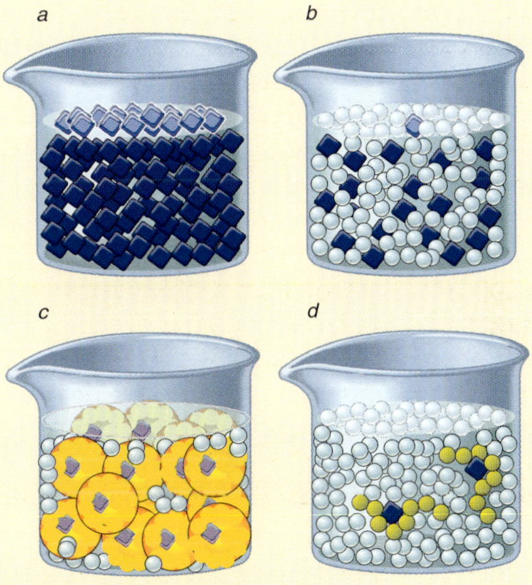

Les molécules aromatiques sont différemment perçues quand elles sont à l'état pur (a), *en solution* (b), *en émulsion* (c) *et complexées* (d).

QUESTIONS DE FRITES

Les frites de quatrième gamme, ensachées crues, boivent moins l'huile que les frites surgelées.

La quasi-totalité des frites servies dans les restaurants français sortent d'un sachet. À la maison, la frite fraîche résiste, parce qu'elle a des atouts : elle boit moins l'huile. Sera-t-elle détrônée par la frite de quatrième gamme, ensachée crue dans une atmosphère modifiée, qui a été mise au point par Patrick Varoquaux et ses collègues de la Station INRA de Montfavet?

Les modifications des habitudes alimentaires cantonnent la frite maison... à la maison : dans les cantines ou dans les restaurants, la frite en sachets s'impose, parce que les volumes à préparer nécessitent une préparation à l'avance ; or les pommes de terre noircissent quand elles sont laissées à l'air, après la découpe, parce que cette dernière libère des enzymes et leurs substrats, initialement enfermés dans des compartiments séparés des cellules de pommes de terre. En présence d'air, ces molécules réagissent et forment des composés bruns voisins de ceux qui nous font bronzer en été.

Ce brunissement enzymatique avait conduit les fabricants de frites en sachets à proposer des produits précuits : après pelage et découpe, les bâtonnets de pomme de terre sont d'abord séchés, puis précuits dans un bain d'huile (souvent de l'huile de palme, peu coûteuse), et enfin congelés. Pour la cuisson finale, l'utilisateur peut alors plonger les frites dans un bain de friture, mais les micro-fissures créées lors de la congélation absorbent alors beaucoup d'huile ; ou bien les réchauffer au four, mais elles sont alors trop sèches.

Atmosphère de frites

Comment éviter ces deux écueils? Les chercheurs de l'INRA ont étudié l'ensachage sous atmosphère contrôlée de frites crues : ce que l'on nomme les frites de quatrième gamme. Pour obtenir de bons résultats, ils ont traqué les causes de brunissement tout au long de la fabrication. Tout d'abord, les pommes de terre doivent être pelées, si possible sous jet d'eau, par une technique qui évite de trop endommager les cellules. Puis, lors de la découpe des bâtonnets, les lames des couteaux, en acier inoxydable, doivent être aussi affûtées que possibles.

Ensuite les bâtonnets détaillés doivent être maintenus à une température de 4 degrés environ, de sorte que le métabolisme des cellules intactes soit aussi ralenti que possible. Après égouttage par centrifugation ou ventilation, les pommes de terre doivent être conditionnées avec un gaz inerte, en l'absence d'oxygène, dans un sachet très imperméable aux gaz. Ainsi les bâtonnets se conservent dix jours à 4 degrés sans altération (cependant, au cours du stockage, les tissus de pommes de terre accumulent des sucres qui provoquent un brunissement à la cuisson, par des réactions analogues à celles qui font le brun de la croûte du pain). Le goût et la texture des frites confectionnées ultérieurement ressemblent davantage au goût et à la texture des frites fraîches ; la proportion d'huile est analogue, c'est-à-dire deux fois inférieure à celle de frites obtenues par friture de frites surgelées.

Friture réfléchie

Comment cuire les frites? Là, les cuisinières et les cuisiniers se mettent à douter, car chaque chef a sa méthode. On se déterminera après s'être demandé ce que l'on attend d'une frite, puis après avoir cherché rationnellement quelles opérations permettent de satisfaire cette attente.

Observons qu'une frite de bon aloi doit certainement être tendre à cœur, aussi peu huileuse que possible et croustillante sans être noire. Observons aussi que la cuisson résulte d'une diffusion de la chaleur, de l'extérieur vers l'intérieur, avec deux phénomènes principaux: la formation de la croûte, et la cuisson du cœur.

En effet, les pommes de terre sont composées de cellules qui renferment, notamment, de l'eau et des grains d'amidon: quand la chaleur gagne le cœur des frites par conduction, certaines cellules sont dissociées, tandis que les grains d'amidon libèrent leurs longues molécules dans l'eau chauffée. En surface des frites, la croûte, elle, résulte d'une évaporation complète de l'eau.

L'expérience qui consiste à cuire une frite où l'on a introduit un thermocouple (une sonde qui mesure plus fiablement et plus rapidement la température qu'un thermomètre) montre que les frites chauffent très lentement: même quand la température de l'huile est de 180 degrés, la température au cœur n'atteint 85 degrés qu'après plusieurs minutes, car la pomme de terre est thermiquement inerte. Autrement dit, si le premier bain d'huile est trop chaud, la surface noircit avant que l'intérieur ne soit cuit.

Inversement, le premier bain ne doit pas être trop froid, sans quoi le croustillant ne se forme pas assez rapidement, et la frite boit l'huile. En pratique, sept minutes de cuisson à la température de 180 degrés donnent un bon résultat pour des frites de 12 millimètres de côté. Un second bain parfait alors les frites: dans de l'huile portée à 200 degrés, on arrête la cuisson quand la couleur est d'une plaisante blondeur.

La température à l'intérieur d'une frite (courbe bleue) *ne tend que lentement vers 100 degrés.*

LA PURÉE ET LA SAUCE BLANCHE

Les protéines modifient le comportement de l'amidon dans l'eau.

Pourquoi la purée faite avec du lait collerait-elle moins qu'avec de l'eau? En montrant que les protéines modifient l'empesage et la gélification de l'amidon, Jacques Lefebvre et Jean-Louis Doublier, de la Station INRA de Nantes, mettent enfin sur la voie d'une explication de cette connaissance culinaire ancienne et donnent d'utiles indications sur l'emploi de la farine dans les sauces.

La farine et les pommes de terre ont en commun qu'elles contiennent beaucoup d'amidon, présent sous la forme de grains qui renferment deux sortes de molécules : l'amylose, composé par l'enchaînement linéaire de centaines de groupes glucose, et l'amylopectine, polymère analogue au premier, mais ramifié ; dans chaque grain d'amidon, les deux types de molécules sont organisés en cristaux.

Si les grains d'amidon de la farine ont été exposés par la mouture des grains de blé, l'amidon des pommes de terre est au sein du milieu aqueux que limite la membrane des cellules de pomme de terre ; l'amidon ne se dissout pas, car l'amylopectine est très peu soluble dans l'eau, et l'amylose n'est soluble que dans l'eau assez chaude (quand la température est supérieure à 55 degrés).

Quand on cuit les pommes de terre en les plaçant dans un fluide chaud (air, eau ou huile), la chaleur se propage vers le centre par conduction, provoquant le même phénomène d'empesage que lorsque, préparant une sauce espagnole, blanche ou béchamel, on verse un liquide bouillant (eau, lait ou bouillon) sur de la farine : les molécules d'eau dissolvent les molécules d'amylose et s'immiscent dans les grains d'amidon, désorganisant les cristaux d'amylopectine et faisant considérablement gonfler les grains. Lors de ces transformations, les grains d'amidon s'assouplissent, tandis que la solution devient visqueuse, en raison de la dissolution des molécules amylose, encombrantes. Ainsi une sauce épaissit quand on lui ajoute de la farine, à la fois parce que les grains gonflés se gênent mutuellement, et parce que la solution où ces grains sont dispersés devient visqueuse.

Si les cuisiniers connaissent parfois mal les détails moléculaires de l'épaississement des sauces, ils savent toutefois que ces dernières doivent rester chaudes : les sauces blanches, par exemple, forment une masse gélifiée quand elles refroidissent, parce qu'un gel se forme lorsque les molécules d'amylose de la solution aqueuse s'associent localement, formant un réseau ; ce dernier piège l'eau, les grains d'amidon gonflés et tous les composés dissous.

J.-L. Doublier et J. Lefebvre ont montré que les phénomènes d'empesage et de gélification sont modifiés quand des protéines telles les caséines sont présentes. Ces caséines sont des protéines du lait, où elles s'agrègent en structures nommées micelles, dispersées dans l'eau ou disposées autour de gouttelettes de matière grasse. Extraites du lait, les caséines sont des émulsifiants largement utilisés dans toute l'industrie agro-alimentaire pour la confection de crèmes glacées, de sauces, de produits laitiers, de flans, etc.

Ces protéines réduisent considérablement les quantités d'amylose qui quittent les grains d'amidon au cours de l'empesage, et limitent également le gonflement des grains. Ultérieurement, les caséines accélèrent la gélification de l'amylose en provoquant une séparation de phases de la phase aqueuse : des gouttelettes d'eau enrichie en protéines se séparent du reste de la sauce qui est alors enrichie en amylose (phase continue). La concentration en amylose étant ainsi accrue dans la phase continue, la gélification y est favorisée.

Les protéines de la purée

Comment ces phénomènes interviendraient-ils dans la confection des purées? Quand on cuit des pommes de terre, les grains d'amidon sont imparfaitement empesés, parce que l'eau intracellulaire est en quantité insuffisante ; l'écrasement des pommes de terre dans de l'eau permet la poursuite de l'empesage, le passage de l'amylose en solution et le gonflement des grains : l'ensemble forme une masse collante. Au contraire, on suppose que l'écrasement dans du lait, lequel contient des caséines, limite l'empesage de l'amidon : on conserve en bouche une masse plaisante.

Les maîtres sauciers, également, doivent tenir compte du phénomène quand ils lient des sauces par de la farine, car la gélatine des fonds de sauce a le même effet sur l'empesage de la farine que les protéines du lait.

En étudiant les variations de la viscosité en fonction de la vitesse d'écoulement, les chercheurs nantais ont donné une autre indication qui devrait être utile en cuisine : alors que les grains parfaitement empesés sont thixotropes, c'est-à-dire qu'ils se déforment quand ils s'écoulent et forment une solution moins visqueuse en bouche qu'en saucière, au repos, les sauces liées à la farine, où l'empesage est limité par des protéines, conservent une viscosité quasi constante : les quelques molécules d'amylose passées en solution s'alignent dans le sens de l'écoulement, mais les grains peu gonflés se déforment peu.

Les protéines (en vert) *dissoutes dans une solution où sont dispersés des grains d'amidon empesé* (globules jaunes pâle) *provoquent une séparation de phases respectivement riches en protéines ou riches en amylose* (en rouge).

LES FIBRES DES ALGUES

Les algues contiennent des fibres dont on explore l'intérêt nutritionnel.

Depuis l'Antiquité, les peuples d'Asie utilisent les algues dans des soupes et des salades, ou comme légumes. En France, les algues servent surtout de source d'iode, d'engrais, ou d'additifs de gélification ou de texturation. Onze espèces ont été récemment acceptées comme légumes par les autorités sanitaires françaises, mais leur composition chimique et leur métabolisme étaient mal connus. L'analyse de leurs fibres révèle leur intérêt nutritionnel.

La vogue moderne des fibres a commencé au début des années 1970, quand le médecin américain D. Burkitt découvrit une correspondance entre diverses maladies digestives, métaboliques et cardiovasculaires, d'une part, et la faible consommation d'aliments riches en fibres, d'autre part. Ces dernières, macromolécules qui résistent à la digestion par les enzymes humaines, sont essentiellement les constituants des parois de cellules végétales, tels que la cellulose et diverses autres molécules composées d'enchaînements d'oses, c'est-à-dire de sucres élémentaires. Leur complexité chimique avait fait retomber l'enthousiasme suscité par D. Burkitt, mais les chercheurs ont aujourd'hui des outils d'analyse suffisamment puissants pour reprendre les travaux.

Fibres et digestion

Au Centre INRA de Nantes, Marc Lahaye et ses collègues utilisent notamment ces outils pour étudier les fibres alimentaires des macroalgues marines. Les fibres avaient été classées selon leur solubilité après divers traitements enzymatiques. On distinguait les fibres soluble dans l'eau : certaines pectines (des polysaccharides des fruits qui font gélifier les confitures), les polysaccharides algaux et certaines hemicelluloses ; et les fibres insolubles, telles que la cellulose, d'autres hémicelluloses et la lignine. Les fibres solubles, qui ont souvent des propriétés rhéologiques intéressantes, semblent réduire la concentration sanguine en cholestérol et agir sur le métabolisme des glucides et des lipides. Les fibres insolubles, d'autre part, semblent accélérer le transit intestinal.

Tandis que diverses équipes confirmaient les grandes lignes de ces propriétés, les chercheurs nantais affinaient la classification des fibres alimentaires des algues, en modifiant la méthode «gravimétrique» de séparation : initialement on faisait précipiter les macromolécules dans divers milieux, tels l'eau ou l'alcool, après des traitements enzymatiques d'élimination de l'amidon et des protéines ; en 1991, les chercheurs de l'INRA ont perfectionné ces techniques en dosant les polysaccharides solubilisés dans des milieux qui reproduisaient approximativement ceux du tube digestif.

Cette méthode, qui s'applique à toutes les algues, a mis en évidence des caractéristiques remarquables des algues : la concentration totale en fibres alimentaires atteint 75 pour cent dans le wakamé, par exemple, contre 60 seulement dans le chou de Bruxelles, qui est le légume terrestre le plus riche en fibres. Comment se comportent ces fibres dans le tube digestif ? Les chimistes nantais ont d'abord étudié la *Laminaria digitata*, dont on traite plusieurs milliers de tonnes par an (65 000 tonnes récupérées par les goémoniers français en 1992) afin de produire ces gélifiants que sont les alginates : à raison de quelque 240 francs la tonne, cette algue mérite quelque considération. Ses polysaccharides nommées laminaranes (des polymères du glucose) sont essentiellement solubles dans les milieux très acides, tandis que les alginates se dissolvent en milieu neutre ; les fibres insolubles des laminaires sont principalement constituées de cellulose.

D'autre part, les fibres de la dulse *Palmaria palmata*, consommée depuis le XVIIIe, siècle par les Européens, semblent solubilisées en continu dans les sections successives du système digestif. Pour la laitue de mer et les cheveux de mer, qui sont de ces algues que l'on peut aujourd'hui vendre comme légumes ou comme condiments, les fibres solubles sont des xylorhamnoglycuronanes sulfatés, et les fibres insolubles sont principalement des glucanes. La solubilisation ressemble plutôt à celle de la dulse.

Épaississants algaux

Connaissant mieux la nature et l'assimilation des fibres, on cherche aujourd'hui des débouchés pour les fibres d'algues inutilisées, et l'on étudie la valorisation des grandes quantités de résidus d'extraction des alginates. Le procédé d'extraction commence par des lavages répétés par une solution d'eau acidifiée, qui élimine les laminaranes et les fucanes, et transforme l'alginate en acide alginique. Des fibres alimentaires sont solubilisées dans ces bains. Puis l'algue est brassée en milieu basique chaud (souvent avec du carbonate de sodium), et la partie insoluble est retirée par une flottation favorisée par l'emploi d'un floculant et de courants d'air : ces «flocs» constituent les seconds coproduits ; il s'agit principalement de cellulose.

Dans des industries de transformations des végétaux terrestres, les fibres provenant de la betterave, de céréales ou des fruits sont incorporées dans des préparations pour petit déjeuner ou employées comme ingrédient dans divers aliments préparés. Les fibres des algues pourraient servir aux mêmes usages.

Simultanément, la chimie des fibres algales laisse entrevoir des procédés analogues au craquage du blé, qui tireraient un meilleur parti de la structure élaborée des produits naturels. Cependant, si la chimie de l'amidon est déjà bien développée, on achève tout juste la recension des sucres élémentaires qui composent des macromolécules algales, et l'on ignore encore souvent l'ordre exact de leur succession, ainsi que le type de liaisons chimiques entre les sucres. Les chimistes finissent l'apprentissage de l'alphabet des polysaccharides algaux ; ils ont devant eux la perspective de former et d'utiliser prochainement des mots.

Un champ naturel de laminaires, devant la pointe Saint-Gildas (Loire Atlantique).

LES FROMAGES

Leur protection impose leur analyse.

Pour protéger ses camemberts et ses autres fromages au lait cru, la France doit en démontrer la supériorité gastronomique par rapport aux fromages réalisés à partir de lait pasteurisé. Seule une comparaison détaillée de la composition chimique, de la texture et de l'arôme des fromages au lait cru ou au lait pasteurisé serait probante ; en attendant cette lointaine caractérisation, les instituts agroalimentaires européens (en France, l'INRA et le Comité interprofessionnel du Gruyère de Comté) cherchent à analyser les fromages à l'aide du détecteur très performant qu'est... l'homme.

L'analyse chimique des fromages, par chromatographie par exemple, est insuffisante : des composés présents sous forme de trace sont parfois aromatiquement prépondérants ; le nez humain reste inégalé. D'autre part, les mesures des propriétés mécaniques caractérisent mal des produits pâteux, friables, hétérogènes, comme le sont certains fromages.

À l'inverse, la dégustation, opération essentiellement subjective, intègre des informations sensorielles variées, que les dégustateurs dissocient parfois difficilement. Aussi, dans le cadre d'un programme européen FLAIR (*Food Link Agro Industrial Research*, ou «recherche communautaire en agroalimentaire»), un groupe d'experts en analyse sensorielle des fromages a cherché à standardiser l'entraînement des jurys de dégustation et à définir une norme de caractérisation des fromages à pâte dure ou semi-dure. Six fromages d'appellation d'origine contrôlée ont été testés : le Comté (Jura français), le Beaufort (Savoie, France), le Parmigiano-Reggiano et la Fontina (Italie), le Mahon (Espagne) et l'Appenzeller (Suisse).

La texture des fromages

Dans le cas des fromages, la texture est une propriété cruciale : pensons aux camemberts plâtreux et aux gruyères caoutchouteux! Contrairement aux sablés, aux bonbons à la gomme arabique ou aux biscuits soufflés d'apéritif, les qualités organoleptiques des fromages ne se résument pas à une seule caractéristique de texture, et cette dernière contribue à l'expression de l'arôme.

Les divers laboratoires européens participant à l'étude ont trouvé un moyen d'apprécier la texture des fromages en comparant les caractéristiques superficielles, mécaniques, géométriques et les diverses sensations buccales ; pour préciser les perceptions et leurs intensités, les chercheurs sont convenus de comparer les fromages à des produits de référence : pomme, biscuit, intérieur d'une peau de banane...

Quelles caractéristiques sensorielles faut-il retenir pour définir la texture d'un aliment? Comment les reconnaître systématiquement? Dans les années 1960, des chercheurs de l'industrie agro-alimentaire américaine avaient propose une classification générale des caractéristiques de texture des aliments, mais l'étude des fromages en a montré l'insuffisance. D'autre part, les spécialistes de l'analyse sensorielle mettent au point diverses méthodes d'appréciation des produits : analyse par des jurys non entraînés, analyse par des jurys entraînés à partir de descripteurs prédéfinis, ou analyse par des jurys entraînés qui utilisent des termes intuitifs. La proposition d'une norme internationale imposait une méthodologie stricte : a été retenue celle de descripteurs prédéfinis et de jurys entraînés, sur des produits dont ils n'ont pas été avertis de l'origine.

Dans l'attente des tests physiques pour la mesure des propriétés mécaniques, les chercheurs ont proposé de distinguer, dans la dégustation, les phases suivantes : regarder l'échantillon, le toucher, le mordre, le déformer et le réduire à l'état de bol alimentaire avant de l'avaler. Comme l'évaluation de la texture fait référence aux caractéristiques de surface, mécaniques, géométriques et autres, les descripteurs retenus ont été classés dans ces quatre catégories. L'intensité de chaque descripteur est évaluée sur une échelle à sept niveaux, où trois produits de référence au minimum servent de repères. La dégustation doit s'effectuer à la température de 16 degrés.

Sur des tranches parallélépipédiques de surface 150 centimètres carrés et d'épaisseur deux centimètres, on observe la tranche, les ouvertures, les déchirures, les cristaux, les gouttelettes d'eau ou d'huile. Puis, à la main, on obtient des informations sur l'aspect de la surface : l'échantillon étant posé à plat, on passe l'index sur la tranche et l'on apprécie le grain et le caractère mouillé du contact. Les caractéristiques mécaniques sont ensuite déterminées sur des bâtonnets de 1,5 centimètre de côté et de 5 à 8 centimètres de longueur, prélevés dans le sens de pressage du fromage : on apprécie l'élasticité, déterminée par pression du pouce ; la fermeté, ou résistance à un faible déplacement des mâchoires ; la déformabilité (la déformation maximale avant la rupture) ; la friabilité, et l'adhésivité. Ce que les chercheurs ont nommé caractéristiques géométriques se rapporte à la forme, à la taille et à la nature des particules perçues au cours de la mastication (le sablé, le granuleux, le fibreux, etc). Enfin d'autres caractéristiques de texture résultent de perceptions complexes et résiduelles, telle la solubilité, l'impression d'humidité (sec ou aqueux), l'astringence.

En fin de dégustation, le dégustateur ressent parfois le besoin de synthétiser ses diverses sensations pour garder la mémoire sensorielle globale du produit. Il utilise alors des descripteurs d'état, tels que compact, pâteux et envahissant.

Références culturelles

Les produits de référence recommandés pour l'évaluation de toutes ces caractéristiques ont été choisis parce qu'ils sont présents dans les pays européens et que leur préparation, qui a été normalisée, est simple. La rugosité, par exemple, se détermine par comparaison avec une pomme Granny Smith, l'extérieur de la peau de banane de couleur jaune, le boudoir, les galettes bretonnes ; la solubilité par rapport à des madeleines longues, du jaune d'œuf cuit et une petite meringue, etc.

Dans le cas des fromages à pâte dure ou semi-dure, les études se poursuivent avec l'analyse des corrélations entre les descripteurs sensoriels de la texture et les analyses mécaniques et biochimiques. Pour les fromages à pâte molle, de nouveaux programmes européens ont été proposés, car il reste beaucoup à apprendre sur les causes objectives de la spécificité des fromages au lait cru, mais l'étude du camembert ne figure pas dans ces projets, faute de partenaires industriels : la supériorité du camembert au lait cru n'est avérée que pour les connaisseurs.

DE L'HERBE AU FROMAGE

L'alimentation des animaux détermine la qualité des fromages.

Le terroir... Depuis quelques années, les producteurs de produits alimentaires n'ont que ce mot à la bouche, souvent pour protéger ou développer leurs marchés : il existerait une relation privilégiée entre des régions et des mets, et aucune copie produite ailleurs ne vaudrait l'original, qui, de ce fait, devrait être seul à mériter une appellation d'origine.

En matière de vins, l'agronomie a effectivement mis en évidence l'effet des climats, des sols, des expositions... mais le cas des fromages semblait plus délicat. En relation avec l'ensemble des filières fromagères des Alpes du Nord et du Massif central, Jean-Baptiste Coulon et ses collègues de la Station INRA de Clermont-Ferrand ont patiemment analysé les raisons de la qualité de plusieurs fromages ; ils ont éclairé les relations entre le terroir et la qualité des fromages... et ils proposent des critères objectifs de définition des appellations d'origine contrôlée.

Goût et région

Pourquoi un fromage est-il bon? La typicité peut provenir de la région, des types d'animaux qui donnent le lait et des individus qui confectionnent le fromage. Pour une raison inconnue, les producteurs qui évoquent le terroir soulignent surtout l'importance de l'environnement des vaches et, notamment, de leur alimentation : herbe verte, foin, ensilage (herbe stockée humide, qui fermente en silo)... Cette alimentation détermine-t-elle vraiment la qualité des fromages?

Les premières explorations de cette question, effectuées en 1990 sur le gruyère de Comté, avaient porté sur 20 fruitières et montré une correspondance significative entre le goût du fromage et la localisation géographique des aires de production. Autrement dit, on peut donner une définition objective de la notion de cru en Comté. Puis, en Suisse, des analyses des composés volatils de gruyères ont montré que les fromages d'alpages se distinguent de ceux de plaine : des molécules odorantes de la classe des terpènes (limonène, pinène, nérol), par exemple, sont présentes en quantités bien supérieures dans les fromages d'alpage. Pourquoi ces variations? Les agronomes supposèrent qu'elles provenaient de différences de végétation.

Toutefois, dans les premières études, les méthodes de production et les caractéristiques des animaux n'avaient pas été prises en compte : les différences auraient-elles été gommées si l'on avait modifié le type des vaches ou de fabrication? Autrement dit, aurait-on obtenu du lait typique d'alpage en reprenant, en plaine, les vaches et les méthodes de fabrication d'alpage?

Les terroirs du Reblochon

J.-B. Coulon et ses collègues ont étudié ces questions dans le cas du Reblochon. Sur des échantillons prélevés chez plusieurs producteurs, ils ont montré qu'à techniques de fabrication comparables, les caractéristiques de l'alimentation des vaches déterminent les caractéristiques sensorielles du

Reblochon. Puis ils ont poursuivi leurs travaux en montrant que des vaches placées dans deux quartiers d'un même alpage, mais l'un sur un versant Sud, où domine *Dactylis glomerata* et *Festuca rubra*, et l'autre sur un versant Nord, avec des pelouses maigres à *Agrostys vulgaris* et *Nardus stricta*, ou peu productives (mousses et *Carex davalliana*), donnent des fromages qui diffèrent notablement par le goût et par la couleur : les fromages des quartiers Sud sont moins jaunes et plus brillants, et leur goût est plus intense, plus fruité, plus piquant.

Les différences sensorielles entre fromages peuvent provenir directement de molécules présentes dans les fourrages des vaches. C'est le cas du carotène, qui est présent dans les végétaux et qui donne aux fromages leur couleur. Ensuite la consommation de certaines plantes considérées comme sub-toxiques (telles que *Ranonculus* ou *Caltha palustris*, qui semblent davantage présentes dans les pâturages exposés au Nord), modifierait la perméabilité cellulaire du tissu mammaire et favoriserait le passage dans le lait d'enzymes qui modifieraient les fromages. Troisièmement on n'a pas encore exclu que les micro-organismes typiques des pâturages aient une influence notable sur les caractéristiques des fromages, mais cela reste à démontrer.

Les effets de l'ensilage

Enfin, des études plus récentes ont examiné le cas de l'ensilage qui, dans certaines régions, est controversé (il ferait des fromages médiocres). Cette fois, l'étude a porté sur plus de 20 fermes qui produisaient des Saint-Nectaire fermier au lait cru de qualité reconnue. Plus de 60 fromages ont été analysés, par des études sensorielles (un jury évaluait le goût, l'odeur et la texture).

On a ainsi découvert que les principales différences résultent des méthodes de fabrication et de l'alimentation des vaches : le mode de conservation des fourrages n'est pas déterminant dans les caractéristiques des fromages. Notamment, les rations à base de foin ne conduisent pas toujours à un fromage différent de ceux qui sont fabriqués à partir de lait de vache recevant une ration à base d'ensilage : lorsqu'elle est maîtrisée, la conservation des fourrages n'a qu'un effet limité sur les caractéristiques du fromage, en dehors de sa couleur.

LES SAVEURS DU FROMAGE

L'acide lactique et les sels minéraux sont les principales molécules qui donnent de la saveur au fromage de chèvre.

Les arômes ont le beau rôle dans l'industrie alimentaire : de nombreuses sociétés se préoccupent d'en produire et d'en vendre aux industriels qui fabriquent les yaourts, les soupes, les sauces... Toutefois les aliments qui n'ont que de l'arôme ne sont flatteurs qu'au nez ; il leur manque de la saveur, notamment. D'où l'intérêt pour les molécules sapides (qui ont de la saveur), encore trop mal connues. Ces molécules exercent-elles le même effet quand elles sont dans les aliments et quand elles sont en solution dans l'eau, où leurs propriétés sont étudiées depuis longtemps? Au Laboratoire INRA de recherches sur les arômes, à Dijon, Christian Salles, Erwan Engel et Sophie Nicklaus ont étudié cette question en analysant des fromages de chèvre : les «boutons de culotte».

Après mastication de l'aliment, les molécules sapides sont véhiculées par la salive jusqu'aux récepteurs gustatifs des papilles. Aussi les physico-chimistes cherchent essentiellement ces molécules parmi les composés solubles dans l'eau, c'est-à-dire dans la partie aqueuse des aliments. Pour le fromage, cette dernière contient notamment du lactose (un sucre), de l'acide lactique (formé par les micro-organismes, à partir du lactose, au cours de la fabrication), des sels minéraux, des acides aminés, des peptides (de courts enchaînements d'acides aminés). Si la saveur de la plupart de ces composés est connue, on ignorait leur effet en mélange : parmi les composés de la fraction aqueuse des fromages, certains masquent l'effet d'autres molécules sapides, d'autres en augmentent l'effet (exhausteurs).

Pour identifier ces effets, les physico-chimistes ont testé des solutions qui ne comprenaient que certains des composés, dont la présence avait été déterminée dans la fraction aqueuse des boutons de culotte.

Les peptides ne pouvant être identifiés simplement, les chercheurs de Dijon les ont isolés de la fraction hydrosoluble récupérée à partir de 20 kilogrammes de fromage : après des centrifugations, ils ont fractionné le jus par des ultrafiltrations successives, sur des membranes qui ne laissaient successivement passer que des molécules de masse moléculaire inférieure à 10 000, puis à 1 000 et enfin à 400 ; les membranes retenaient les peptides.

Tous sauf un

Pour évaluer l'effet des divers composés sur chacune des saveurs, un jury de dégustation de 16 personnes a comparé la fraction aqueuse reconstituée à une solution de même composition, à l'exception d'un ou plusieurs composants qui avaient été volontairement omis. Évidemment ces «tests d'omission» étaient faits dans des conditions rigoureuses : produits anonymes, cabines individuelles, lumière rouge pour éviter les effets de couleur... Chaque dégustateur était muni d'un pince-nez, qui supprimait la perception des arômes.

Lors des séances de mesure qui ont suivi l'entraînement du jury, les dégustateurs devaient noter sur une échelle chacune des saveurs par rapport à une solution de référence spécifique pour chaque saveur, pour chaque échantillon présenté.

Les sels plutôt que les peptides

Les premières analyses sensorielles ont surpris : alors que de nombreuses études laissaient entrevoir des propriétés sapides des peptides, ceux des boutons de culotte n'ont pas d'effet direct ou indirect sur la saveur, quel que soit leur masse moléculaire! Pourquoi avait-on précédemment trouvé une saveur amère à ces molécules? Se réservant d'élucider ultérieurement l'effet sapide éventuel de ces composés à partir d'autres fromages, les physico-chimistes ont poursuivi leur étude sans les peptides.

Par comparaison de solutions dont on avait ou non retiré le lactose, les chercheurs ont découvert que ce composé n'avait pas d'effet sur la sapidité des solutions modèles. Les acides aminés, également, sont apparus insipides. En revanche, l'acide lactique et les sels minéraux sont des molécules qui contribuent puissamment à la sapidité. L'acidité était principalement due aux ions hydrogène libérés par l'acide phosphorique et par l'acide lactique, avec un effet exhausteur du chlorure de sodium : ainsi, en présence de sel, la note acide est supérieure. Pourquoi? La question est ouverte...

La saveur salée résulte de l'effet des chlorures de sodium, de potassium, de calcium et de magnésium, ainsi que du phosphate de sodium. Une partie de la saveur amère provenait des chlorures de calcium et de magnésium ; elle était partiellement réprimée ou masquée par des associations avec le chlorure de sodium et par les phosphates. Quant aux saveurs sucrée et umami (dues notamment au monoglutamate de sodium, largement utilisé dans les soupes ou sauces industrielles), elles étaient si faibles que les chercheurs n'ont pu leur associer des composés hydrosolubles.

Une saveur d'ensemble

Que déduire de telles études, au-delà des contributions précises qu'elles révèlent sur les divers composés de la partie hydrosoluble des fromages? Tout d'abord, on ne peut pas attribuer une saveur à un seul composé, et, pis encore, les divers composés sapides ont des effets répresseurs ou exhausteurs les uns sur les autres. D'autre part, on sait maintenant le type de composés qu'il faudrait ajouter aux fromages pour renforcer certaines saveurs ou, au contraire, en masquer d'autres. L'industrie fromagère peut difficilement pratiquer de tels ajouts (pour des raisons législatives, et aussi parce que les molécules dissoutes dans le lait seraient perdues en quantités non maîtrisables, lors de l'égouttage), mais les Gourmands peuvent s'amuser à saupoudrer leurs fromages de divers sels : à vos chlorures, à vos phosphates!

LES YOGHOURTS

Comment augmenter leur onctuosité en modifiant leur composition et le procédé de fabrication.

Comment obtenir de bons yoghourts? La question est mal posée, car le yogourt filant qu'aiment certains n'est pas le yoghourt un peu ferme que d'autres préfèrent. Le problème est plus complexe : on cherche, plus généralement, la composition du lait et la méthode de fabrication qui donneront une texture et un goût précis. Si un tel objectif est encore lointain, Anne Tomas et Denis Paquet, du Groupe *Danone*, et Jean-Louis Courthaudon et Denis Lorient, de l'École agro-alimentaire de Dijon, ont observé comment la texture du yoghourt dépend de la microstructure du lait, laquelle varie selon les concentrations en protéines et en graisses.

Pour comprendre la difficulté du problème posé, rien ne vaut l'expérience : fabriquons des yoghourts. Dans du lait, déposons une cuillerée de yoghourt du commerce ; chauffons doucement pendant quelques heures : le lait «prend» ; les physico-chimistes expliquent qu'un gel s'est formé.

Le lait, en effet, est une émulsion, c'est-à-dire une dispersion de globules de graisse et d'agrégats de molécules de caséine (une protéine), dans de l'eau où sont dissoutes diverses molécules, tel le lactose. Lorsque l'on ajoute du yoghourt à cette émulsion, on l'ensemence en fait avec les bactéries *Lactobacillus bulgaricus* et *Streptococcus thermophilus*, qui assurent ensuite une fermentation lactique : le lactose est transformé en acide lactique par les deux micro-organismes, ce qui acidifie le milieu et provoque l'agrégation des micelles de caséine en un réseau qui piège l'eau, les molécules dissoutes, les globules de graisse et les micro-organismes qui ont proliféré.

Textures sur mesure

Sans une foule de précautions, le yoghourt réalisé par la méthode précédemment décrite est décevant. Des expériences, à nouveau, montrent pourquoi. Quand on ensemence deux laits identiques par des yoghourts différents, on obtient des textures et des saveurs différentes. De même, quand on fait cailler le lait à l'aide de glucono-deltalactone, une molécule qui acidifie progressivement le milieu où elle est placée, on obtient un résultat encore différent des précédents. Pis encore, quand on fait cailler à deux températures différentes, on obtient deux résultats distincts.

Toutes ces expériences, bien qu'amusantes, ne font pas l'affaire de l'industrie agro-alimentaire, condamnée à fabriquer des produits régulièrement bons. D'où la question cruciale posée au début.

À défaut d'obtenir la réponse qui mettrait fin aux recherches, les physico-chimistes de *Danone* et de Dijon se sont rabattus sur la seule question de la composition : puisque l'industrie fabrique les yoghourts à partir de laits «fortifiés» par l'ajout de lait en poudre, de lait concentré et de divers constituants du lait, il était intéressant de savoir comment la composition du lait détermine sa micro-structure, puis celle des yoghourts.

Comme les produits naturels sont variables, ils ont analysé des émulsions de composition contrôlée, qu'ils préparaient en faisant passer un mélange de graisses du lait et de lait écrémé dans un microfluidiseur (le mélange est injecté sous pression dans une buse de faible diamètre). L'analyse de la lumière diffusée par les diverses émulsions indiquait la taille des gouttelettes de matière grasse.

Des protéines en suffisance

Contrairement à ce que des études antérieures avaient indiqué, la taille des globules de graisse ne change pas quand la concentration en graisses ou en protéines varie : ce qui semblait être une augmentation de la taille des gouttelettes, quand la proportion de graisses augmente, n'est qu'une agrégation de globules tous de même taille. Naturellement le nombre de gouttelettes augmente quand la concentration en graisses augmente, mais les protéines sont toujours en nombre suffisant pour tapisser les globules de graisses et les émulsionner.

Comme les protéines ne sont pas les seules molécules tensioactives, c'est-à-dire capables de se placer à la surface des gouttelettes de graisse, avec une partie au contact de la graisse et une partie au contact de l'eau, les physico-chimistes ont étudié les modifications engendrées par l'ajout de diverses molécules tensioactives à des émulsions déjà formées ou à des mélanges qui furent ensuite émulsionnés par le passage dans le microfluidiseur.

On supposait que les molécules qui auraient la plus grande affinité pour la graisse et pour l'eau se placeraient préférentiellement à la surface des globules de graisse, mais les expériences ont montré que tel n'est le cas que si les molécules tensioactives sont placées dans le mélange avant l'émulsion. Quand les tensioactifs sont ajoutés à une émulsion déjà constituée, les protéines du lait qui enrobent les gouttelettes grasses ne sont pas dérangées par les tensioactifs ; l'état d'agrégation ne change pas. En revanche, quand les tensioactifs sont placés dès le début de la préparation, les protéines se répartissent différemment, et l'agrégation est réduite.

De telles études ouvrent la voie à la création de nouveaux produits allégés, d'onctuosité égale à celle des produits très gras.

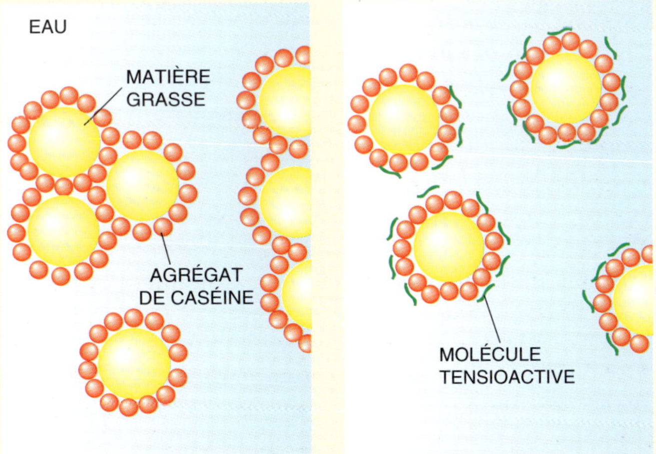

Dans le yoghourt (à gauche), *des globules de matière grasse* (en jaune) *sont réunis par des agrégats de caséine* (en rouge). *Un lait que l'on reconstitue en lui ajoutant des molécules tensioactives* (en vert) *est composé de globules gras isolés* (à droite).

LE LAIT SOLIDE

Comment faire gélifier le lait sans risque.

Lentement, au fil des siècles, la cuisine a appris à confectionner des aliments solides à partir du lait, liquide. Les fromages, tout d'abord, sont des «conserves» de lait que l'on obtient en déstabilisant le lait et en éliminant l'eau de ce dernier sous forme de petit lait. Les yaourts s'obtiennent par chauffage de lait ensemencé par des bactéries *Lactobacillus bulgaricus* et *Streptococcus thermophilus* : les micro-organismes transforment le principal sucre du lait, le lactose, en acide lactique, qui acidifie le milieu et provoque la formation d'un réseau dans tout le liquide (d'un point de vue physique, le yaourt est un gel).

Ces dernières années, l'industrie agroalimentaire a perfectionné les fermentations, ainsi que le caillage, et elle a découvert que le procédé exact de solidification détermine la texture, ce qui lui permet de proposer des plats lactés variés. À l'aide de composés gélifiants ou épaississants, qu'elle emploie pour la confection de sauces, elle a inventé des desserts lactés... mais des accidents inexpliqués se produisent : quand on ajoute de la gélatine à du lait chaud, par exemple, un déplaisant grumelage a souvent lieu. À la Station INRA de Nantes, Jean-Louis Doublier, Sophie Bourriot et Catherine Garnier montrent que tous les épaississants et gélifiants déstabilisent le lait, quand leur concentration est excessive.

Pourquoi ce comportement commun alors que les épaississants et gélifiants agroalimentaires sont variés? La gélatine est extraite des os d'animaux ; les amidons sont présents dans les graines et dans les tubercules ; les carraghénanes et les alginates sont tirés des algues ; les galactomannanes (gommes guar, gomme de caroube, par exemple) proviennent de graines ; les pectines de végétaux, et la gomme xanthane est obtenue par fermentation d'amidon.

Sucres déstabilisants

L'examen chimique de ces divers composés révèle des points communs : à l'exception de la gélatine, tous sont des polyosides, des composés de la même famille chimique que les sucres ; les nombreux groupes hydroxyle (–OH) de ces molécules assurent l'épaississement des solutions en se liant à de nombreuses molécules d'eau.

Dans le lait, toutefois, les polyosides interagiraient également avec diverses protéines dissoutes et avec les protéines nommées caséine, qui se regroupent en micelles ; celles-ci sont soit dispersées dans le lait, soit à la surface des gouttelettes de matière grasse. Pourquoi observe-t-on alors une déstabilisation quand des forces entre polyosides et caséine devraient, semble-t-il, lier les polyosides aux micelles et aux gouttelettes de matière grasse?

J.-L. Doublier et ses collègues ont exploré cette question à l'aide de la technique de la microscopie confocale à balayage laser, qui n'examine les objets qu'à une distance précise de l'objectif et sur une épaisseur réduite. À l'aide de marqueurs de la caséine, d'une part, et des polyosides, d'autre part, ils ont cherché des zones riches en polyosides et les zones riches en protéines, même dans des mélanges où aucune déstabilisation n'apparaissait à l'œil nu... et ils ont ainsi découvert que tous les polyosides conduisent à une séparation de phases, quand leur concentration est notable ; les polyosides se rassemblent dans certaines zones de la solution, et la caséine dans d'autres zones. Pis encore : pour certains polyosides, cette séparation se produit parfois à partir d'une concentration très faible, mais elle n'est pas immédiate ; elle est d'autant plus lente que le milieu est plus visqueux, de sorte que l'industriel qui la négligerait risquerait de voir ses produits se dissocier entre le moment où il les fabrique et celui où ils sont consommés.

Des instabilités nées d'une tendance à l'équilibre

Les physico-chimistes japonais S. Asakura et O. Oozawa ont identifié le mécanisme de déplétion-floculation, qui se produit dans les suspensions de particules et semble avoir lieu dans le lait. Des particules sont en équilibre quand elles se repoussent (par des forces électrostatiques, entre les molécules électriquement chargées de leur surface) plus qu'elles ne s'attirent.

Toutefois cet équilibre est rompu par la présence d'un polymère si gros qu'il ne peut se disposer entre les particules voisines : la concentration en polymère est nulle dans cet espace, nommé zone de déplétion. Or, par diffusion des molécules dans les solutions, les concentrations en chaque type de molécules tendent à s'égaliser. Comme les polymères ne peuvent migrer vers la zone de déplétion, ce qui augmenterait leur concentration, c'est l'eau qui quitte cette zone, afin de réduire la concentration en polymère à l'extérieur des zones de déplétion ; lorsque l'eau diffuse ainsi, les particules sont rapprochées. Dans le lait, les particules de caséine «floculent» ainsi, formant les zones observées... et les grumeaux redoutés.

Ce phénomène très général explique que l'on retrouve les mêmes instabilités pour le lait additionné des divers polyosides. La seule façon de le circonvenir consiste à utiliser aussi peu de polyosides que possible.

Les marins disent que «trop fort n'a jamais manqué» : il faudrait surdimensionner la coque, les cordages, le mât et les espars pour éviter la rupture. En matière d'agroalimentaire, cette idée ne vaut rien.

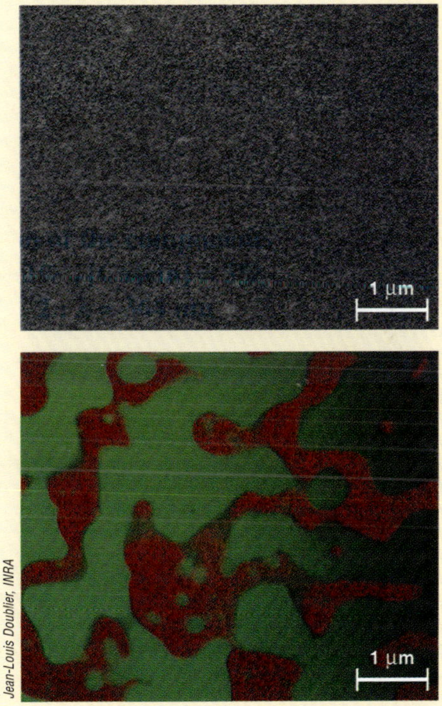

Un mélange de gomme guar (en rouge) *et de caséine* (en vert) *est homogène et stable quand la concentration en guar est faible* (en haut), *instable sinon* (en bas) *: le guar se sépare de la caséine.*

LA MOUSSE DES SABAYONS

Elle est stabilisée par la coagulation de l'œuf.

Rêvons d'un sabayon parfait, idéal, platonicien. Comment doit-il être? Dérivé du *zabaglione* italien, il s'obtient par le mélange de jaunes d'œufs et de sucre, que l'on fouette avant d'ajouter un vin doux; en chauffant alors, tandis que l'on continue de fouetter, on observe que la préparation devient mousseuse, formant une sauce qui accompagne des fruits émincés ou qui se déguste dans de petites coupes, en guise de digestif. L'écueil est que la préparation ne mousse pas. La chimie et la physique peuvent-elles s'allier pour nous garantir le succès?

Examinons d'abord une des innombrables recettes publiées: dans *La cuisine* (Éditions du Tambourinaire), Marcelle Auclan indique: «1 jaune d'œuf, 1/2 coquille d'œuf pleine de sucre, deux 1/2 coquilles d'œuf de vin (deux jaunes par personne). Et vous mettez votre futur sabayon à feu très doux, dans une casserole émaillée. Tournez, tournez... Tournez encore. Cela n'est pas très long, ni très sorcier, mais il faut du coup d'œil, et je ne sais quelle sensibilité qui vous fait sentir que le sabayon commence à prendre, devient onctueux. À partir de l'instant où, tournant toujours, vous avez le sentiment d'une plus grande densité du liquide, ouvrez l'œil, soyez toutes antennes au vent, car il est une seconde où tout à coup il devient crémeux, sans avoir bouilli, naturellement.»

Le mystère plane, l'alchimie n'est pas loin, et l'échec menace. Utilisons les proportions ici indiquées comme base de l'expérimentation. Après les avoir traduites en valeurs précises, tentons de modifier les proportions: préparons, par exemple, deux sabayons à quatre jaunes d'œufs et 200 grammes de sucre; dans l'un, mettons 30 centilitres d'eau, et dans l'autre seulement 10 centilitres d'eau. Nous observons que le premier mousse, mais pas le second.

L'eau est nécessaire

Comment expliquer ce phénomène? Remarquons d'abord que le jaune d'œuf est connu pour épaissir les sauces et rigidifier les parois des mousses... à condition que celles-ci soient formées. Or, pour faire les parois qui séparent les bulles de la mousse, une quantité d'eau suffisante doit être présente. Le second sabayon semble manquer d'eau. Comment s'en assurer? Au second sabayon, qui n'a pas moussé, ajoutons 20 centilitres d'eau, et reprenons la cuisson en fouettant: le sabayon finit par gonfler. C'est la preuve qu'il manquait initialement d'eau, mais c'est aussi une indication importante pour le cuisinier: si son sabayon ne mousse pas, il peut le reprendre en augmentant la quantité de liquide.

Quel est le rôle du sucre? Il donne du goût au plat, certainement, et ses molécules (de saccharose) fortement hygroscopiques lient des molécules d'eau; l'eau ainsi liée ne peut alors plus former le cœur des parois qui séparent les bulles. Pour tester cet effet du sucre, comparons le premier sabayon à des sabayons qu'on prépare à partir de quatre jaunes, 100 grammes de sucre seulement, et respectivement 10 et 30 centilitres d'eau:

le premier monte bien, mais moins que les précédents, car il contient une proportion inférieure d'eau par rapport à l'œuf, et le second monte bien, mais se reliquéfie, car il contient trop peu d'œuf.

Des bulles d'air, pas de vapeur

Préoccupons-nous maintenant de la cuisson. Comment chauffer le sabayon? Sans soutien théorique, l'observation semble montrer que les sabayons ne gonflent bien que si le chauffage est initialement lent, avant d'être plus intense. Pourquoi ce comportement? Examinons cette question en cherchant pourquoi le sabayon mousse. De la vapeur serait-elle formée au fond de la casserole, et piégée par la coagulation de l'œuf? Dans cette hypothèse, on devrait mesurer une température de 100 degrés au fond de la casserole, au moment où le sabayon se met à mousser. Toutefois cette idée se heurte à l'empirisme des chefs, qui signalent parfois que le sabayon doit être porté à 80 degrés pour mousser. Alors?

Alors raisonnons : si l'on utilise un fouet pour préparer un sabayon, c'est manifestement que l'on cherche à introduire de l'air dans la sauce. Et la seule transformation physico-chimique qui se produise lors de la cuisson est la coagulation des jaunes d'œufs, à partir de 68 degrés. Faisons alors la prévision qu'il n'est pas nécessaire de chauffer le sabayon à 80, ni même à 100 degrés pour le voir mousser (le blanc d'œuf mousse à la température ambiante) et qu'une température de 68 degrés suffit à stabiliser la mousse formée, en rigidifiant, par coagulation des protéines du jaune, les parois entre les bulles.

L'expérience confirme la description théorique d'un bon sabayon. Doit-on préférer un chauffage à la température de 68 degrés, de 80 degrés ou de 100 degrés? Selon de bons pâtissiers, le sabayon idéal serait celui qui n'a pas le goût d'œuf cuit. De ce fait, le sabayon cuit à 68 degrés serait meilleur. Sa confection sera plus longue, mais que ne ferait pas un gourmand pour accéder au sabayon platonicien?

Quand on fouette des jaunes d'œufs et du sucre, le mélange blanchit, parce qu'on introduit des bulles d'air (les formes sphériques à périphérie sombre et centre clair). *Si on laisse trop longtemps les jaunes et le sucre sans les fouetter, le jaune coagule à la surface des cristaux de sucre, qui ne se dissolvent alors plus* (un cristal apparaît ainsi au centre de la photographie).

LES FRUITS AU SIROP

Comment optimiser la concentration en sucre des sirops où l'on conserve les fruits.

L'automne approche, les fruits s'accumulent, et les frimas verront disparaître les produits des beaux jours. Comment en conserver des vestiges? La cuisine utilise plusieurs moyens, de la conserve à la congélation. Dans chaque cas, on essaie d'éviter la prolifération microbienne, rapide à température ambiante dans des ingrédients qui contiennent suffisamment d'eau et de matières organiques pour favoriser le développement des micro-organismes. Ici, je vous propose de vous préoccuper de la technique des fruits au sirop. Comment la mettre en œuvre de façon rationnelle?

Ceux qui ont déjà fait des fruits au sirop savent que le cuisinier navigue entre le Charybde du fruit qui gonfle jusqu'à se déchirer, et le Scylla du fruit ratatiné. Et le cuisinier observateur a l'intuition que le premier écueil se rencontre quand son sirop est insuffisamment concentré, tandis que le second se présente quand le sirop est très chargé en sucre. D'où la question : comment doser le sucre?

Interprétation des recherches

La question appelle une analyse du phénomène mis en œuvre dans le procédé culinaire. Généralement les livres de cuisine préconisent d'utiliser des fruits qui n'ont pas atteint une parfaite maturité, de les mettre dans un sirop «à 20 °» après les avoir piqués, de chauffer les bocaux couverts dans l'eau bouillante (calés avec des linges) pendant un nombre de minutes qui dépend de la taille des fruits : seulement deux minutes pour des groseilles, et cinq pour des abricots, par exemple.

On l'aura compris : l'opération vise à détruire les micro-organismes par chauffage, selon un procédé bien connu depuis l'invention de la conserve. En fait, les cuisiniers d'aujourd'hui mériteraient mieux que la répétition de cette recette ancienne : ils doivent savoir que le degré d'élimination des micro-organismes est proportionnel au couple temps-température. Ici, la température étant fixée, c'est le temps qui doit fixer le degré d'assainissement. Toutefois on observe que les recettes classiques prescrivent, elles, des temps différents selon la grosseur des fruits. C'est une hérésie sécuritaire : pour obtenir le même assainissement, on doit chauffer autant tous les types de fruits... et c'est vrai que le gastronome n'y trouvera pas exactement son compte : les fruits les plus petits risquent d'être trop cuits.

Un détail en passant : l'usage des linges qui calent les bocaux. Cette fois, la pratique, et non la science, donne la raison de l'usage : quand les bocaux sont chauffés dans une bassine, l'ébullition de l'eau, qui vient du fond, agite les verreries, qui se brisent quand elles ne sont pas protégées.

La force des sirops

Puis, le problème du sirop. Les recettes sont souvent laconiques : un sirop à 20 degrés ? Ces degrés ne sont évidemment pas des degrés Celsius, et il faut être familier avec la confiserie pour savoir qu'il existe une confusion possible entre les degrés Baumé, égaux à 145-145/*S*, où *S* est la masse spécifique du sucre, et les degrés Brix (ou Balling), qui représentent la proportion de sucre en masse ; pourquoi les livres ne disent-ils pas, plus simplement, la masse de sucre à dissoudre par litre d'eau? Nous verrons que le cuisinier peut, dans le cas des fruits au sirop, s'affranchir de ces complications.

Le problème central du fruit au sirop, en supposant l'assainissement microbien bien fait, est le gonflement des fruits dans les sirops trop légers, et le ratatinement des fruits dans les sirops trop concentrés. Pourquoi ces phénomènes? Les fruits se modifient par osmose : conservés suffisamment longtemps dans le sirop, les fruits évoluent vers l'équilibre, lequel correspond à une égalité des concentrations en eau dans les fruits et dans le sirop.

On le vérifie au microscope : une cellule végétale, mise en présence d'un cristal de sucre, se vide de son eau, qui diffuse à travers la membrane et la paroi, égalisant les concentrations en eau à l'intérieur et à l'extérieur de la cellule. Le fruit tout entier étant un assemblage de cellules, le même phénomène se produit à l'échelle macroscopique.

Quand le sirop est léger, le fruit, dont la concentration en eau est inférieure, absorbe de l'eau, gonfle et finit par éclater. Inversement un sirop trop concentré fait sortir l'eau des cellules : c'est le même phénomène que le dégorgement des cornichons ou des aubergines en présence de sel.

Toutefois, l'explication du phénomène ne donne pas la clé de bons fruits au sirop. Quelle doit être la force de ce dernier? Pour la déterminer, préparons des sirops à 10 grammes de sucre par litre, à 20 grammes de sucre par litre, et ainsi de suite jusqu'à la saturation, et plaçons-y des fruits (par exemple des prunes, percées comme le stipule la recette). On observe tout d'abord que les fruits flottent dans les sirops les plus chargés en sucre, et pas dans les autres : cela n'est pas étonnant, car la densité d'un sirop augmente avec la quantité de sucre dissous. Attendons de voir les effets du sucre : la patience est récompensée, car on découvre alors que, dans les bocaux où les fruits flottent, les fruits se ratatinent, tandis que les sirops légers, où les fruits tombent, contiennent les fruits qui éclatent.

Bien sûr, la correspondance n'est pas absolue, car les lots de fruits sont de maturités variées ; à la limite du flottement, on en voit certains qui flottent, et d'autres qui tombent au fond du récipient, parce que leur composition et, notamment, leur concentration en sucres, a évolué au cours du mûrissement. De surcroît, le noyau pourrait ne pas avoir la même densité que la chair.

Compliquons donc un peu l'expérience en mettant, dans les divers sirops de concentrations croissantes, des fruits entiers, des quartiers de fruits avec noyau adhérent, des quartiers de fruits sans noyau adhérent, et des noyaux seuls. On voit alors que l'objection du noyau tombe, parce qu'à la précision de l'expérience, la variabilité des fruits est supérieure à la différence entre la chair et le noyau.

Reste finalement un procédé efficace, pour déterminer la force d'un sirop dans lequel on veut conserver des fruits : le cuisinier aura intérêt à préparer un sirop un peu trop fort, où les fruits flottent, puis à ajouter de l'eau. Quand les fruits cessent de flotter, la concentration requise est atteinte.

L'hiver peut venir.

FIBRES ET CONFITURES

La récupération des pectines par cuisson-extrusion.

Le spectre de la confiture qui ne prend pas hante les cuisinières et les cuisiniers dès l'hiver, quand se préparent les marmelades d'oranges : parfois le jus reste jus, au lieu de former la masse semi-solide attendue. Comment éviter cette Berezina culinaire? À la Station INRA de Nantes, Jean-François Thibault, Catherine Renard, Monique Axelos et Marie-Christine Ralet répondent à cette question, mais leur objectif et leur intérêt sont surtout industriels : ils montrent que la technique de cuisson-extrusion, utilisée notamment pour préparer les petits biscuits pour apéritifs, permet de récupérer une grande quantité de pectine, c'est-à-dire de la molécule gélifiante, de pulpe de citrons, d'oranges, de betteraves...

L'échec occasionnel des confitures semble paradoxal : les pectines sont des molécules qui, associées à la cellulose et à d'autres polysaccharides (de longues molécules formées par l'enchaînement de sucres simples), composent les parois végétales de la plupart des végétaux ; seules les céréales n'en comportent pas. Pourquoi ne parvient-on pas toujours à les extraire? Parce que le chauffage modéré auquel on procède afin de ne pas évaporer les arômes volatils des fruits ne dissocie pas bien les parois cellulaires ; les pectines sont présentes, mais elles ne sont pas libres et, de ce fait, ne s'associent pas en un réseau qui occupe tout le volume de la solution, formant un gel.

Industriellement un problème différent se pose : les résidus de la pression des pommes, lors de la fabrication du jus de pommes ou du cidre, les pulpes de citrons et d'oranges qui proviennent de la préparation des jus de fruits, ou, enfin, les pulpes de betteraves, après l'extraction du sucre, laissent une quantité considérable de fibres végétales, qu'on souhaiterait valoriser. Classiquement on récupère les pectines à partir de ces fibres en les traitant à l'acide, à chaud : on détache ainsi des pectines, que l'on doit ensuite purifier. La matière produite sert de gélifiant, d'épaississant ou d'enrobage des chips, et on envisage de l'utiliser pour dépolluer les eaux usées (les pectines se lient fortement aux ions métalliques qui polluent ces eaux).

Toutefois l'extraction à l'acide a plusieurs inconvénients : elle risque de dégrader les molécules de pectine, en coupant les liaisons entre leurs sucres constitutifs ou en modifiant les groupes chimiques portés par ces sucres et responsables des propriétés de gélification.

Des polymères aux polymères alimentaires

À Nantes, les physico-chimistes qui étudiaient depuis plusieurs années la cuisson-extrusion pour le filage des viandes ou le traitement de l'amidon ont eu l'idée de reprendre la technique pour traiter les pulpes de fruits et extraire les pectines. Dans les appareils de cuisson-extrusion utilisés dans l'industrie agro-alimentaire (la méthode provient de l'industrie des polymères), une ou plusieurs vis d'Archimède à pas variable cisaillent la matière en la convoyant vers une buse de sortie, où a lieu une détente rapide ; sur la longueur de l'appareil, plusieurs zones de chauffage portent la matière à des températures contrôlées.

Quelles matières végétales pouvaient fournir des pectines susceptibles de gélifier? Les propriétés des pectines dépendent de leur composition chimique, qui varie selon les végétaux : si les pectines des citrons verts, des citrons, des oranges ou des pommes font de bons gélifiants, celles des pulpes de betteraves ne gélifient pas, mais permettraient de complexer les ions lourds ou de produire des gels superabsorbants après modification chimique. Les différences de propriétés des pectines tiennent surtout à leur estérification : les sucres dont l'enchaînement forme le squelette de la molécule portent des groupes acide carboxylique (–COOH), qui sont estérifiés à des degrés divers selon les fruits : ces groupes sont alors de la forme $-COOCH_3$; selon le degré d'estérification, l'association des pectines est plus ou moins aisée. Or c'est cette association des pectines qui assure la prise en gel. En conséquence, toute extraction destinée à produire des pectines gélifiantes ou épaississantes doit respecter ces chaînes latérales.

La cuisson-extrusion a plusieurs atouts : non seulement l'équipement est bien plus simple et bon marché que les installations d'extraction classique (les vis testées à Nantes mesurent un mètre de long seulement), mais le traitement est rapide et automatisable. Elle procure autant de pectines que le traitement classique, à l'acide, et respecte la composition des molécules. Les chercheurs nantais ont observé que, lors de la cuisson-extrusion des matières végétales, le cisaillement est le facteur principal ; en évitant le chauffage, on respecte les pectines.

Moralité culinaire

Comment tirer parti de ces résultats dans votre cuisine? À froid, séparez le jus des fruits de la matière fibreuse et broyez finement cette matière, qui renferme les pectines (en l'absence d'un cuiseur-extrudeur, utilisez le robot-coupe) ; puis ajoutez la matière broyée au jus et cuisez doucement. Enfin, comme les molécules de pectine risquent de se lier plutôt aux atomes de cuivre de votre bassine qu'entre eux, ne laissez pas refroidir votre confiture dans la bassine : faites la plutôt prendre dans des récipients en verre.

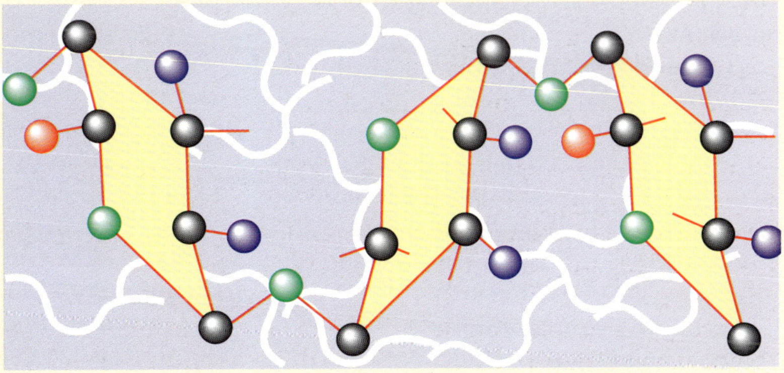

Les pectines sont de longues molécules composées par l'enchaînement de sucres simples (hexagones déformés). *Les atomes de carbone, d'oxygène et les groupes hydroxyle (–OH) sont respectivement en noir, vert et violet ; les groupes acide carboxylique sont représentés par des boules rouges. Les liaisons entre molécules adjacentes, assurent la prise en gel des confitures.*

LE BLANCHIMENT DU CHOCOLAT

Pour éviter que le chocolat ne blanchisse, conservons-le au frais.

Oh, la laide pellicule blanche qui est venue couvrir votre chocolat! Comment l'éviter? Pourquoi le noir a-t-il engendré le blanc? Michel Ollivon et Gérard Keller, du CNRS, et Christophe Loisel et Guy Lecq, du Groupe *Danone*, ont expliqué comment certains constituants du mélange partiellement liquide qu'est le chocolat migrent, cristallisent à sa surface et blanchissent cette dernière.

Le chocolat est une dispersion de cristaux de sucre et de poudre de cacao dans du beurre de cacao. Ce dernier, en cristallisant, joue le rôle de liant pour les particules solides, comme le ciment lie le sable et le gravier dans le béton. Toutefois la cohésion du chocolat n'est pas obtenue facilement, car les cristaux de sucre sont hydrophiles, tandis que le beurre de cacao est hydrophobe. Les Maîtres chocolatiers ajoutent des molécules de lécithine, lors de l'opération nommée conchage, pour favoriser l'enrobage contre nature du sucre par le beurre de cacao.

Depuis les années 1960, on sait que le blanchiment du noir délice résulte du comportement thermique du beurre de cacao : le mélange de graisses semi-solide et semi-liquide que constitue le beurre de cacao peut cristalliser de six façons différentes (formes I, II, III, ...VI), et seule une succession précise de réchauffements et de refroidissements, le «tempérage», forme des cristaux suffisamment stables pour ne pas former des cristaux donnant la couleur blanche. Tout refroidissement mal effectué expose le chocolatier à des déboires.

Chocolat aux rayons X

Des méthodes d'analyse physicochimique pouvaient-elles révéler les mécanismes du blanchiment? Les chercheurs ont suivi la cristallisation en mesurant les variations de viscosité, lors du tempérage. Les rayons X leur ont montré que le chocolat bien tempéré est cristallisé sous la forme V, et l'observation au microscope polarisant a révélé que, juste après la fabrication, la surface du chocolat est exempte de cristaux ; seuls quelques trous, dus sans doute à l'éclatement de bulles d'air à la surface, et quelques fissures sont visibles. Lors d'un stockage normal, le blanchiment se développe lentement, de petits cristaux apparaissant progressivement au bord des trous et des fissures. Au contraire, quand le chocolat est soumis à d'importantes variations de température, le blanchiment apparaît en quelques jours : la surface, comme l'intérieur, cristallise sous la forme VI.

Comment interpréter ces observations? Depuis longtemps, on pensait que le blanchiment résultait d'une migration d'une partie du beurre de cacao vers la surface, où il recristallisait, probablement sous la forme VI. On sait aujourd'hui que la composition des matières grasses dans la masse du chocolat diffère de celle de la surface qui a blanchi. Hervé Adenier et Henri Chaveron, à l'Université de Compiègne, ont confirmé que les cristaux de la forme VI sont plus stables que les cristaux de la forme V : la différence des températures de fusion est de 1,5 degré. En outre, la forme VI est plus compacte que la forme V : lors de la transition entre les deux formes, une partie du beurre de cacao est expulsée vers la surface du chocolat.

La différence des températures de fusion correspond naturellement à une différence de composition. Les molécules du beurre de cacao, des triglycérides, sont comme des peignes à trois dents : la base du peigne est une molécule de glycérol, et les trois dents sont des molécules d'acides gras. Dans ces acides, les atomes de carbone sont liés par des liaisons simples ou doubles : la température de fusion d'un triglycéride diminue avec le nombre de liaisons doubles.

Poussés par la fusion

Naturellement la proportion de la phase liquide augmente avec la température en même temps qu'elle s'enrichit en triglycérides à une seule double liaison, qui fondent à température inférieure : le blanchiment correspondrait à la recristallisation, lors d'un refroidissement, de ces fractions enrichies en triglycérides à une seule double liaison.

Le blanchiment menace surtout les produits qui contiennent un intérieur, ou garniture, riche en matières grasses. Quand deux blocs de matières grasses sont accolés, les graisses des deux blocs s'échangent, surtout à température élevée (quand la proportion de liquide augmente et que les molécules deviennent en outre susceptibles de bouger notablement). Les cristaux du chocolat blanchi, très différents de ceux du chocolat de masse, sont composés essentiellement de triglycérides à une seule double liaison.

En revanche, la composition des cristaux blanchis est quasi invariable, quelle que soit la garniture, et analogue à celle des cristaux d'un chocolat blanchi sans garniture : la migration des graisses de la garniture vers le chocolat de couverture conduit à une augmentation de la phase liquide de la couverture ; conformément aux résultats obtenus dans l'étude du blanchiment, cet accroissement de la partie liquide accélérerait le blanchiment sans modifier la composition.

Moralité : si vous voulez conserver l'arôme et l'aspect du chocolat, stockez-le à basse température (14 degrés, par exemple). Ainsi vous limiterez les migrations qui accompagnent le stockage. Puis réchauffez l'objet de votre passion gastronomique avant de le déguster.

Les cristaux de type VI à la surface d'un chocolat blanchi.

Michel Olliron

LE CARAMEL

Les molécules de la caramélisation enfin identifiées.

Alors que Sénèque mentionnait déjà le caramel en l'an 65 avant J.-C., on a ignoré pendant plus de 2000 ans le détail des réactions chimiques qui confèrent à du sucre chauffé son arôme inimitable. En se fondant sur des résultats récents de la chimie des sucres et sur des techniques modernes d'analyse, Jacques Defaye et José Manuel Garcia Fernandez, du CNRS à Grenoble, ont élucidé la structure et les mécanismes de formation des molécules, aromatiques ou non, du caramel.

Avec la réaction de Maillard, qui engendre l'arôme des rôtis, des cafés torréfiés, des bières ou de la croûte du pain, la caramélisation est l'une des principales voies de transformation culinaire des aliments qui contiennent des sucres. Alors que la réaction de Maillard est une réaction de sucres avec des acides aminés ou avec des protéines, la caramélisation ne fait intervenir que les sucres.

Il est vraisemblable que les deux réactions, de Maillard et de caramélisation, interviennent ensemble dans la plupart des cuissons des aliments contenant des sucres, dans des proportions respectives qui dépendent des quantités relatives de sucres et de protéines.

Depuis que l'on cuit des sucres, la caramélisation modifie donc le goût et l'apparence des mets, mais comment s'effectuent les transformations? Le mystère est progressivement devenu économiquement important : rien qu'en France, l'industrie agroalimentaire produit 15000 tonnes de caramel par an, pour les industries du lait, des biscuits, des sirops et liqueurs, des bières, des alcools, des cafés, des potages...

Une tradition scientifique

Les premières études scientifiques du caramel furent effectuées en 1838 par le chimiste français Étienne Péligot; puis le caramel fut en purgatoire jusque en 1858, date à laquelle M. Gélis, M. Gerhardt et M. Mulder proposèrent de scinder la fraction non volatile (95 pour cent du produit de la caramélisation) en trois composants : les caramélane, caramélène et caraméline, obtenus par des dissolutions successives par de l'alcool et par de l'eau. Toutefois ces entités ne sont pas mieux définies, chimiquement, que le célèbre osmazôme qui, selon le chimiste Jacques Thenard et Jean-Anthelme Brillat-Savarin, constituait le principe sapide des viandes. Si l'on extrait effectivement diverses fractions par ces opérations de précipitation du caramel, chaque fraction n'est pas constituée par un type de molécules seulement.

Au tournant du siècle, les études reprennent : on croit voir dans le caramel quelques acides humiques, des composés mal connus, réducteurs, aux propriétés tannantes et que l'on retrouve dans la lignite ; puis on observe que le caramélane réagit avec des alcools. Parallèlement on découvre les divers composés de la fraction volatile du caramel ; on détecte le 5-hydroxyméthyl-2-furaldéhyde et une vingtaine de composés qui contribuent à son odeur pénétrante : formaldéhyde, acétaldéhyde, méthanol, lactate d'éthyle, maltol...

Toutefois le problème de la partie non volatile demeure, lancinant, jusqu'en 1989, quand des méthodes modernes d'analyse permettent enfin de détecter la présence d'un dérivé du glucose.

L'eau éliminée

Le saccharose est un disaccharide composé de glucose lié au fructose ; ces deux sous-unités ont chacune un squelette composé de six atomes de carbone dont cinq portent chacun (notamment) un groupe hydroxyle (–OH), le sixième porte un atome d'oxygène lié par une double liaison ; une liaison osidique telle que $-CH_2-O-CH_2-$ relie les deux cycles. Les chimistes de Grenoble, qui avaient étudié la chimie des sucres, ont repris leurs méthodes d'analyse pour la partie non volatile du caramel et ont élucidé les grandes lignes des transformations chimiques. Ils ont notamment observé la formation de dianhydrides du fructose, où deux cycles du fructose sont reliés par deux liaisons $-CH_2-O-$, ces deux liaisons définissant un troisième cycle au milieu des deux autres. Plusieurs molécules correspondent à cette description, parce que les sucres se présentent sous de nombreux «isomères» : des molécules ayant les mêmes atomes peuvent être différentes si les liaisons de ces atomes sont différentes.

Les chimistes grenoblois ont finalement montré que, lors de la caramélisation du saccharose, par exemple, la fraction non volatile du caramel résulte d'une réaction initiale de dissociation du saccharose en glucose et en fructose ; puis ces sucres élémentaires se recombinent, formant des oligosaccharides ayant divers nombres de sucres élémentaires : le glucose peut s'associer à du glucose ou à du fructose, le fructose peut réagir avec du fructose, etc.

Ces résultats récents sont industriellement importants, car ils devraient permettre de déclarer comme naturels des polydextroses, utilisés pour donner de la texture aux mets où l'on remplace le sucre par des édulcorants intenses : puisque les polydextrose sont naturellement présents dans le caramel, ils ne relèvent pas de la même réglementation que d'autres molécules de synthèse. D'autre part, on peut désormais chercher plus facilement l'aptitude à la caramélisation des divers glucides.

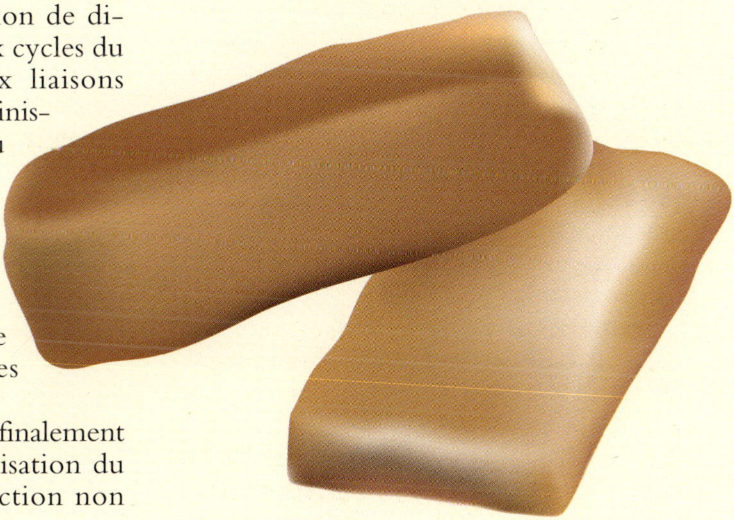

PAIN DE MIE ET BISCOTTES

Les comportements mécaniques du pain de mie ressemblent à ceux des matières plastiques.

Laissé dans la cuisine, à la température ambiante, le pain rassit. Congelé, il semble évoluer plus lentement, mais à quelle température doit-il être conservé pour rester dans le même état qu'au sortir du four? Sept degrés? 0 degré? -10 degrés? À cette question, des physico-chimistes de l'ENSBANA, à Dijon, répondent en utilisant leurs connaissances sur les polymères, des molécules très longues, formées par l'enchaînement de sous-unités nommées monomères. Cette démarche semble naturelle, car les aliments contiennent nombre de polymères : les molécules qui constituent les grains d'amidon de la farine sont des enchaînements linéaires ou ramifiés de molécules de glucose, respectivement nommés amylose et amylopectine ; les protéines sont des enchaînements d'acides aminés...

À haute température, une masse de polymère est dans l'état liquide : les molécules ont suffisamment d'énergie pour s'agiter de façon désordonnée, de sorte que le matériau peut s'écouler. Quand le polymère est refroidi, il forme d'abord un solide caoutchoutique, où certaines chaînes de polymère cristallisent, mais conservent la possibilité de glisser les unes contre les autres ; puis, aux températures inférieures à la température de transition vitreuse, les chaînes sont immobilisées et le matériau se solidifie, avec des parties cristallines dispersées dans une partie rigide amorphe, ou verre. La structure de la phase solide dépend du refroidissement : quand le refroidissement est rapide, la viscosité augmente trop rapidement pour que les molécules aient le temps de cristalliser, et la partie vitreuse prédomine.

De nombreux aliments sont ainsi des verres : du sucre cuit avec de l'eau, en se concentrant (parce que l'eau s'évapore), forme progressivement un verre ; les poudres de lait, de café, de jus de fruits se présentent également, parfois, à l'état vitreux. La mie de pain frais est-elle dans un état caoutchoutique qui se vitrifie ou qui cristallise partiellement au cours du rassissement? Martine Le Meste, Sylvie Davidou et Isabelle Fontanet ont étudié cette question en enregistrant les comportements mécaniques d'échantillons diversement hydratés en fonction de la température et en comparant les réactions de pains de mie et de pains plats extrudés, tels que les cracottes.

Quand on chauffe une pâte à pain, c'est-à-dire essentiellement un mélange de farine et d'eau, les grains d'amidon de la farine libèrent dans l'eau leurs molécules d'amylose ; lors du refroidissement du pain, ces molécules d'amylose forment un gel, qui piège l'eau et l'amylopectine. Pour préparer des pains diversement hydratés, l'équipe de Dijon a d'abord déshydraté complètement des échantillons en les plaçant pendant une semaine dans des dessiccateurs, où l'eau était absorbée par de l'anhydride phosphorique. Puis les échantillons ont été réhydratés dans des atmosphères d'hygrométrie contrôlée et enrobés de graisse silicone, imperméable. À l'aide d'un viscoélasticimètre, les physico-chimistes ont mesuré la force transmise par les échantillons quand ils étaient déformés de façon contrôlée, et déterminé ainsi un coefficient de rigidité, le module d'Young.

Ces études ont identifié les comportements du pain et ceux des polymères artificiels : la mie de pain est dans l'état caoutchoutique tant que la température est supérieure à la température de transition vitreuse, égale à -20 degrés. D'autre part, l'analyse de la température de transition vitreuse en fonction de la teneur en eau a montré qu'une partie de l'eau ne gèle pas et joue un rôle plastifiant.

Congeler le pain à moins de -20 degrés!

Ces observations ont des conséquences pratiques : en se fondant sur les nombreux résultats obtenus par les spécialistes des polymères, on peut prévoir l'évolution des propriétés mécaniques du pain et de ses cousins en fonction de leur teneur en eau, de leur cristallinité... Notamment, même si la congélation immobilise l'eau congelable, elle ne fige pas l'évolution des produits tant que la température est supérieure à la température de transition vitreuse : aux températures comprises entre -20 et 0 degrés, le pain continue d'évoluer. Pour conserver du pain sans perdre ses caractéristiques de texture, la température de congélation doit être inférieure à la température de transition vitreuse.

Le rassissement, d'autre part, a longtemps été attribué au phénomène de rétrogradation de l'amidon : on croyait que l'amylose cristallisait progressivement, libérant son eau, mais l'équipe de Dijon a observé plutôt une co-cristallisation de l'amylose et de l'amylopectine, en cristaux hydratés. Les lipides réduisent le rassissement au cours du stockage parce qu'ils se lient à l'amylose, formant des cristaux qui retardent la co-cristallisation de l'amylose et de l'amylopectine.

Toutefois la fermeté n'est pas due seulement à la co-cristallisation de l'amylose et de l'amylopectine ; le comportement des régions amorphes semble jouer un rôle majeur. L'eau est un paramètre important du stockage, car c'est un plastifiant des régions amorphes, qui module la vitesse et le type de cristallisation.

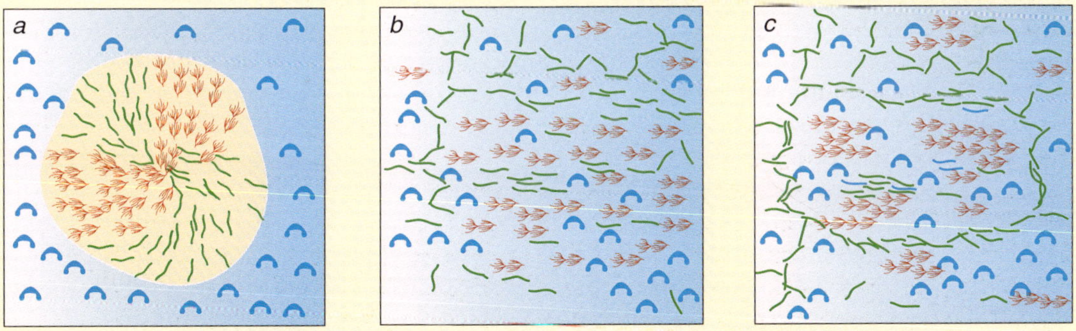

Le gonflement de l'amidon (a), *sa gélification* (b) *et son rassissement* (c) *: les molécules d'eau sont en bleu, celles d'amylose en vert et celles d'amylopectine en rouge.*

TERRORS D'ALSACE

L'ouverture du paysage, critère de qualité viticole.

Le monde du vin et de la vigne doute si peu de l'existence des terroirs qu'il en a fait la base des appellations d'origine contrôlée. Est-ce justifié? Les agronomes examinent cette question en étudiant quelles particularités naturelles, du climat, des sols, de la roche mère déterminent la croissance de la vigne. Éric Lebon et ses collègues de la Station INRA de Colmar ont identifié des unités de terroir alsacien et montré que «l'ouverture des paysages» est une caractéristique des terroirs au moins aussi importante que la capacité de rétention d'eau du sol ou que l'ensoleillement.

Les vignerons cherchent à placer les vignes dans des conditions qui favorisent la formation de baies, plutôt que de feuilles ou de rameaux, et l'accumulation de sucres (pour la fermentation) et d'arômes. Or les baies ne sont mûres, avant les intempéries d'automne qui les font pourrir, que si la croissance de la vigne a commencé suffisamment tôt; aussi a-t-on longtemps pensé que l'ensoleillement était le principal atout des bons terroirs.

À la demande du Centre interprofessionnel des vins d'Alsace, les agronomes de Colmar ont poursuivi des études commencées dans les années 1970 en Bordelais par Gérard Seguin et ses collègues de l'Institut d'œnologie. Ces derniers avaient analysé comment le sol, et la façon dont il alimente la vigne en eau, est un facteur important de la croissance de la vigne: les meilleurs terroirs sont ceux où l'alimentation en eau est régulière et où le manque d'eau est modéré. Ces conditions favorisent une maturation précoce des raisins.

Puis, à partir de 1975, René Morlat et ses collègues de la Station INRA d'Angers ont étudié le terroir dans les vignobles rouges d'appellation contrôlée du Val de Loire (cabernet franc de Saumur-Champigny, Chinon, Bourgueil) : leurs travaux ont confirmé les premières observations et montré, en outre, que plus les sols se réchauffent rapidement au printemps, plus la vigne est précoce et plus les terroirs sont favorables. Les agronomes d'Angers avaient pressenti que l'on pourrait synthétiser les caractéristiques climatiques par une notion d'«ouverture du paysage» : on supposait que la vigne se développait différemment dans une cuvette, où l'ouverture de paysage est faible, et sur un sommet, où l'ouverture est maximale. E. Lebon a testé cette idée pour le vignoble d'Alsace, semi-continental et, donc, très différent des vignobles bordelais ou angevins. Le secteur qu'il a étudié était compris entre Witzenheim et Sigolshelm, près de Colmar.

Les sols et les roches mères étaient connus depuis longtemps, en Alsace, mais à une échelle insuffisante pour l'expérimentation entreprise : sur les 1 750 hectares qui ont été étudiés, E. Lebon et ses collègues ont effectué un sondage par hectare, afin de chercher des unités pédologiques homogènes. À partir de divers critères caractérisant les types de sols, une trentaine d'unités homogènes de sols fut ainsi distinguée ; une fosse fut creusée dans chacune de ces zones, afin de caractériser le sol, et les agronomes ont déterminé l'ouverture du paysage, à partir de mesures de la hauteur de l'horizon par rapport à l'horizontale pour les huit directions principales de la rose des vent.

Paysage et climat du terroir

Par des mesures du climat, à l'aide de stations installées à proximité des fosses, sur des vignobles où l'on cultivait le cépage Gewurztraminer, E. Lebon et ses collègues ont observé que les climats locaux varient peu selon les terroirs, en moyennes annuelles; les terroirs identifiés ne se distinguent qu'à des échelles de temps plus brèves. Par temps nuageux, par exemple, la température de l'air dépend seulement de l'altitude; par temps clair, la température diurne dépend de l'altitude, de la déclivité, de l'orientation, des hauteurs de l'horizon à l'Est et à l'Ouest, et des propriétés thermiques de sols.

L'ensemble de ces mesures a servi à définir des mésoclimats, c'est-à-dire des climats à l'échelle locale du versant ou du fond de vallée, par exemple, et le croisement de tous les indicateurs de paysage avec les données climatologiques a précisé la notion de terroir: la température est importante et, plus encore, le paysage détermine le mésoclimat.

Qu'est-ce qu'un bon terroir? Les agronomes ont montré qu'en Alsace, plus encore qu'en Bordelais ou qu'en Val de Loire, les principales différences résultent de différences de maturité au moment de la récolte. Comme dans les autres vignobles étudiés, les conditions d'alimentation en eau sont importantes, déterminant notamment la durée de la phase comprise entre la floraison et la maturation des raisins. Quand l'eau est abondante, la maturité est tardive, parce que la vigne produit plutôt des feuilles que des baies. Quand l'alimentation en eau est insuffisante, la maturité est retardée, et l'adage qu'il faut faire souffrir la vigne pour qu'elle produise des raisins n'est vrai que dans une certaine limite: l'alimentation en eau doit diminuer modérément, mais régulièrement.

La notion de terroir étant validée en Alsace, il reste à étudier les relations entre terroir et qualité des vins. Le travail de caractérisation des arômes est en cours: Alex Schaeffer et ses collègues de l'INRA Colmar ont déjà observé une forte variabilité des teneurs en alcools terpéniques et en leurs oxydes.

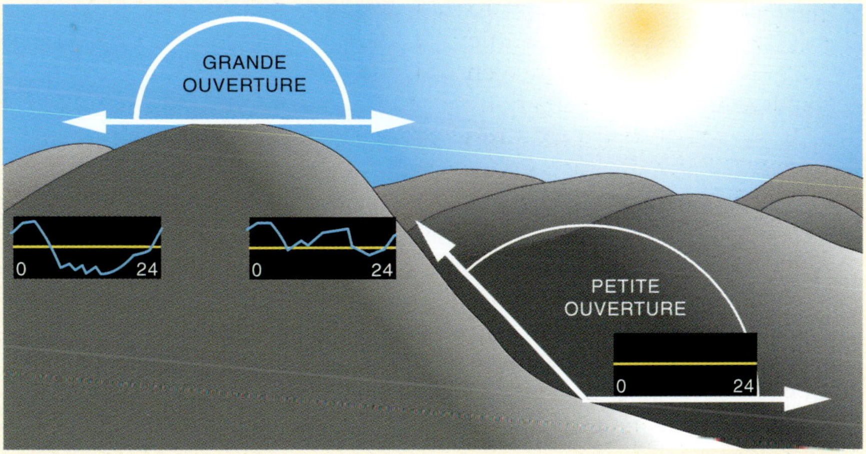

L'ouverture du paysage synthétise notamment les caractéristiques d'ensoleillement et de ventilation des sites viticoles. Pour trois sites particuliers, on a représenté les écarts de la température par rapport à celle que l'on mesure en plaine (à droite), *au cours d'une journée ensoleillée.*

LA LONGUEUR EN BOUCHE

Des enzymes de la salive amplifient un arôme important des vins obtenus à partir du cépage sauvignon blanc.

Les biochimistes s'intéressent beaucoup aux méthodes de production des vins, mais ils ont rarement exploré la physiologie de la dégustation. Des résultats récents éclairent cette dernière : dans les vins formés à partir du cépage sauvignon blanc, on a trouvé une molécule aromatique qui ne prend son effet que lorsque les enzymes de la salive l'ont séparée de son précurseur ; il faut ainsi quelques instants, avant que l'arôme soit perçu.

En 1995, Philippe Darriet et Denis Dubourdieu, à l'Institut d'œnologie de Bordeaux, avaient trouvé une molécule qui joue un rôle prépondérant dans l'arôme spécifique des vins de sauvignon, leur conférant la note «buis» ou «genêt». Cette molécule simple a un squelette composé de cinq atomes de carbone seulement, et elle contient notamment un atome de soufre. Ses découvreurs avaient observé qu'elle apparaît dans le vin au cours de la fermentation alcoolique, et ils avaient identifié son précurseur. Mieux encore, ils avaient observé que la transformation de ce précurseur en molécule aromatique s'effectue de façon inégale selon les souches de levures assurant la fermentation alcoolique. Les chimistes bordelais avaient essayé de connaître directement la structure du précurseur en utilisant une enzyme capable de libérer l'arôme : connaissant la spécificité de l'enzyme on aurait déterminé le précurseur.

Au Centre INRA de Montpellier, M. Bayonove étudie ainsi des glycosidases, enzymes qui coupent des molécules odorantes de la classe des terpènes, de la molécule de sucre à laquelle ils sont liés. Toutefois les enzymes utilisées à Montpellier ne produisirent pas le composé aromatique étudié du sauvignon : il n'était pas lié à un sucre.

Acides aminés et arômes soufrés

En revanche, les chimistes cherchèrent, parmi les enzymes qui coupent les liaisons entre un atome de carbone et un atome de soufre, si l'une d'elles ferait apparaître l'arôme : ils s'intéressèrent notamment à une enzyme nommée lyase, produite par une bactérie intestinale *Eubacterium limosum* et qui coupe les dérivés soufrés de la cystéine (un acide aminé). Le composé du sauvignon fut libéré *in vitro* d'un extrait non volatil de moût de sauvignon par action d'un broyat bactérien d'*Eubacterium limosum*. Ils conclurent que le précurseur de l'arôme contient de la cystéine, dans le moût.

Quelles sont les conséquences de ces résultats? Tout d'abord, ils confirment que le raisin a un potentiel aromatique que la vinification doit maîtriser : le vinificateur doit choisir les levures qui savent développer le goût du cépage. Au milieu de ce siècle, Curnonsky, prince des gastronomes, revendiquait que les aliments aient «le goût de ce qu'ils sont». De ce point de vue, la chimie met sur la voie des vins de qualité.

Une longueur d'avance

D'autre part, les œnologues de Bordeaux avaient montré que le précurseur de l'arôme se retrouve en quantité notable dans le vin, la molécule aromatique restant liée à la partie non aromatique. Or les enzymes de la salive détachent la cystéine de l'arôme soufré, en quelques secondes : on entrevoit ainsi un premier exemple de mécanismes de ce que les gourmets apprécient sous le nom de «longueur en bouche», définissant même une unité spéciale, la caudalie, pour quantifier la sensation que laisse le vin une fois qu'il a été bu. Certains grands vins engendrent une sensation qui dure plusieurs secondes (ou caudalies) et, dans des cas exceptionnels, ils font même la «queue de paon» : la sensation, une fois disparue, revient. Si la molécule soufrée découverte à Bordeaux n'explique pas la queue de paon, elle est la première à donner une longueur en bouche dont on comprend l'origine.

Comment utiliser la découverte? Comme la loi interdit le frelatage des vins, les œnologues, qui travaillent souvent pour le compte de producteurs, chercheront à utiliser leurs résultats pour que la vinification biologique assure une production optimale de l'arôme identifié ; mais les individus désargentés qui jouent les «petits chimistes», s'ils achètent des vins contenant l'arôme en quantité insuffisante, pourront s'amuser à l'ajouter. La loi ne leur interdit pas d'allonger la durée de leur plaisir.

Le cépage sauvignon blanc, qui fait les plus grands des vins blancs du Bordelais.

LES TANINS DES VINS

L'évolution des tanins diminue l'astringence des vins.

Comment le vin vieillit-il? Longtemps, les gourmets ont été peinés que la science s'intéresse si peu aux tanins des vins, substances astringentes, abondantes dans les vins jeunes et qui, en se transformant lorsque le vin vieillit, lui donnent une couleur tuilée, une saveur douce et des arômes puissants : on dit que les tanins sont alors «fondus». À l'aide de techniques modernes d'analyse chimique, Joseph Vercauteren et Laurence Balas, de l'Université de Bordeaux, ont repris des études quasi abandonnées depuis la thèse d'Yves Glories, et élucidé plusieurs des transformations chimiques pressenties naguère par les œnologues.

Les tanins sont présents dans les parties ligneuses des végétaux : ce sont eux qui donnent la sensation d'astringence quand on mâche des pétales de rose ou quand on boit un vin trop jeune : ils forment des complexes avec les protéines lubrifiantes de la salive, les empêchant de jouer leur rôle ; la bouche semble alors sèche. Lors de la vinification des vins rouges, surtout, la solution alcoolique qui se forme extrait les tanins des pépins, des peaux et des rafles.

En 1989, soit 13 ans après la thèse d'Y. Glories sur les «matières colorantes des vins» (que les tanins peuvent engendrer), les chimistes de Bordeaux ont cherché les tanins au cours de la vinification. Tous les deux jours, ils prélevaient des échantillons de vins rouges dans deux vins (Château Cérons et Château Baron Philippe de Mouton Rotschild), afin de suivre les variations de la concentration en tanins dans les vins.

Quand ils extrayaient les tanins par l'acétate d'éthyle, ils obtenaient des résultats paradoxaux : alors que certains œnologues savent que la macération doit être prolongée au delà de deux semaines pour que les tanins s'accumulent dans les vins, leur donnant de la «mâche» et du corps, les chimistes ont découvert, au contraire, que la masse de tanins récupérée est, pour tous les cépages utilisés (Merlot noir, Cabernet Sauvignon, Cabernet franc), maximale vers le dixième jour de vinification. Pourquoi cette contradiction? Parce que les tanins se sont transformés en composés mal extraits par la mise en solution dans l'acétate d'éthyle?

Les tanins étant des molécules réactives, cette première avancée démontra la nécessité de reprendre en amont leur étude, d'en synthétiser des membres représentatifs et d'en étudier la chimie, afin, ultérieurement, de les rechercher dans les vins.

Les chimistes cherchent alors une méthode d'hémisynthèse des tanins condensés, c'est-à-dire une préparation à partir de flavanols, contenant le motif flavane et plusieurs groupes hydroxyles -OH. À partir du taxifoliol, extrait de l'écorce de pin Douglas, ils obtiennent plusieurs composés prépondérants dont ils cherchent la structure chimique. Comment les flavanols se lient-ils en tanins dits condensés? Le cas des dimères flavanoliques, formés par association de seulement deux flavanols, est déjà difficile, car les deux sous-unités peuvent se lier de deux façons.

Les chimistes bordelais comparent la structure des composés synthétisés et de divers tanins naturels par résonance magnétique nucléaire, mais cette méthode ne discerne pas les deux types de liaisons. En revanche, l'ambiguïté est levée quand les tanins sont transformés en peracétates, par remplacement des groupes hydroxyle -OH par des groupes acétate $-OOCCH_3$. C'est la première méthode générale de détermination de structure des tanins condensés.

Forts de ce résultat, J. Vercauteren et L. Balas cherchent également la présence de flavanols et de tanins glycosylés (liés à des sucres) dans les vins. Les chimistes savent que la glycosylation de certaines fonctions hydroxyle stabilise les polyphénols, classe de molécules à laquelle appartiennent les tanins, mais jamais les tanins condensés n'avaient été observés sous forme glycosylée dans le raisin ni dans le vin. La liaison entre les tanins et les sucres ne résistait-elle pas aux manipulations indispensables des étapes d'analyse?

Les chimistes bordelais sont convaincus que la glycosylation progressive des tanins condensés explique la disparition de l'astringence des vins qui vieillissent. Reprenant la méthode qui leur a réussi, ils synthétisent des tanins glycosylés, en déterminent les caractéristiques, puis recherchent ces molécules dans les vins.

Les extraits de jus de raisin à l'acétate d'éthyle étant riches en deux flavanols simples, la catéchine et l'épicatéchine, les chimistes en étudient la glycosylation par le glucose (le sucre du jus de raisin). Quatre flavanols glycosylés se révèlent très peu solubles dans l'acétate d'éthyle, ce qui corrobore l'hypothèse initiale : si l'on n'a pas trouvé de flavanol ou de tannin glycosylé dans le raisin ou dans le vin, c'est sans doute que les solvants d'extractions étaient inappropriés. Aujourd'hui les analyses des composés mal extraits semblent indiquer que trois tanins glycosylés au moins sont présents dans le raisin ou dans le vin. Il est ainsi établi que la polymérisation des tanins et leur glycosylation sont deux des mécanismes du vieillissement des vins.

Évolution des tanins, du raisin au vin.

LE VIN JAUNE

Le sotolon est la principale molécule qui confère son goût caractéristique au vin jaune.

En 1991, à la Station INRA de Dijon, Patrick Étiévant et Bruno Martin commençaient l'analyse du vin jaune, produit seulement dans le Jura. Le goût spécifique de ces vins résulte de leur technique d'élevage : on laisse le vin vieillir en tonneau pendant plusieurs années, sous un voile épais de levures *Saccharomyces cerevisiae.* Ce type de vin est également fabriqué en Alsace, en Bourgogne et à Gaillac sous le nom de vin de fleur ou vin de voile ; il n'a d'équivalent à l'étranger que dans le xérès, les sherrys ou le tokay de Hongrie. Quelles molécules sont responsables de son goût caractéristique?

Les vins contiennent des centaines de composés volatils, dont un dixième sont aromatiques, de sorte que la détection des molécules responsables d'un arôme particulier est notoirement difficile : chercher le coupable parmi 300 suspects... Au début des années 1970, certains avaient cru que la solérone (la 4-acétyl-gamma-butyrolactone) était l'arôme principal du vin jaune, mais, en 1982, Pierre Dubois, à Dijon, retrouva la solérone dans des vins rouges : la molécule avait un alibi.

On soupçonna alors le 4,5-diméthyl-3-hydroxy-2(5H)-furanone, ou sotolon, molécule construite autour d'un cycle de quatre atomes de carbone et d'un atome d'oxygène. Comme le sotolon et la solérone sont en concentrations minimes dans les vins de voile et, de surcroît, chimiquement instables, les chimistes dijonnais ont cherché à optimiser leur extraction afin de déterminer la molécule responsable du «goût de jaune».

Le sotolon révélé

L'analyse la plus directe d'extraits de vins est la chromatographie : on injecte un échantillon dans un solvant que l'on vaporise et on fait traverser au mélange une colonne revêtue intérieurement d'un polymère, qui retient les divers composés du mélange à des degrés divers ; en bas de la colonne, on détecte la sortie des composés séparés. Le premier travail des chimistes fut la mise au point d'une variante de cette technique pour identifier les composés présents en quantités minimes dans des mélanges complexes.

Les chromatogrammes d'échantillons de vin furent alors comparés à ceux de solutions pures de sotolon et de solérone de synthèse : le sotolon est ainsi présent entre 40 et 150 parties par milliard dans les sherrys ; la solérone semble moins spécifique, et ses concentrations sont supérieures dans les sherrys, ce qui explique pourquoi on l'a d'abord trouvée dans ces vins.

Enfin les dosages, complétés de tests sensoriels des fractions séparées, montrèrent que la solérone, aux concentrations trouvées dans du savagnin (le cépage à partir duquel on fabrique le vin jaune), n'était perçue par les consommateurs ni dans les vins, ni dans des solutions modèles : la solérone n'était pas la molécule caractéristique ; le jugement était sans appel.

En 1992, les chimistes se consacrèrent alors complètement au sotolon, qui avait été observé dans des molasses de canne à sucre, dans des graines de fenugrec, dans de la sauce de soja, dans du saké... Il était également présent dans certains vins botrytisés, c'est-à-dire faits à partir de raisins surmaturés et atteints par la pourriture noble : ce champignon, *Botrytis cinerea*, fait, par exemple, les sauternes ou les vins dits de vendanges tardives. Le sotolon n'a pas été trouvé dans les vins rouges ni dans les vins oxydés et, surtout, il fut déterminé que son seuil de perception était de 15 parties par milliard seulement.

Mieux encore, des tests de consommation montrèrent que les vins de voile étaient jugés typiques, avec une note de noix, quand la concentration en sotolon était forte dans ces vins. À plus forte concentration, les jurys de dégustation décrivirent une note de curry.

La mort des levures

La piste du sotolon a ensuite été suivie par Élisabeth Guichard, qui a mis au point une méthode rapide de dosage : la concentration en sotolon dans le vin de paille (un vin préparé à partir de baies séchées sur des claies), est comprise entre 6 et 15 parties par milliard ; le sotolon du vin jaune est synthétisé à la fin de la phase de croissance exponentielle des levures. Dans des vins vieillis respectivement un an, deux ans, trois ans, quatre ans, cinq ans et six ans, la quantité de sotolon est faible dans les débuts de la maturation et augmente notablement après quatre ans d'élevage, surtout dans les caves pas trop fraîches.

Des prélèvements à différentes profondeurs, sous le voile, dans les tonneaux, ont révélé que le sotolon est deux fois plus concentré au milieu et au fond des tonneaux que juste sous le voile. On suppose que le sotolon est indirectement produit par les levures du voile, quand le degré alcoolique est élevé : celles-ci transformeraient un acide aminé du vin en un cétoacide, qui serait libéré à la mort des levures, tombant au fond du tonneau ; puis une réaction chimique transformerait le cétoacide en sotolon, enrichissant d'abord le fond, puis le milieu, puis les couches supérieures du vin.

Puisque le sotolon est bien la molécule du goût de jaune, on cherche aujourd'hui des souches de levures qui ont la capacité d'en produire beaucoup ; on cherche aussi les conditions qui favorisent la production de ce goût.

Tonneau d'exposition réalisé par la Tonnellerie Rousseau pour le Domaine de la Pinte, en Arbois. À travers la face transparente, on voit le voile de levures, qui communique au vin le goût de jaune caractéristique de ces vins du Jura.

VINS SANS DÉPÔT

On stabilise les vins destinés à l'exportation, afin d'éviter leurs dépôts de tartre.

Arrivent les froids de l'hiver : en cave, les cristaux de «tartre» qui précipitent dans les bouteilles de vin ne nuisent pas aux qualités du breuvage qui fait la fierté de notre pays, mais gênent l'exportation ou la vente aux clients difficiles et mal informés. Comment éviter ces diminutions de la valeur marchande et, pis encore, les retours? Jean-Louis Escudier, Jean-Louis Baelle, Bernard Saint-Pierre, de la Station INRA de Pech Rouge, et M. Moutounet, de l'Institut supérieur de la vigne et du vin, ont mis au point une méthode d'équilibrage des vins par électrodialyse.

L'acide tartrique est un constituant caractéristique du raisin, mais les sels qui lui sont associés sont peu solubles, de sorte que le bitartrate de potassium et le tartrate de calcium tendent naturellement à précipiter dans les vins, formant ce que l'on nomme communément le tartre. Comment éviter la sursaturation des vins bruts?

Naguère, les producteurs qui voulaient éviter les dépôts de tartre faisaient subir à leurs bouteilles un séjour à basse température, pendant une dizaine de jours, en leur ajoutant du tartrate de potassium qui servait de germe de cristallisation. Le froid provoque la précipitation, parce que la solubilité limitée des sels tartriques diminue avec la température, mais les polyphénols (une classe de molécules à laquelle appartiennent de nombreux colorants des vins rouges) maintiennent ces sels en sursaturation, d'où le manque d'efficacité des procédés classiques sur vin rouge. Comme les vins ont en outre des teneurs en tartre variables, la stabilité finale n'était pas garantie.

La chasse au tartre

Puisque la cause du mal était la concentration excessive des vins en ions tartrates, potassium et calcium, il fallait chercher à les éliminer spécifiquement. Dans la méthode d'électrodialyse qui a été retenue, on fait couler du vin entre deux membranes de polymère, en appliquant un champ électrique perpendiculaire à l'écoulement : les ions négatifs sont attirés d'un côté, et les ions positifs de l'autre. Si l'on a choisi des membranes qui laissent spécifiquement passer des ions potassium et calcium, d'une part, et des ions tartrates, de l'autre, on extrait spécifiquement ces ions.

Dans le procédé mis au point, le vin traverse ainsi, en parallèle, un empilement de membranes anioniques et cationiques, ce qui le désionise tout en enrichissant en ions tartrate, potassium et calcium les compartiments latéraux, où l'on fait simultanément circuler une solution de composition contrôlée. Les membranes retenues sont des feuilles de 20 centimètres de côté, en polysulfones greffées, espacées de 0,6 millimètre, et le champ électrique appliqué est de un volt par cellule. Les chercheurs ont testé une surface d'échange totale de quatre mètres carrés, assurée par 60 cellules empilées. Ils se sont attachés, par modélisation, à adapter l'intensité du traitement d'électrodialyse à l'instabilité propre de chaque vin. L'œnologue dispose ainsi d'un outil adapté à la plupart des cas.

Pourquoi la nouvelle méthode stabilise-t-elle mieux les vins que la technique classique? Parce que l'on utilise la conductivité électrique du milieu comme indicateur de la charge du vin en tartre : cette conductivité dépend pour une grande part de la concentration en ions potassium, calcium et tartrate. En réglant le champ électrique et la durée de circulation du vin en fonction de la conductivité du vin, on extrait donc la quantité d'ions juste nécessaire pour équilibrer les vins, au rythme de un hectolitre par heure environ avec le pilote testé (la vitesse de traitement dépend de l'effet colmatant du vin ; on doit ainsi, une fois par jour, faire circuler des agents de nettoyage, qui décrochent des membranes les polyphénols et tanins qui s'y sont attachés).

Le traitement modifie-t-il la qualité des vins? Cette question primordiale, celle qui intéresse tous les gourmets, fut étudiée au cours de longues et soigneuses campagnes d'essais en Beaujolais, en Champagne, en Bordelais : les œnologues de ces régions ont confirmé qu'il n'observaient aucune différence de qualité gustative entre les vins traités et les vins non traités. Aussi la Société *Boccard,* en collaboration avec la Société *Eurodia,* qui produit les membranes, envisage de fabriquer et de vendre de tels détartreurs... dès que les agréments seront obtenus : les premières expériences étaient conduites sous dérogation publique, mais les chercheurs ont reçu une autorisation de Bruxelles en 1996.

En attendant, les chercheurs continuent d'étudier la valorisation des ions extraits et d'explorer les traitements de vins doux naturels ou d'apéritifs à base de vin, difficiles à traiter par les procédés classiques, à l'aide du froid.

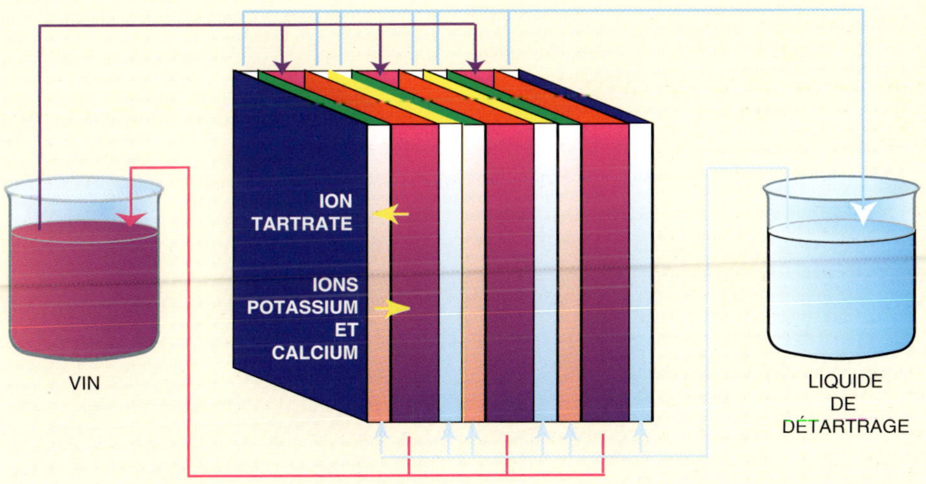

On stabilise les vins en les faisant circuler entre des membranes sélectives.

LE SOUFRE ET LE VIN

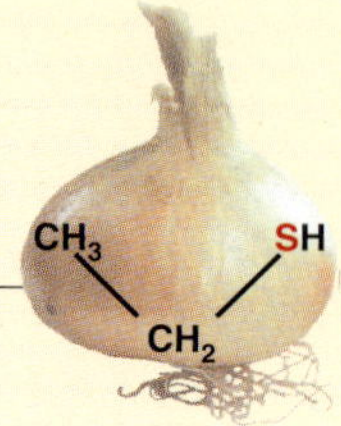

Les composés soufrés des vins sont, selon les molécules, responsables de défauts ou de qualités.

Le soufre dans les vins est-il toujours un défaut? Dans les années 1960, les excès de certains vignerons soucieux de la bonne conservation de leurs produits ont donné aux molécules soufrées une réputation... sulfureuse : le dioxyde de soufre ajouté en trop grande quantité lors du méchage des tonneaux ou du sulfitage des vendanges provoque de douloureux maux de tête. Toutefois les études biochimiques récentes montrent que le soufre n'est pas à rejeter en bloc : à la Faculté d'œnologie de Bordeaux, des chimistes découvrent que le soufre est capable du pire comme du meilleur, que si quelques molécules soufrées sont responsables de nets défauts, d'autres contribuent aux notes de buis, de genêt, de fruit de la passion, de pamplemousse, etc. dans divers vins blancs ou rouges.

L'œnologie n'a longtemps vu des composés soufrés que leur face M. Hyde : il est vrai que l'hydrogène sulfuré ou le dioxyde de soufre sont nauséabonds. D'autres molécules soufrées étaient-elles responsables de ces défauts? Leur identification, qui semblait être la clé d'une modification des méthodes de fermentation ou d'élevage des vins, a débouché sur la découverte de la face Dr Jekyll. C'est ainsi qu'en 1993, Philippe Darriet et Denis Dubourdieu découvrirent dans les vins de Sauvignon une molécule d'arôme agréable, appartenant à la famille des thiols (avec un groupe composé d'un atome de soufre et d'un atome d'hydrogène –SH, lié à un atome de carbone de la molécule).

D'autres composés soufrés contribuaient-ils à l'arôme des vins de Bordeaux? Takotoshi Tominaga, Valérie Lavigne-Cruege et Patricia Bouchilloux ont mis au point des méthodes d'analyse qui révèlent des composés soufrés présents en concentrations très faibles.

Soufre et levures

Nombre de molécules soufrées trouvées sont encore des thiols, aromatiquement très actifs : alors que le seuil de perception des alcools (des molécules avec un groupe hydroxyle –OH) est de l'ordre du milligramme ou du microgramme par litre, celui des thiols correspondants est environ 1 000 fois inférieur. D'où l'intérêt de la méthode d'analyse qui détecte ces «arômes traces», utiles ou nuisibles.

Au total, les études ont montré que beaucoup de composés soufrés volatils responsables de défauts aromatiques dans les vins ont pour origine l'activité ou le métabolisme des levures : au cours de la fermentation alcoolique, ces dernières transforment les acides aminés soufrés du raisin, ainsi que le dioxyde de soufre ajouté pour la conservation.

La connaissance évite-t-elle le défaut? S'il est assez aisé de diminuer la concentration en hydrogène sulfuré, en réduisant l'apport de dioxyde de soufre ou en soutirant le vin afin de l'aérer, d'autres molécules telles que l'éthanethiol, le méthanethiol et une autre molécule voisine, le méthionol, semblaient plus difficiles à juguler. Les chimistes ont observé que la concentration en ces composés dépend directement de la turbidité des jus de raisins avant la fermentation alcoolique ; cette turbidité, qui met le jus en contact avec les levures, devra être réduite.

Les méfaits du cuivre

L'exploration du bon côté des molécules soufrées a également donné une moisson de résultats... attendue : on savait que certains thiols participent à l'arôme caractéristique de plantes (genêt, buis), de fruits (cassis, pamplemousse, fruit de la passion, goyave, papaye...), voire d'aliments tels que viande grillée ou café. Or les vins de Sauvignon, qui présentent une grande variété de nuances aromatiques, perdent leurs arômes quand du cuivre est additionné au vin : comme le cuivre se lie chimiquement aux thiols et bloque leur action aromatique, les chimistes soupçonnaient que des thiols étaient également responsables d'arômes des vins.

Le premier thiol identifié en 1993 dans les vins de Sauvignon avait une odeur de buis ou de genêt, à partir d'une concentration de 40 nanogrammes par litre ; les chimistes bordelais l'ont maintenant retrouvé dans le buis et dans le genêt. Puis, étudiant les vins blancs, ils ont trouvé d'autres molécules qui étaient également présentes dans des fruits : par exemple, le 3-mercaptohexyl-acétate, à nuance dominante de buis, rappelle aussi le zeste de pamplemousse et le fruit de la passion, où on l'a retrouvé ; un autre thiol qui a, selon les environnements chimiques, une odeur de pamplemousse ou de fruit de la passion, a également été trouvé dans ces derniers.

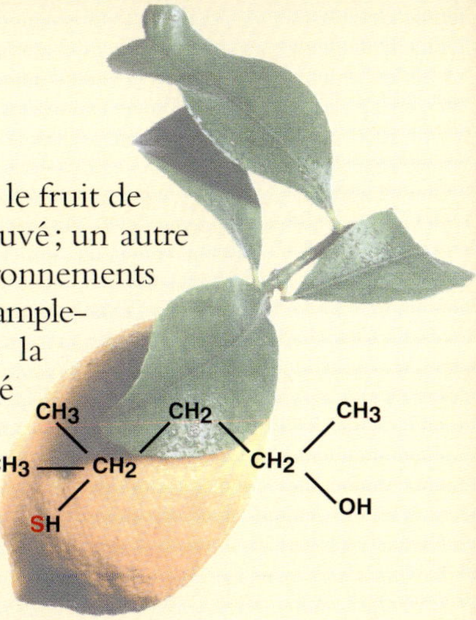

Et dans les vins rouges? Là encore, les chimistes se sont fondés sur une observation de dégustation : l'intensité des arômes fruités, viandés, et la complexité de l'arôme des vins rouges jeunes de Merlot et de Cabernet Sauvignon diminuent quand les vins contiennent une petite quantité de cuivre. De fait, plusieurs thiols trouvés dans les vins de Sauvignon, ont été récemment identifiés dans les vins jeunes de Merlot, de Cabernet Sauvignon et de Cabernet franc : ils contribuent aux notes de fruits cuits, de cassis, de viande, de café... à des concentrations aussi faibles que 0,1 nanogramme par litre!

Sur la base de ces découvertes, les œnologues cherchent aujourd'hui à optimiser l'élevage des vins. Ils savent notamment que la conservation des vins blancs sur les lies, où reposent les molécules soufrées des levures, augmente progressivement les concentrations en certains thiols aromatiques.

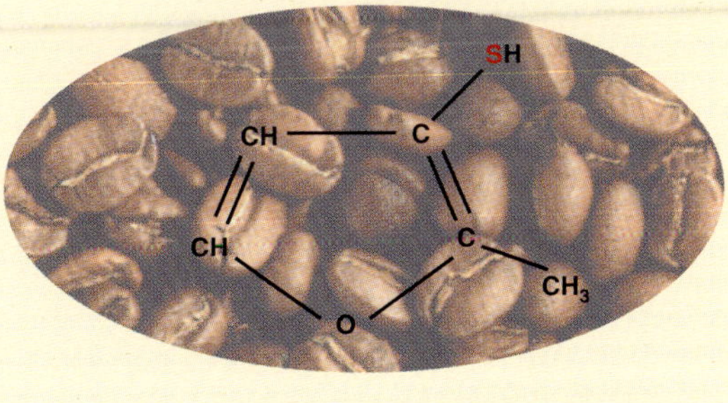

LE VERRE À VIN

Le même verre bien calibré convient aux vins blancs et aux vins rouges.

Les adeptes de la dive bouteille se passent rarement d'un verre. Un verre, mais lequel? Des générations de gourmets ont débattu de la meilleure forme, de la meilleure taille, mais l'Institut national des appellations d'origine (INAO) a imposé un verre dit ISO, au calice environ deux fois plus haut que large. Est-ce le meilleur? Comme les dégustateurs allemands prônaient un verre plus rond, Ulrich Fischer, du Département d'œnologie de l'Université de Neustadt, et sa collègue Britta Loewe-Stanienda ont exploré l'intensité des perceptions des arômes dans des verres de diverses tailles et formes.

L'intervention des organismes de normalisation a harmonisé les dégustations, avant que l'on connaisse l'importance exacte de la forme ou de la taille sur la perception. C'est pour des raisons d'usage que l'on sert le vin rouge dans des verres plus volumineux que ceux qui sont utilisés pour les vins blancs, les moelleux dans des calices à ouverture plus large que ceux destinés aux vins secs.

Évaporation calculée

Avant d'étudier l'effet de la forme des verres, les chercheurs allemands en ont cherché les raisons physico-chimiques. La physique sait que la pression de vapeur d'une molécule dissoute dans un liquide dépend du solvant, du soluté et de la température; on sait aussi que les molécules passées en phase gazeuse dans le verre diffusent dans l'air environnant à une vitesse qui dépend de l'ouverture du verre. Le dégustateur capte les molécules volatiles passées en phase gazeuse quand il hume l'air présent dans le calice, mais il enchaîne souvent plusieurs inspirations. Les molécules aromatiques ont-elles alors le temps de passer à nouveau en phase gazeuse? Pour le savoir, les chercheurs allemands ont utilisé la chromatographie en phase gazeuse pour analyser l'air qui surmonte le vin, à différentes hauteurs et à différents temps après le versement du vin dans le verre; une quarantaine de composés a été étudiée, à différentes températures.

On savait que la vitesse de libération des molécules aromatiques dépend de leur constitution chimique, mais d'autres différences sont apparues: la vitesse de libération des esters varie bien moins, selon la température, que la vitesse de libération des alcools ou des phénols volatils. Ce phénomène explique pourquoi, quand les vins sont consommés froids, les esters se concentrent plus rapidement que les alcools, stimulant la perception des notes fruitées. Est-ce aussi la raison pour laquelle on boit les vins blancs plus frais que les vins rouges? Les esters fruités, qui dominent souvent le bouquet des vins blancs, sont rapidement présents en quantités suffisantes à basse température, tandis qu'il faut servir les vins rouges plus chauds, afin de percevoir suffisamment les phénols volatils.

Au total, les mesures montrent que les gourmets seront bien avisés de ne pas vouloir sentir le vin à moins de 15 secondes d'intervalle s'ils veulent des sensations reproductibles. Ils auront les sensations les plus fortes s'ils hument l'air à proximité de l'ouverture du verre.

Tests de verres

Ayant ainsi précisé les conditions de dégustation, les chercheurs ont fait tester à des dégustateurs dix verres ayant différents diamètres maximaux, hauteurs et diamètres d'ouverture; les dégustateurs devaient noter l'intensité d'une dizaine de notes (beurrée, florale, fruits rouges...) pour chaque verre.

Ces expériences ont été riches d'enseignements: par exemple, avec des vins blancs, la forme étroite du calice fait plus ressortir le caractère réduit (une odeur tendant vers celle de chou) ou le caractère soufré des vins que le calice du verre ISO; les verres ayant une petite et une moyenne hauteur de calice produisent des sensations plus faibles que les verres étroits; l'augmentation du volume du calice ne réduit pas l'intensité des perceptions; les verres ayant le calice et l'ouverture les plus larges, qui sont réputés particulièrement appropriés pour la dégustation des vins rouges, ne sont pas supérieurs au verre ISO, qui a un calice assez étroit...

Trois découvertes, surtout, bouleversent l'œnologie : d'abord, l'intensité de toutes les perceptions change avec le type de verre. D'autre part, l'augmentation de la hauteur du calice et du rapport entre l'ouverture et le diamètre maximal du calice intensifie toutes les perceptions. Enfin, contrairement à ce qui est prétendu par de nombreux fabricants, les verres qui donnent les meilleurs résultats pour la dégustation des vins blancs sont aussi ceux qui favorisent la dégustation des vins rouges. Un dogme tombe.

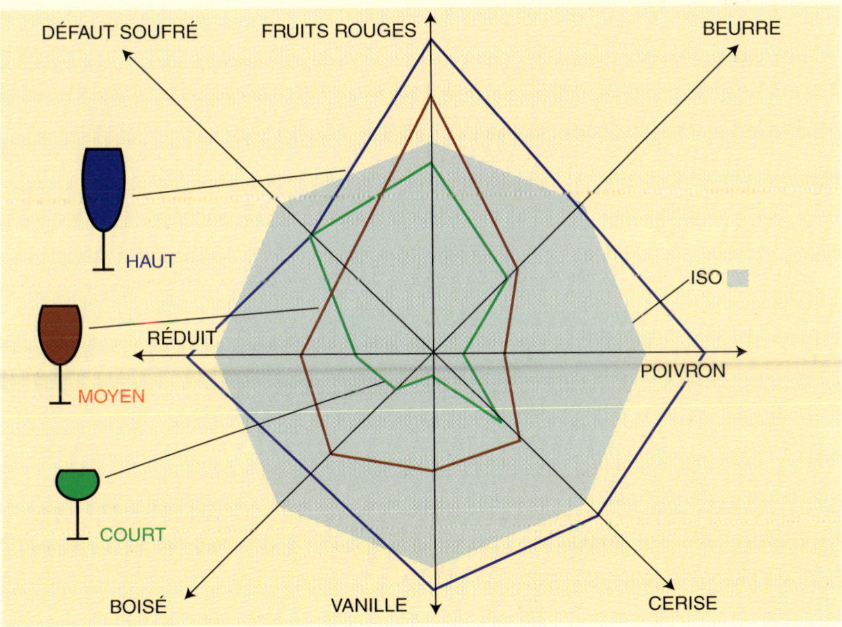

Perception de huit notes aromatiques dans des verres de diamètre égal à celui du verre ISO, mais de diverses hauteurs. Sur chacun des huit axes, un point représentatif éloigné de l'origine correspond à une perception intense.

LE FROID ET LE CHAUD

Pour frapper du Champagne ou chambrer des vins, soyons patients.

On veut refroidir du Champagne : combien de temps la bouteille doit-elle séjourner dans le réfrigérateur? Les parents gourmandent les enfants qui laissent la porte du réfrigérateur ouverte ; ont-ils raison de craindre un réchauffement rapide des denrées qui y sont conservées? On monte le vin de la cave pour le chambrer, avant un repas ; combien de temps à l'avance faut-il s'y prendre? L'emploi d'un thermocouple, appareil qui mesure précisément les températures, donne des ordres de grandeur utiles aux gourmets.

Commençons par ce Champagne, que l'on veut frappé. Pour déterminer combien de temps il faut le rafraîchir, on a placé la sonde du thermocouple dans une bouteille qui a été installée dans la porte d'un réfrigérateur à l'équilibre thermique : des bouteilles qui se trouvaient depuis plus de deux jours à côté de l'emplacement où l'on a déposé la bouteille de Champagne étaient à une température de 11 degrés. À partir d'une température initiale du Champagne égale à 25 degrés, les mesures effectuées toutes les dix minutes ont montré un lent refroidissement : après 30 minutes, la température est encore supérieure à 20 degrés, et c'est seulement après trois heures que l'on obtient une température de 15 degrés ; la température de 12 degrés n'a été atteinte qu'après six heures! Cette mesure confirme, expérimentalement, que le verre conduit mal la chaleur (cette dernière s'y propage par conduction, tandis que, dans l'eau, la chaleur se répartit également par convection).

Ouvertures intempestives

Voulant boire frais, vous avez tenu compte de cette forte inertie thermique des bouteilles, mais un enfant arrive et ouvre la porte du réfrigérateur. Le Champagne que vous peiniez à rafraîchir risque-t-il de se réchauffer? Cette fois, on a mesuré la température dans le réfrigérateur à un endroit où elle était initialement égale à 8 degrés. À l'extérieur, la température était égale à 20 degrés.

Quand on ouvre la porte pendant 7 secondes seulement, la température de l'air monte à 11 degrés ; puis elle redescend à 8 degrés en quelques minutes ; quand on ouvre la porte pendant 20 secondes, la température monte à 18 degrés, avec une redescente de la température rapide d'abord, lente ensuite. Le réchauffement de l'air d'un réfrigérateur est donc très rapide, parce que l'air froid et dense du réfrigérateur s'écoule par le bas, remplacé par de l'air ambiant... mais ce réchauffement ne concerne que l'air, et non les bouteilles, dont la capacité calorifique – et l'inertie thermique – est notable : pour ces dernières, la température ne varie quasiment pas lors de l'ouverture momentanée de la porte, et le refroidissement reprend rapidement, après les quelques minutes de refroidissement rapide de l'air.

Et le chaud

Après ces mesures rafraîchissantes, examinons le problème inverse, celui du réchauffement. Une question délaissée est celle du chambrage des vins. En vue d'un bon dîner, on veut monter un vin fin de la cave pour le faire déguster à des amateurs éclairés. Ceux-ci croient savoir que le vin doit être bu à la température de 18 degrés, mais la cave, elle, n'est qu'à une température de 12 degrés. Combien de temps à l'avance le vin doit-il être monté pour que la température réglementaire soit atteinte?

On pourrait naturellement utiliser les lois de la physique pour calculer ce temps, mais faisons une expérience simple : mesurons la température au cours du temps. Dans une pièce à 24 degrés, où était placée une bouteille de vin à la température initiale de 9 degrés, on mesure qu'il faut environ une demi-heure pour atteindre la température de 12 degrés, trois quarts d'heure pour atteindre la température de 14 degrés, une heure et quart pour atteindre 16 degrés une heure trois quarts pour atteindre 18 degrés et plus de trois heures pour atteindre 20 degrés!

La longue durée du chambrage résulte encore de la faible conductivité thermique des bouteilles ; surtout quand la différence de températures entre la pièce et la bouteille est faible, le chambrage est une opération longue, qui ne se décide pas à la dernière minute.

Chambrage en bouteilles et en verres

De ces premières mesures, pouvons-nous déduire les temps de chambrage si nous sommes en été, à une température qui atteint 27 degrés ? Hélas non : il faut d'autres mesures... ou des calculs classiques de théorie de la chaleur. Retenons seulement quelques ordres de grandeur : quand la température de la pièce est égale 27 degrés, il faut environ 80 minutes à partir de 12 degrés ; inversement, quand la température de la pièce est égale à 19 degrés seulement, il faut cette fois plus de deux heures et demie à partir de 12 degrés. Lors des mesures, on observe, en outre, que la partie supérieure d'une bouteille (verticale) se réchauffe plus vite que la partie inférieure : la différence peut atteindre quatre degrés, ce qui engendre des différences de goût importantes entre les premières et les dernières gorgées de vin (les arômes s'évaporent plus vite quand la température est élevée).

Enfin, les convives sont à table : versons le vin dans les verres : une fois que le vin, chambré à 16 degrés, est versé dans le verre, à quelle vitesse se réchauffe-t-il quand la température ambiante est égale à 23 degrés? Cette fois, la température dans un verre classique augmente en moyenne de 0,2 degrés par minute. Voilà de quoi nous inciter à ne verser le vin dans le verre que lorsque les convives sont prêts à boire.

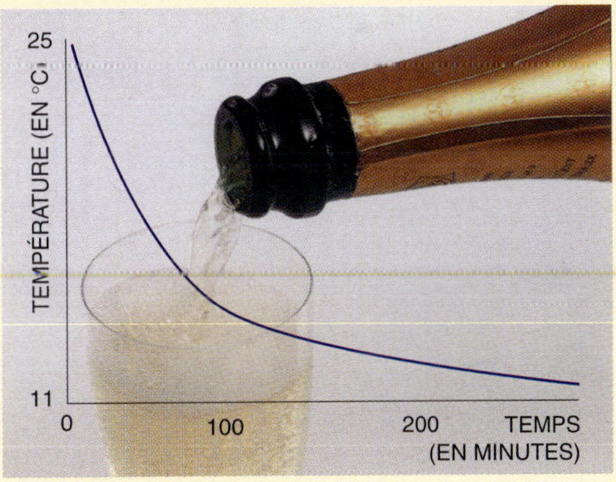

Pensons à rafraîchir le Champagne à l'avance : il faut plusieurs heures avant d'atteindre 12 degrés, à partir d'une température ambiante de 25 degrés.

LE CHAMPAGNE ET SA MOUSSE

Les protéines du Champagne lui font la mousse belle.

Dès que nous entendons le bruit caractéristique du bouchon de Champagne, nous cessons de parler et regardons ce qu'il y a dans notre verre. Si la chute de mousse est lente, si la collerette de bulles est fine et persistante et si le liquide est effervescent, le Champagne semble de qualité. À l'inverse, une chute de mousse rapide, l'absence de collerette, la présence de grosses bulles sont considérées comme des signes de produit de moins bonne qualité, bien que le goût de la boisson puisse être satisfaisant par ailleurs. Aussi les fabricants de Champagne se préoccupent-ils de faire la mousse fine et stable.

Les spécialistes de la Société *Moët et Chandon* et de la Société *Heineken* poursuivent ainsi un projet de recherche européen pour étudier la physico-chimie de la mousse : quelles sont les molécules responsables de la stabilité de la mousse? Quels mécanismes physiques déterminent l'évolution d'une mousse obtenue pour une composition fixée?

Au début du projet, la seule technique d'évaluation de la mousse était le jury sensoriel, de maniement onéreux et difficile. Rapidement deux appareils ont été mis au point pour obtenir des mesures fiables : le Mosalux mesure la dilatation et le temps de vie moyen de la mousse. Dans ce dispositif, on envoie un gaz à travers un verre fritté, à la base d'une colonne où l'on place le vin ; d'autre part, un appareil de vision artificielle mesure l'évolution de la mousse dans les conditions réelles d'un verre.

Ces appareils ont d'abord été utilisés pour les études de la filtration. Les vignerons filtrent leurs produits pour leur conférer de la limpidité, et aussi parce qu'ils veulent réduire la concentration en colloïdes avant de précipiter l'acide tartrique : les colloïdes limitent la cristallisation de l'acide. Toutefois, viticulteurs et œnologues savent que la filtration appauvrit gustativement les vins ; on perd de la «rondeur» en bouche.

Comment modifie-t-elle la mousse du Champagne? On craignait qu'elle ne lui nuise, car elle élimine des protéines, lesquelles sont des molécules «tensioactives» : elles contiennent des parties hydrophiles, qui se dissolvent bien dans l'eau, et des parties hydrophobes qui, évitant l'eau, se placent plutôt au contact de l'air des bulles. Les protéines contribuent à stabiliser les mousses de blancs d'œufs et, sans doute aussi, les bulles du Champagne, parce qu'en enrobant les bulles, elles forment une sorte d'armature qui gêne les déformations des bulles individuelles et les fusions des bulles voisines.

Les brasseurs de bière avaient observé que la filtration n'était pas nuisible pour la mousse, mais les protéines sont beaucoup plus abondantes dans la bière que dans le vin. De surcroît, les brasseurs indiquaient que les protéines de masse moléculaire supérieure à 5 000 induisent une bonne stabilité de la mousse.

En 1990, A. Maujean et ses collègues de l'Université de Reims avaient observé une relation entre la concentration en protéines et l'aptitude à mousser de 31 vins choisis au hasard ; cependant ils n'avaient pas déterminé la stabilité de la mousse. Joël Malvy, Bertrand Robillard et Bruno Duteurtre, des Laboratoires de recherche *Moët et Chandon*, ont utilisé le Mosalux pour étudier cette stabilité. En effectuant une ultrafiltration de vins non champagnisés, ils ont séparé une fraction enrichie en macromolécules (notamment les protéines) et une fraction appauvrie en de telles molécules ; puis, par mélange avec le vin de base, ils ont obtenu des vins contenant des concentrations variées en protéines.

La mousse mesurée

Quand ils ont insufflé du dioxyde de carbone dans ces vins expérimentaux, ils ont observé un même comportement : la mousse s'accumule, puis diminue un peu, se stabilise quelque temps et, enfin, retombe quand on cesse de souffler du gaz. L'évolution du pouvoir moussant des vins est similaire pour des vins dont la concentration en protéines est réduite entre 20 et 100 pour cent, mais les vins expérimentaux moussent d'autant plus qu'ils contiennent plus de protéines de masse supérieure à 10 000 : durant les premières secondes de moussage, le pouvoir moussant d'un vin est indépendant de sa concentration en macromolécules ; en revanche, ces dernières retardent notablement la chute de mousse ou la dilatation des bulles. La filtration nuit beaucoup à la mousse : la disparition de seulement un milligramme de protéines par litre de vin (sur une dizaine, normalement) réduit de moitié son aptitude à mousser ; la suppression de deux milligrammes de protéines par litre raccourcit de moitié la durée de vie moyenne de la mousse.

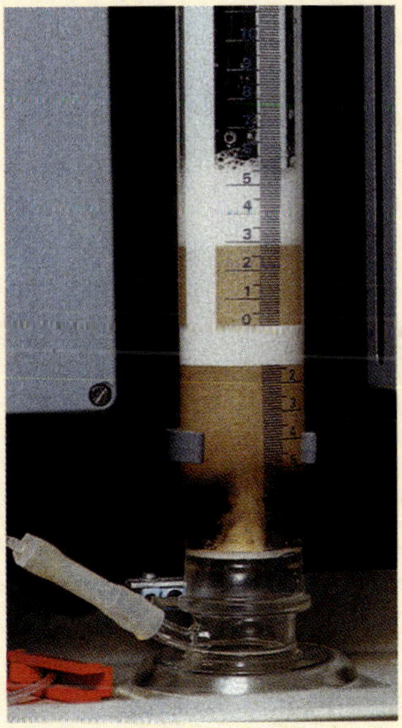

La mesure de stabilité de la mousse à l'aide du Mosalux.

Les premières études ont été complétées par des mesures de moussabilité de vins dont on avait éliminé des colloïdes et des particules par diverses filtrations. La dilatation et le temps de vie moyen de la mousse diminuent de plus de la moitié quand un vin est filtré par un système dont le diamètre des pores est de 0,2 micromètre. Sur des vins vieillis pendant un an, le filtrage à travers des pores de 0,2 micromètre de diamètre est celui qui donne le plus mauvais comportement de mousse ; les vins filtrés à travers des pores de diamètre égal à 0,45 ou à 0,65 micromètre ont une mousse plus stable : les macromolécules et les particules n'agissent pas toutes de la même façon sur les bulles.

Comment agissent-elles? Dans les premières secondes suivant l'injection de gaz, les films qui séparent les bulles semblent stabilisés par les macromolécules tensioactives. Une certaine quantité de ces macromolécules est nécessaire à la stabilisation des interfaces. Puis, après la phase de mise en place d'agents tensioactifs à l'interface liquide-gaz, la mousse coalesce rapidement, parce que les bulles, ne contenant que du gaz carbonique, ne sont pas en équilibre avec l'atmosphère. D'autres macromolécules que les protéines agissent peut-être avec elles (sucres), mais ce qui est clair.... comme du Champagne filtré, c'est que la filtration perturbe la mousse du Champagne et doit être effectuée avec prudence.

LE CHAMPAGNE DANS LA FLÛTE

Les bulles de Champagne sont plus stables dans des verres lavés sans produit de rinçage.

Un vin se juge d'abord à sa robe, à son intensité, à sa clarté, à ses reflets... Le palais est plein d'*a priori* négatifs quand l'œil a perçu un peu de tartre ou quelques « voltigeurs » qui viennent le troubler. Les vins de Champagne, toutefois, se mesurent à une autre aune : la bulle qui s'élève s'impose, ainsi que la présence d'une mousse fine, accumulée au sommet du verre. Il en faut quelques millimètres, mais pas trop, et des bulles de petit diamètre.

L'absence de mousse est-elle un signe d'une mauvaise qualité de Champagne? La question taraudait les producteurs, car les gourmets leur reprochaient souvent des mousses irrégulières. Du coup, les producteurs de vins de Champagne, sûrs de leurs produits, se sont retournés vers les producteurs de verre, en leur demandant si l'irrégularité des mousses ne provenait pas des états de surface variables de ceux-ci. Patrick Lehuédé et ses collègues du Centre de recherche du Groupe *Saint-Gobain* ont alors étudié expérimentalement l'effet des verres sur la mousse du Champagne, et ils ont montré que le Champagne ne devait pas être jugé à l'absence de mousse ; la qualité du verre dont sont faits les verres n'est pas en cause, mais le lavage et le stockage de ces derniers déterminent le comportement du pétillant breuvage.

En théorie, le problème de la formation des bulles est simple : le Champagne n'est pas en équilibre stable, quand il est à l'air libre, et le gaz s'échappe du liquide en formant des bulles sur les défauts présents dans sa masse (rares) ou à la surface du verre. La taille des bulles dépend de l'énergie de la surface que baigne le liquide, c'est-à-dire de la facilité avec laquelle la surface accepte le contact avec d'autres matériaux, liquides ou gaz. Puis, une fois formées, les bulles grossissent, parce que la pression du gaz dans le liquide est supérieure à la pression dans les bulles : les molécules du gaz diffusent vers les bulles. À partir d'une certaine taille, la poussée d'Archimède sur les bulles devient supérieure aux forces d'adhésion, de sorte que les bulles se détachent des parois, et montent lentement dans le verre.

Cette première description peut être affinée : l'énergie d'adhésion d'une bulle sur du verre est proportionnelle à l'aire de la surface de contact de la bulle et du verre, aire qui dépend elle-même de l'énergie de surface. Cette dernière est classiquement mesurée à partir de l'angle de contact d'une goutte d'eau sur le verre. Quand l'énergie de surface est élevée, le liquide mouille bien le verre, la surface de contact est faible, et la bulle est quasi sphérique ; la bulle se détache quand son diamètre atteint quelques dixièmes de millimètres. C'est le cas des verres sodo-calciques les plus ordinaires quand ils sont propres. En revanche, quand l'énergie de surface est faible, c'est-à-dire quand le liquide mouille mal le solide, la bulle ne se détache que lorsqu'elle est assez grosse (plus de un millimètre pour certaines matières plastiques). Autrement dit, les gourmets qui refusent les flûtes en plastiques ont raison : les bulles sont plus fines dans les verres bien choisis.

La théorie à l'épreuve des bulles

Par diverses méthodes de microscopie, les physiciens du Groupe *Saint-Gobain* ont d'abord étudié la naissance des bulles : contrairement à ce que l'on a longtemps prétendu, elles ne se forment pas sur des défauts du verre, car les rayures sont rares ; en revanche, la microscopie démontre qu'elles apparaissent surtout sur des dépôts de calcaire, de tartre, sur les fibres de cellulose laissées à la surface des verres par les torchons d'essuyage. La preuve? Des verres exempts de tout dépôt, préparés en salle blanche et immédiatement emplis de Champagne, ne laissent se former aucune bulle!

Toutefois P. Lehuédé et ses collègues ont montré que les surfaces de haute énergie se contaminent rapidement (en quelques heures, pour le verre ordinaire), en fixant les molécules organiques présentes dans l'air (elles abondent dans les cuisines, comme le prouve un doigt que l'on passe sur le plafond, au-dessus d'une cuisinière). Ainsi l'avantage inné du verre ou du cristal sur le plastique s'amenuise quand les flûtes ont été salies par une longue station dans une atmosphère inappropriée : par exemple, lors d'un long repos sur un rayonnage en bois, qui libère des essences organiques (sentez le bois!).

Dans les verres habituels, les bulles qui se détachent après avoir suffisamment grossi viennent alimenter la collerette, dont la hauteur dépend du nombre et des dimensions des bulles, mais aussi de leur stabilité. Certains composés sont réputés pour modifier celle-ci : par exemple, les agents antimoussants que les fabricants des rouges à lèvres introduisent dans leurs compositions (afin qu'une écume ne vienne pas aux lèvres de celles qui utilisent ces produits) nuisent à la mousse, ce qui explique que les femmes aient moins de mousse dans leur verre de Champagne, après la première gorgée. L'effet est spectaculaire : amusez-vous à toucher la mousse d'un Champagne avec un bâton de rouge à lèvres.

Les chercheurs du Groupe *Moët et Chandon* ont découvert qu'il en était de même pour des produits de rinçage fréquemment utilisés dans les lave-vaisselle. Adsorbés à la surface des verres, ces composés se dissolvent dans le Champagne quand on emplit les flûtes. Ils ne perturbent pas l'effervescence, mais nuisent à la stabilité des mousses, provoquant l'éclatement des bulles dès qu'elles arrivent en surface. Les produits de lavage sont également nuisibles, mais ils sont moins gênants, car le rinçage les élimine en grande partie.

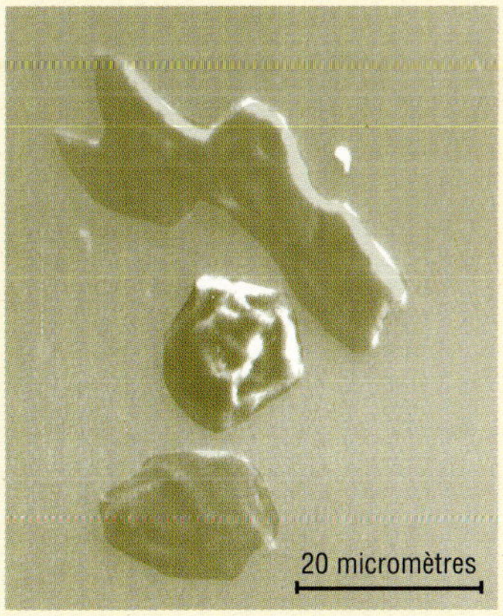

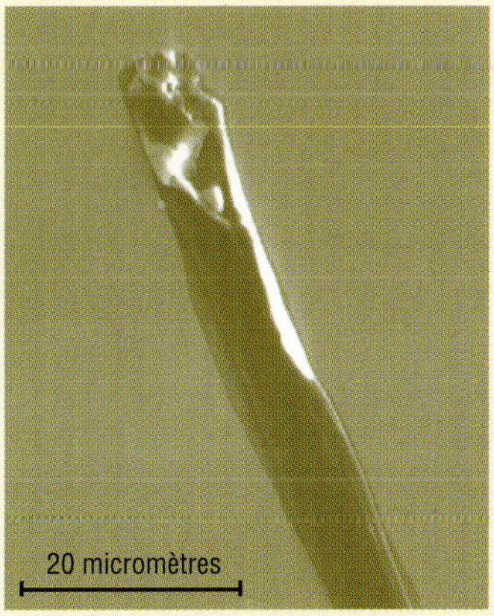

Deux des principaux sites de formation des bulles de Champagne : les cristallisations (à gauche) *et les fibres de cellulose laissées par les torchons, lors de l'essuyage* (à droite).

Saint Gobain Recherche

ENTRE LE DEMI ET LE MAGNUM

Le Champagne vieillit plus vite dans les petites bouteilles.

Le magnum de Champagne est un seigneur: les amateurs lui reconnaissent des qualités qu'ils ne trouvent pas dans les demi bouteilles. Ont-ils raison? Le Champagne conservé couché évoluerait mieux parce que le bouchon serait humidifié en permanence et qu'ainsi il conserverait mieux ses propriétés hermétiques. Au Centre interprofessionnel des vins de Champagne (CIVC), Michel Valade, Isabelle Tribaut-Sohier et Félix Bocquet ont examiné ces questions de conservation. Leurs expérimentations... débouchent sur une compréhension nouvelle du rôle des bouchons lors du vieillissement du vin.

Le Champagne est un vin qui mousse, par opposition à tous ces vins «tranquilles», dont les bulles sont presque un défaut. Qui mousse, mais pourquoi? Parce que des levures introduites dans le vin en consomment le sucre, libérant du dioxyde de carbone dans l'espace clos de la bouteille; celui-ci se dissout dans le liquide, et le fait pétiller quand saute le bouchon. Ce dernier est donc la clef du Champagne, avec la bouteille, puisqu'ils retiennent le gaz.

Le bouchon en question

Longtemps, on a supposé que le bouchon était hermétique: le vin ne reste-t-il pas dans la bouteille? Le vin, oui, mais pas les gaz: les œnologues savent que les bouteilles de Champagne perdent de leur pression au cours du vieillissement. L'observation de ce dégazage les a poussés à analyser plus finement le rôle des bouchons. Au cours de la fabrication, avant la pose des bouchons qu'ouvriront les gourmets, les producteurs utilisent des capsules munies d'un joint; ils doivent choisir entre des joints de liège et des joints de plastique. Les œnologues ont comparé les deux systèmes de bouchage... et observé que la perméabilité n'est pas régulière avec les joints de liège, ce qui explique les variations de bouteille à bouteille.

Avec les joints synthétiques, la régularité est supérieure, mais faut-il ainsi bloquer le passage des gaz? Les jurys de dégustation ont clairement établi que les vins évoluent alors moins vite: ils ont moins ces goûts de fruits cuits, souvent associés à une oxydation. Une oxydation, mais pourquoi? L'oxygène diffuserait-il à travers les bouchons? Le rapport surface du bouchage sur volume de liquide expliquait-il les différences entre les demi bouteilles, les bouteilles et les magnums?

Tests de vieillissement

Naguère, les dégustateurs avaient eu l'impression de telles différences, mais impression ne vaut pas démonstration. Pour étudier les différences entre des bouteilles de différentes tailles, les œnologues ont comparé le même vin de Champagne, tiré dans des conditions identiques et bouché de façon classique par des capsules à joint de liège. Puis, après un vieillissement de un an, ils ont soumis les vins à un jury de dégustation: le vin des magnums paraît toujours plus jeune que celui des bouteilles, et le vin des demi bouteilles est plus évolué.

Des échanges avaient-ils lieu entre de l'oxygène présent dans le petit volume de gaz emprisonné lors du bouchage et le liquide? Non, car les dosages ont montré que l'oxygène emprisonné dans ce volume ou dissous dans le vin est tout entier consommé par les levures. Seuls restent de l'azote et du dioxyde de carbone.

L'évolution du vin s'expliquait-elle alors par des échanges gazeux avec l'atmosphère, malgré le bouchon? Les dosages montrèrent que, lors du vieillissement, la quantité d'oxygène qui entre par le bouchage est proportionnellement supérieure quand la capacité de la bouteille est faible : la quantité d'oxygène est approximativement identique pour les trois types de bouteilles, mais le volume de liquide qui réagit avec cet oxygène est inférieur pour les petites bouteilles. Si l'on comprend que le dioxyde de carbone quitte la bouteille, pourquoi l'oxygène entre-t-il? Parce que sa pression partielle à l'extérieur des bouteilles (un cinquième d'atmosphère environ) est supérieure à la pression partielle dans le Champagne (elle y est nulle).

La position des bouteilles

La position de stockage, elle, n'a pas d'influence, sauf sur l'état des bouchons : les propriétés mécaniques du bouchon sont mieux conservées quand les bouteilles sont conservées debout. Plus précisément, la force à exercer pour extraire le bouchon est supérieure, et les bouchons reprennent leur forme de champignon quand ils sont retirés des bouteilles, car le vin, quand il est au contact du bouchon, pénètre progressivement dans le liège et altère ses propriétés mécaniques.

Enfin le CIVC a exploré l'influence de la Lune sur l'enrichissement en sucre des raisins avant la récolte. On s'en doutait, mais les premiers résultats l'indiquent : il n'y a pas d'effet!

Bouchons de bouteilles conservées couchées (à gauche) *et debout* (à droite).

TERROIRS DE WHISKY

L'analyse statistique des données montre comment déguster les scotches.

L'Écosse, terre d'élection du whisky! Il s'y nomme scotch, et il en existe plusieurs appellations : les *single malt* sont obtenus à partir d'orge fermentée provenant d'une seule distillerie ; les *blended* sont des mélanges de liqueurs de différentes qualités, pouvant être issues de plusieurs régions de production. Évidemment les *single malt* sont les préférés des connaisseurs, qui scrutent leurs qualités : nez, couleur, corps, bouche et finale.

La provenance d'un *single malt* détermine-t-elle ses qualités organoleptiques? Si oui, peut-on regrouper les scotches en terroirs d'où proviendraient des boissons analogues? Afin de répondre à ces questions, François-Joseph Lapointe et Pierre Legendre, de l'Université de Montréal, ont analysé les données réunies par le dégustateur Michael Jackson, qui a décrit, goûté et jugé les quelque 330 *single malt* que produisent les 109 distilleries les plus prestigieuses d'Écosse.

Les caractères *single malt*

Les techniques d'analyse des données utilisées extraient des informations relatives à la population des *single malt*. Ces derniers sont décrits par des caractères (la couleur, le nez, la bouche, le corps et le finale), qui peuvent prendre plusieurs modalités. Ainsi le nez peut être aromatique, tourbeux, léger, doux, frais, sec, fruité, herbeux, salé, sherry, épicé, riche ; ou encore le corps peut être moelleux, moyen, plein, rond, mielleux, léger, ferme, gras...

Comment découper la population des *single malt* en groupes d'individus analogues, afin de déterminer ensuite s'ils proviennent d'un même terroir? Les statisticiens canadiens ont choisi de ne retenir qu'un scotch par distillerie, afin d'analyser ainsi 109 *single malt*.

Pour quantifier les impressions, ils les ont considérées chacune comme un caractère, qui prenait une valeur 1 quand il était présent dans un *single malt*, et 0 dans le cas inverse. Puis ils ont regroupé les données statistiques dans un tableau découpé en cases : en lignes, les individus ; en colonnes, les caractères.

Ils ont ensuite calculé une distance entre les *single malt* pris deux à deux en divisant le nombre de caractères communs aux deux whiskies comparés par le nombre total de caractères relevés pour l'une ou l'autre des deux boissons. La distance est alors égale à 1 moins ce paramètre. L'ensemble de ces distances forme une nouvelle matrice, où la valeur d'une case représente la distance entre les whiskies respectivement associés à la ligne et à la colonne. Plus cette distance est petite, plus les whiskies sont proches.

Il restait alors à regrouper les individus. La classification hiérarchique que l'on utilise alors crée la partition progressivement, en agrégeant deux à deux les individus les plus proches : l'agrégat est alors considéré comme un individu nouveau, qui remplace les deux individus agrégés (les modalités de ses caractères sont alors la moyenne de celles des deux individus). On continue ainsi à grouper jusqu'à ce que tous les individus soient rassemblés en une seule famille : on obtient un dendrogramme. Pour obtenir différentes partitions, on effectue une «coupure» du dendrogramme à une certaine distance de la racine. Plus on tranche près de celle-ci, moins les classes sont nombreuses.

Une recherche de classe

Le dendrogramme obtenu pour les *single malt* se divise en deux branches : d'un côté, les whiskies plein or, corps sec et fumé ; de l'autre, des boissons ambrées, aromatiques, au corps léger, moelleux en bouche et de finale fruitée. Le premier groupe de 69 individus est alors subdivisé en scotches ambrés, de corps charnu, fruité, gras et épicés, et les boissons dorées, au corps moelleux et léger, avec une finale herbeuse. Plus on s'éloigne de la racine, plus les groupes sont petits.

Revenons à la composante géographique. L'Écosse est divisée en trois régions de production de scotches : les Highlands, les Lowlands et l'île d'Islay. Ces trois régions sont découpées en treize districts. Les auteurs ont construit un nouveau tableau en mettant en ligne et en colonne les 109 scotches. L'intersection d'une ligne et d'une colonne contient un 0 si les scotches correspondants *i* et le *j* sont issus du même district, elle est 1 dans le cas contraire.

Quand on compare cette matrice à celle qui a engendré le dendrogramme, on observe que le découpage des régions de production correspond à la partition, tirée du dendrogramme, en 6 ou en 12 groupes. Ces groupes correspondent à des terroirs.

Mieux encore, les analyses qui conduisent à un tel découpage prouvent que l'eau, le sol, le microclimat, la température et l'environnement en général sont les facteurs déterminant les caractéristiques des *single malt*. Les secrets et les traditions des distillateurs n'induisent que de petites différences.

Enfin, les statisticiens canadiens ont cherché les relations entre les cinq types de caractères. La réponse est nette : le nez, la couleur, le corps et la bouche ne sont pas des caractères indépendants. La couleur d'un scotch est reliée à son nez et à son corps. Le nez est lié à la bouche et, dans une moindre mesure, au corps. En revanche, la finale, c'est-à-dire l'impression qui reste en bouche quand on a fini de boire, ne dépend ni du nez, ni de la bouche, ni du corps, ni de la couleur, de sorte que la méthode de dégustation qui consiste à recracher la boisson après en avoir jugé la couleur, le nez, le corps et la bouche est critiquable, puisqu'elle néglige un paramètre fondamental.

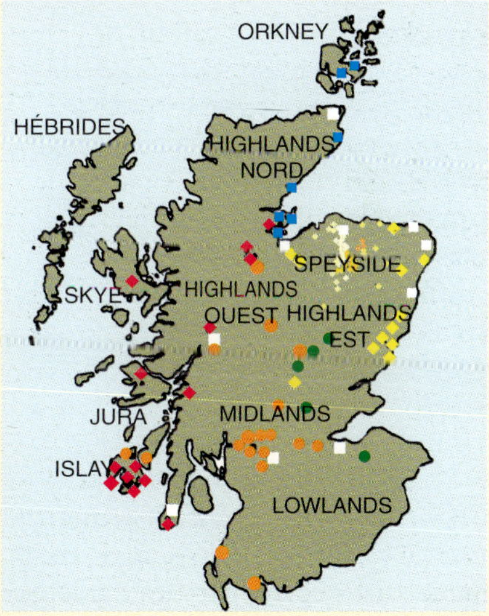

Les whiskies gustativement analogues sont signalés par un même symbole.

LA CARTAGÈNE

Quand les arômes prennent le pas sur l'alcool.

Obtenue traditionnellement par ajout d'alcool à du jus de raisins frais, non fermenté, la traditionnelle cartagène du Languedoc n'a jamais eu la réputation du Pineau des Charentes ni d'autres «mistelles», mais ses producteurs ont cherché à obtenir une appellation d'origine contrôlée : le produit devait donc être mieux défini, mieux connu et codifié. À la demande des fabricants, l'importance des cépages utilisés et les conditions de maturation ont été étudiées par Jean-Claude Boulet et ses collègues de la Station INRA de Pech Rouge-Narbonne.

Dans les mistelles, une base de jus de raisin a sa fermentation bloquée par l'ajout d'eau-de-vie (un quart en volume, d'où le nom de la cartagène) : la forte concentration en alcool (16 pour cent au minimum) évite le développement des micro-organismes qui assurent normalement la fermentation alcoolique des jus de raisin en vin.

Cependant les mistelles jeunes ont un goût trop fortement alcoolisé (on a l'impression de boire de l'eau-de-vie presque pure) et, pour obtenir une boisson agréable, les producteurs favorisent une oxydation lente et limitée des polyphénols (des molécules contenant des groupes benzéniques, où plusieurs atomes de carbone sont liés à des groupes alcool, composés d'un atome d'oxygène et d'un atome d'hydrogène), des tanins et d'autres molécules extraites du raisin lors de la courte macération qui suit le pressage ; l'oxydation s'apparente à celle qui assure la «fonte» des tanins dans les vins et résulte des réactions avec la faible quantité d'oxygène inévitablement présente dans les cuves.

Afin d'étudier l'oxydation des cartagènes, les œnologues de l'INRA ont fabriqué des cartagènes en cave expérimentale, à partir de trois cépages rouges : syrah, grenache, cinsaut. Les opérations, soigneusement contrôlées, ont été successivement : l'égrappage, la macération du jus (quatre heures à la température ambiante), le pressurage, le collage, le débourbage de deux à trois jours à la température de 5 degrés, le tirage au clair, l'ajout d'eau-de-vie blanche de bonne qualité, la conservation pendant un mois, le soutirage, puis la maturation en cuve inox ou en fût de chêne ayant contenu du Cognac. Ils ont évité le sulfitage, c'est à dire l'ajout de dioxyde de soufre, que l'on utilise souvent dans les vins pour tuer les micro-organismes ou pour ses propriétés antioxydantes, et ont opéré une macération pelliculaire, afin d'extraire davantage de molécules d'arômes et de polyphénols. D'autres cartagènes, produites par des vignerons languedociens à partir des cépages bourboulenc (blanc) ou alicante (rouge) ont été comparées aux cartagènes expérimentales.

Vieillissement utile

Les cartagènes produites ont été analysées physiquement et chimiquement, et testées par des jurys de dégustation après différentes périodes de maturation. L'oxydation de certaines des molécules initiales est manifeste : la couleur des cartagènes, blanche quand elles sont formées à partir de raisins blancs, ou rouge quand elles sont formées à partir de raisins rouges, s'uniformise progressivement. Les analyses chimiques, d'autre part, ont montré que les polyphénols et les tanins sont un peu plus abondants dans les fûts que dans les cuves : malgré l'utilisation de vieux fûts ayant déjà contenu de l'eau-de-vie, des échanges s'effectuent encore entre la cartagène et le bois, lequel cède divers polyphénols.

Lors des tests, les dégustateurs ont été peu sensibles à ces diverses concentrations en polyphénols. En revanche, ils ont été très sensibles aux différences entre les cartagènes jeunes ou vieillies. Dans les cartagènes élevées pendant six mois seulement, la syrah a été appréciée, avec une belle couleur rouge, fruitée, sans caractère oxydatif ; les cartagènes à grenache et à cinsaut étaient moins colorées et peu aromatiques, sans différences perceptibles selon le mode de maturation ; dans les trois cas, l'alcool était très présent, voire agressif. Cependant, après 15 mois d'élaboration, il n'était plus noté de différences selon que les cartagènes de cinsaut avaient été élevées en fûts ou en cuve ; la différence était faible avec le cépage grenache, et très importante pour le cépage syrah, et toutes les cartagènes étaient favorablement oxydées.

Le jury était-il fiable? Les biochimistes narbonnais ont vérifié la cohérence des réponses données et observé que les dégustateurs se répartissaient en trois groupes : les membres de la Station INRA, non experts en cartagènes ; les représentants des producteurs ; des personnes ayant donné des réponses atypiques. Ayant éliminé les «mauvais» dégustateurs du dernier groupe, ils ont refait une autre dégustation, où les cartagènes servies étaient plus fraîches : les résultats ont été confirmés, mais, cette fois, aucune différence n'a été perçue entre les cartagènes de même âge, élevées en cuve ou en fût.

Ainsi la syrah semble donner plus rapidement que les autres cépages une cartagène fruitée et agréable ; les cartagènes à cinsaut et à grenache n'acquièrent une typicité que par l'oxydation limitée des polyphénols et d'autres molécules oxydables, mais elles peuvent alors dépasser les cartagènes à syrah en puissance aromatique. Dans les trois cas, un élevage d'un an au moins semble indispensable. Un élevage plus long serait-il souhaitable? Il augmenterait les coûts de production, mais améliorerait-il encore la qualité des produits?

Après un an de maturation, la couleur et le goût des cartagènes, dus à l'oxydation des polyphénols, dépendent encore du cépage : du premier au dernier plan, les cartagènes sont réalisées à partir d'un cépage blanc, de grenache ou de cinsaut, de syrah et d'alicante.

LE THÉ

La chimie des plaques claires à la surface du thé.

Les aliments contiennent tant de molécules «amphiphiles», avec une partie soluble dans l'eau et une partie insoluble, que les mousses sont fréquentes dans les plats ou dans les boissons: blancs d'œufs montés en neige, Champagne, bière, crème... Parfois, le cuisinier recherche cette mousse et évite les agents antimoussants: il se garde de laisser tomber du jaune d'œuf dans des blancs qu'il veut monter en neige, parce que les molécules de graisse présentes dans les jaunes se lient à la partie hydrophobe des protéines des blancs, lesquelles ne viennent plus au contact de l'air, pour stabiliser l'interface eau-air. De même, les femmes qui aiment la mousse du Champagne se garderont de porter certains rouges à lèvres, qui contiennent des molécules antimoussantes. Dans d'autres circonstances, on cherche au contraire à éviter la mousse: lors de la préparation de confiture d'abricot, on fait retomber l'écume que provoque la cuisson en caressant la surface avec du beurre fondu.

Les films inquiètent les amateurs

Grands buveurs de thé, des chimistes anglais se sont penchés sur les minces plaques claires qui apparaissaient à la surface de leurs tasses, croyant y voir un phénomène de mousse contrariée par la dureté de l'eau (le savon ne mousse pas quand l'eau est dure, c'est-à-dire quand elle contient des sels comme le sulfate de calcium et le chlorure de magnésium)... mais ils ont été surpris de trouver un tout autre phénomène, qu'ils ont présenté dans la revue *Nature*.

Ces films que l'on observe dans les théières ou dans les tasses sont des plaques de forme irrégulière, telles des salissures de la surface. Michael Spiro et Deogratius Jaganyl, au Laboratoire de chimie du Collège impérial, à Londres, les ont étudiés quantitativement après avoir mis au point une méthode pour les recueillir à la surface de grands récipients où ils infusaient du thé.

L'examen de ces films au microscope à balayage *(voir la figure)* a révélé de petites particules claires à leur surface: il s'agit de carbonate de calcium. Une analyse microchimique a confirmé que tout le calcium, ainsi que des traces de magnésium, de manganèse et d'autres métaux provenant pour partie des eaux londoniennes, et pour partie du thé, pouvaient être éliminés par un traitement à l'acide chlorhydrique. Le reste, de nature organique, est insoluble dans tous les solvants testés, mais soluble dans les bases concentrées. La spectrométrie de masse a indiqué que ce résidu est composé de molécules de masses variées, voisine de 1 000. M. Spiro et D. Jaganyl ont également étudié la vitesse de formation de ces films en infusant du thé noir Typhoo dans de l'eau thermostatée à la température de 80 degrés pendant des temps chronométrés: après la phase d'infusion, ils retiraient les sachets de thé et toute écume présente à la surface, puis mesuraient la formation des films au cours du temps. Ils ont ainsi observé que les films se forment pendant plusieurs heures, leur quantité augmentant proportionnellement au temps pendant la première heure ; après quatre heures, la masse du film épais qui est formé est proportionnelle à la surface du récipient.

La vitesse de formation du film dépend de l'atmosphère qui surmonte le thé : la masse de film qui apparaît dans les atmosphères d'oxygène pur est supérieure à celle qui se développe dans l'air ordinaire ou sous atmosphère d'azote. Manifestement le film est produit par l'oxydation de composés solubles du thé, tels certains polyphénols (l'amertume du thé est due à de telle molécules).

Les chimistes britanniques n'ont pas observé de film à la surface de thé infusé dans l'eau distillée ou dans de l'eau distillée à laquelle ils avaient ajouté du chlorure de calcium ; ces films n'apparaissent que si l'eau contient à la fois du calcium (ou du magnésium) et des ions bicarbonate. Aucun film ne se forme non plus quand on complexe les ions calcium par un composé complexant tel l'acide éthylènediamine tétracétique (EDTA) ou quand on acidifie le thé. De ce fait, le film n'apparaît pas dans les thés au citron, dont l'acidité est supérieure au thé naturel et dont les ions calcium sont complexés par les ions citrate. De même, les thés très forts ont peu de film, car l'abondance des polyphénols augmente l'acidité. En revanche, l'ajout de lait augmente considérablement la quantité de film, de même que l'élévation de la température d'infusion.

Les composés organiques complexes des films, résultant de l'oxydation de composés solubles du thé en présence d'ions calcium et d'ions bicarbonate, semblent se former par un phénomène analogue à l'oxydation enzymatique qu'utilisent les producteurs de thé pour transformer le thé vert en thé noir. Les études ultérieures confirmeront-elles cette hypothèse?

Le film à la surface du thé observé au microscope électronique à balayage. Les petites particules blanches sont du carbonate de calcium.

Partie 4

Une cuisine pour demain

LE VIDE EN CUISINE

Comment utiliser le vide en cuisine.

Les cuisiniers actuels filtrent comme au Moyen Âge : ils mettent leurs fonds dans des chinois, et foulent à l'aide d'un pilon ou d'une louche, afin de récupérer le maximum de liquide. Naturellement l'efficacité de l'opération est limitée par la taille des mailles du chinois. Ne pourrait-on rénover cette pratique millénaire? Des instruments tirés des laboratoires de chimie seraient utiles ; ils mettraient en outre sur la piste d'innovations culinaires amusantes.

La filtration, spécialité de laboratoire

Le problème de la filtration se pose avec acuité à propos du bouillon : comment le rendre limpide quand il est trouble? Traditionnellement les chefs le clarifient : au bouillon froid, ils ajoutent quelques blancs d'œufs, mélangent, puis chauffent doucement, de sorte que les blancs, en coagulant, emprisonnent les particules solides en suspension ; une filtration dans un chinois garni d'un linge achève la clarification.

Cette opération n'est pas satisfaisante, car elle fait perdre du goût au liquide ; de fait, les chefs qui clarifient un bouillon ajoutent des légumes et des viandes frais, coupés en petits morceaux, avec le blanc d'œuf, de sorte que ces matières régénèrent le bouillon gustativement appauvri par la clarification. Coûteuse pratique! On se donne la peine de confectionner un bon bouillon, pendant plusieurs heures, puis on le réenrichit parce qu'on l'a appauvri.

Les chimistes, pour qui la filtration est une opération quotidienne, ont résolu la question depuis longtemps, à l'aide d'appareils adaptés aux diverses situations : le catalogue d'un des principaux vendeurs de matériel de laboratoire consacre plus de 40 pages à ces appareils. Dans un des plus courants, les matières à filtrer sont déposées dans un entonnoir muni d'une plaque de verre fritté (qui ne perce pas, contrairement aux filtres en papier), aux pores de taille contrôlée, et cet entonnoir est disposé sur une fiole conique où l'on fait le vide, à l'aide d'une trompe à eau (un appareil peu coûteux que l'on branche directement sur le robinet d'eau courante).

Avec Antoine Westermann, chef du restaurant *Buerehiesel,* à Strasbourg, nous avons testé cet appareillage sur un consommé de tomates, qu'il cherche à obtenir parfaitement limpide. La recette initiale consistait en une cuisson de tomates dans l'eau directement additionnée de blanc d'œuf ; après une demi heure de cuisson lente, la filtration dans un chinois garni d'un linge donne un liquide doré. L'appareil de laboratoire, lui, procure une limpidité supérieure et un goût plus prononcé : quand des fabricants de matériel électroménager se lanceront-ils dans la fabrication en grande série de ce matériel peu coûteux? Ils n'auront qu'à augmenter la capacité de filtration de l'appareil de laboratoire et à remplacer la verrerie par du métal, résistant aux vicissitudes des cuisines.

Sur la lancée d'une telle modernisation, rêvons à des usages culinaires des trompes à vide. À l'Université d'Oxford, Nicholas

Kurti a imaginé de produire des meringues d'un genre nouveau. Classiquement on fabrique des meringues en ajoutant du sucre à des blancs d'œufs battus en neige, puis en cuisant la préparation obtenue à feu très doux : la coagulation des protéines des blancs conserve la structure alvéolaire de la mousse de blancs en neige, tandis que l'eau s'évapore lentement, laissant le sucre sous forme vitreuse. Kurti a eu l'idée de remplacer le chauffage par un stockage de la préparation sous vide : l'eau s'évapore tandis que la dilatation de l'air initialement présent dans les bulles fait considérablement gonfler les meringues. Le produit fini est léger... comme un cristal de vent.

De la meringue au soufflé

Cette expérience, qui a le mérite de montrer comment utiliser le vide en cuisine, n'est pas culinairement satisfaisante, car les meringues sous vide manquent de mâche. Comment conserver l'idée d'un fort gonflement et avoir, néanmoins, quelque chose à se mettre sous la dent? Il suffit de choisir une préparation dont les parois entre bulles soient plus épaisses que dans les meringues : les soufflés ou les pâtes à choux sont ainsi de ces préparations culinaires que les cuisiniers et cuisinières s'évertuent à faire bien gonfler.

Que donne l'usage du vide, dans ce cas? Une préparation pour soufflé placée dans une cloche où l'on fait le vide gonfle considérablement quand on pompe l'air, car les bulles d'air présentes dans la préparation se dilatent. Mais ce soufflé retombe quand on le remet à la pression atmosphérique. Pour conserver le gonflement, il suffit de cuire dans l'état gonflé, par exemple à l'aide d'une résistance électrique chauffante qui entoure le ramequin à soufflé, dans la cloche : la cuisson coagule les protéines et emplit les bulles de vapeur d'eau, de sorte que le soufflé conserve sa structure quand on le remet à la pression atmosphérique.

Voila quelques jeux avec le vide : nul doute que les cuisiniers et cuisinières inventifs en trouveront d'autres, si on leur permet de travailler avec des méthodes de notre temps.

Fiole à vide surmontée d'un filtre en verre fritté.

ARÔMES OU RÉACTIONS?

Les chimistes identifient deux façons de donner du goût aux aliments.

Les choses doivent avoir le goût de ce qu'elles sont, disait le gastronome Curnonsky dans la première moitié du XXe siècle. L'aphorisme a été adopté par de nombreux cuisiniers qui parlent aujourd'hui de «vérité» des goûts, mais est-il pertinent? Le rôle du cuisinier n'est-il pas la transformation des produits alimentaires en vue de la confection des mets?

Si l'objectif est l'obtention de goûts spécifiques, comment communiquer ceux-ci aux plats? Soit en ajoutant des arômes, soit en organisant des réactions chimiques, afin que les arômes soient formés *in situ*.

La technique la plus simple, mise en œuvre par l'industrie agro-alimentaire, est l'utilisation de préparations aromatiques, extraits naturels ou solutions de molécules de synthèse. Leur emploi en cuisine est simple (on verse quelques gouttes dans un plat), mais leur composition emploie des «nez», c'est-à-dire des artistes qui assemblent des solutions de diverses molécules aromatiques afin de reconstituer leur version de goûts connus : fraise, gingembre, romarin...

Les cuisiniers hésitent à se laisser supplanter par ces «nez», d'autant que l'utilisation des produits naturels (du vrai thym et du vrai romarin dans une ratatouille, par exemple) donne souvent un résultat aromatiquement plus riche, et certainement plus varié, que l'utilisation d'un arôme industriel de thym ou de romarin (les «nez» n'assemblent généralement pas autant de molécules aromatiques qu'il en existe dans les produits naturels).

Doit-on pour autant écarter les arômes? Ce serait perdre une occasion d'élargir la palette des goûts. Pourquoi ne renforcerait-on pas la note «verte» d'une huile d'olive avec de l'hexanal? Pourquoi n'ajouterait-on pas du 1-octèn-3-ol à un plat de viande afin de lui donner un arôme de champignons ou de sous-bois (attention au dosage : en concentration excessive, la même molécule sent un peu le moisi)? Pourquoi n'emploierait-on pas de la bêta ionone afin de donner aux desserts cet étonnant arôme de violette que les fleurs ont bien du mal à libérer?

D'autre part, pour donner de la saveur, et non de l'arôme, le cuisinier pourra employer le monoglutamate de sodium ou des molécules analogues, qui donnent la saveur nommée «umami», également apportée par les oignons ou par les tomates. Il pourra utiliser la réglisse ou l'acide glicyrrizique, qui communiquent des saveurs spécifiques, qui ne sont ni salées, ni sucrées, ni acides, ni amères.

Usages avancés du feu

Les progrès culinaires seraient-ils limités à cet avenir de l'aromatisation, qui s'apparente, en plus moderne, à l'ajout de fines herbes ou d'épices? Certainement pas : le cuisinier sait bien que la cuisson transforme le goût de ses produits. Le feu est son allié inséparable, et la chimie peut l'aider à l'utiliser.

Par exemple, on change facilement le goût du caramel en variant le sucre que l'on chauffe. C'est ainsi que l'on peut confectionner des caramels de glucose, de fructose ou, plus généralement, d'autres sucres que le saccharose (le sucre de table). Une expérience que chacun peut réaliser montre que ces caramels sont peut-être déjà présents en cuisine.

L'expérience se fonde sur une remarque apparemment paradoxale de cuisiniers qui, pour préparer des sauces, mettent dans une casserole des échalotes hachées et du vin blanc, qu'ils font réduire «à sec». Or certains vins blancs ne laissent aucun résidu dans les casserole. Pourquoi? Parce qu'il leur manque du glucose, du glycérol et bien d'autres constituants. Conclusion pratique : si le vin blanc risque de s'évaporer excessivement, ajoutons-lui du glucose avant de réduire... et nous obtiendrons ce caramel de glucose qui contribue au goût des vins réduits à sec.

Le paradoxe des réductions

Cette réduction, même ainsi épaulée, reste étonnante : pourquoi évaporer l'essentiel des molécules aromatiques qui sont présentes dans les vins? La question se pose également dans le cas des fonds, que les cuisiniers obtiennent en concentrant des bouillons de viande par chauffage. Si la concentration élimine les molécules aromatiques, pourquoi les fonds sont-ils néanmoins savoureux et parfumés?

Anthony Blake et François Benzi, de la Société *Firmenich*, ont comparé par chromatographie un bouillon réduit des trois quarts, puis ramené à son volume initial par ajout d'eau, au même bouillon non modifié : la concentration en certains composés aromatiques était effectivement réduite, mais d'autres composés étaient nés des réactions, favorisées par l'échauffement, entre les divers constituants du bouillon. Reste à identifier ces réactions afin de perfectionner – qui sait? – la confection des fonds.

De la chimie en cuisine

Les possibilités de la chimie sont innombrables : nous avons sur nos étagères de cuisine une foule de produits quasi purs : chlorure de sodium, saccharose, triglycérides (dans l'huile), éthanol, acide acétique, etc. ; et, dans nos bibliothèques, des traités de chimie décrivent parfaitement les réactions de ces molécules. Ne pourrions-nous faire aujourd'hui la synthèse?

Ainsi les réactions dites de Maillard, entre les acides aminés et les sucres, engendrent les composés goûteux et bruns de la croûte du rôti, du pain, les arômes du café ou du chocolat... Or les chimistes savent que ces réactions diffèrent selon l'acidité du milieu réactionnel. Tremperons-nous un jour les suprêmes de volaille dans du vinaigre ou dans du bicarbonate de soude avant de les passer sous le grill, créant ainsi des goûts nouveaux? Pour retrouver une acidité de dégustation appropriée, une fois la réaction effectuée, on neutraliserait le vinaigre au bicarbonate, ou inversement...

LE BEURRE, UN FAUX SOLIDE

Comment le rendre tartinable.

Le beurre est un solide étrange : quand on le sort du réfrigérateur, on doit parfois attendre une quinzaine de minutes avant de le tartiner facilement. Pourquoi? Comment éviter cette attente? Pourrait-on fabriquer un beurre qui serait tartinable dès sa sortie du réfrigérateur?

La question se pose depuis 1988 : la législation accorde l'appellation de beurre aux produits qui, comme le beurre, sont des dispersions de gouttelettes d'eau dans la matière grasse laitière, à condition que ces produits aient été séparés par des méthodes physiques. Aussi pouvait-on concevoir de vendre des beurres de qualités variées, préparées par mélange de diverses fractions qui auraient été d'abord isolées du beurre.

Comment séparer ces fractions? Comment les recombiner? En 1992, le groupe de recherche de l'industrie laitière *Arilait* a confié à plusieurs laboratoires la tâche d'analyser la matière grasse laitière et d'identifier des règles de composition des beurres tartinables. L'étude était difficile, parce que les molécules qui composent la matière grasse laitière sont variées et «polymorphes» : chaque type de molécules cristallise de plusieurs façons, selon le type de traitement qu'il a antérieurement subi, et les cristaux n'adoptent leur forme d'équilibre qu'après un long repos.

Cidil-Studio R. Wilson et F. Fréchaud

Dans le lait, cette matière grasse est sous la forme de gouttelettes dispersées dans de l'eau ; chaque gouttelette, de quelques micromètres de diamètre, est enrobée de micelles de caséine, chaque micelle étant un assemblage de plusieurs protéines, cimentées par du phosphate de calcium. Des molécules aromatiques sont dissoutes dans les matières grasses des gouttelettes, tandis que des molécules variées (vitamines, sucres, tels que le lactose, sels minéraux, protéines) sont en solution dans l'eau.

L'équipe commanditée par *Arilait* a d'abord étudié la matière grasse, dont la composition change même selon les saisons. En revanche, une unité règne : les matières grasses du lait sont essentiellement des molécules de triglycérides, composées d'une molécule de glycérol à laquelle sont liées trois molécules d'acides gras. Le lait contient plus de 500 acides gras différents. Comme chaque acide gras peut être lié à n'importe quel atome de carbone du glycérol, le nombre de triglycérides possibles est supérieur à plusieurs milliers.

Étrange fusion du beurre

Une des conséquences majeures de cette diversité est le comportement étrange du beurre à la fusion : contrairement à un corps pur tel que l'eau, qui fond à une température fixe (0 degré), la fusion du beurre commence dès −50 degrés, et elle s'achève vers +40 degrés. Les divers triglycérides du lait fondent par familles chimiques homogènes en trois étapes principales : de -50 degrés à

10 degrés, on observe la fusion des molécules dont les acides gras sont courts ou comportent des liaisons chimiques doubles, entre les atomes de carbone ; puis, entre 10 degrés et 20 degrés, vient le tour des molécules ne contenant qu'une seule liaison double ou bien une chaîne courte ; entre 20 degrés et 40 degrés, fondent les molécules où les trois acides gras sont saturés (avec seulement des liaisons chimiques simples entre les atomes de carbone).

Les physico-chimistes ont plutôt étudié le phénomène inverse de la fusion : la cristallisation, à partir de beurre fondu. Pour séparer les diverses fractions, on effectue ainsi une «cristallisation fractionnée» : on refroidit lentement le beurre fondu et l'on isole les cristaux qui apparaissent à une même température, tous composés des mêmes types de molécules.

De nouveaux beurres

Ayant ainsi isolé des fractions qu'ils ont identifiées, Frédéric Lavigne, Michel Ollivon et leurs collègues ont alors cherché un moyen de former des mélanges tartinables dès la sortie du réfrigérateur : ils préconisent de mélanger des triglycérides à température de fusion élevée, qui restent donc solides à la température ambiante, avec une proportion appropriée de triglycérides à basse température de fusion, liquides à température ambiante.

On obtient ainsi un corps apparemment solide qui, comme le beurre classique, contient une proportion de molécules sous la forme de liquide (même dans le lait, les «gouttelettes» de matière grasse sont partiellement solides : la proportion de solide atteint 70 pour cent à 4 degrés, mais seulement 10 pour cent à 30 degrés). L'enrichissement en molécules à basse température de fusion facilite le tartinage. Les fractions à point de fusion élevé sont utilisées en pâtisserie (encore sous le nom de beurre, puisque la réglementation l'autorise) notamment pour la réalisation de pâtes feuilletées.

Pourquoi un solide qui contient du liquide reste-t-il apparemment solide? À cause des cristaux qui s'enchevêtrent quand ils croissent. Raclé par un couteau, le beurre semble s'amollir non pas parce qu'il s'est échauffé, mais parce que les cristaux sont séparés.

Comment utiliser ces découvertes en cuisine? Je vous propose de tester la cristallisation fractionnée : fondez le beurre et récupérez la partie solide à mesure qu'elle se forme, tout comme l'ont fait les physico-chimistes. Vous aurez ensuite la possibilité de composer votre beurre, par des mélanges, et d'obtenir les textures appropriées au plat où vous voudrez placer votre produit.

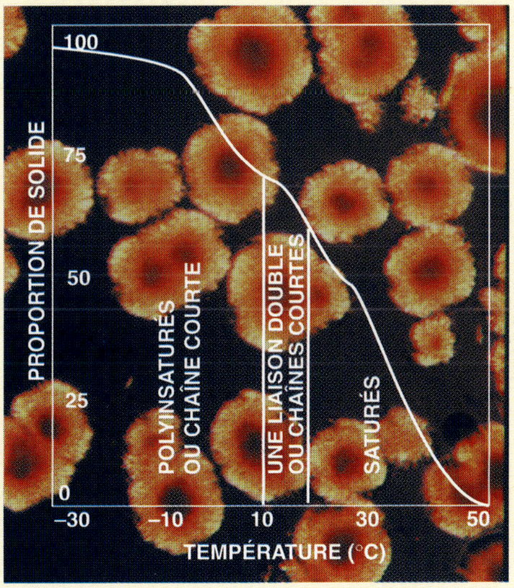

Arilait-Recherches

Les diverses molécules de la matière grasse du lait cristallisent (en fond) *en trois étapes principales.*

MOUSSES DE FOIE

Leurs qualités aromatiques dépendent de leur texture.

L'industrie agro-alimentaire cherche à alléger ses produits : réduire leurs teneurs en lipides et augmenter leur teneur en eau sans que le goût n'en pâtisse. Même la mousse de foie, réputée pour sa solide constitution lipidique, n'échappe pas à la tendance. À Nantes, Michel Laroche et ses collègues du Laboratoire d'étude des interactions des molécules alimentaires de l'INRA étudient des mousses de foie où une proportion notable d'amidon a été ajoutée, afin de déterminer l'allégement maximal de ces produits. Leurs mesures physico-chimiques et leurs analyses sensorielles ont révélé que l'acceptabilité des mousses de foie allégées par de l'amidon dépend principalement du «fondant» final, que la sensation de gras ne dépend pas de la quantité de lipides substitués et que la perception de l'arôme dépend directement de la texture.

L'allégement des mousses de foie est particulièrement délicat, car on cherche à conserver une bonne tartinabilité, propriété qui, dans les mousses classiques, semble due à la forte concentration en lipides (jusqu'à 50 pour cent). En 1985, à Nantes, René Goutefongea et Jean-Paul Semur avaient montré comment conserver cette tartinabilité en ajoutant à des mousses de foie des hydrocolloïdes, c'est-à-dire des dispersions de longues molécules dans l'eau. Les expériences récentes ont testé la substitution partielle ou totale des lipides par des empois d'amidon de féverole, légumineuse produite en France et dont la première étude avait révélé l'intérêt.

Dans une mousse de foie préparée classiquement, par broyage de foie de porc, de blanc d'œuf, de lactosérum, de gélatine, de sel nitrité, de sel, de poivre, d'oignons, d'échalote et de Cognac, les chercheurs nantais ont remplacé des proportions variées de lipides par des empois d'amidon de féverole à 15 pour cent, pour une première série de produits, et une quantité fixe d'empois à concentration variable en amidon, pour une seconde série (de telle sorte que l'allégement soit alors de 50 pour cent, mais que la proportion d'amidon soit variable). Ces préparations étaient comparées à des produits achetés dans un commerce local.

Diverses mesures mécaniques ont caractérisé ces diverses mousses, qui ont ensuite été goûtées par dix dégustateurs entraînés. Dans une pièce peu éclairée en lumière rouge, ces derniers devaient apprécier le fondant, défini comme l'aptitude de l'échantillon à s'écraser entre la langue et le palais ; la sensation de gras ; la texture granuleuse, définie par la perception de granules ; et l'intensité de l'arôme. Enfin ils donnaient une note de préférence globale.

Le fondant, tout d'abord, augmente avec la quantité d'amidon dans la première série de produits substitués, mais diminue dans la seconde. La texture granuleuse ne semble pas modifiée par la quantité d'amidon, sauf peut-être pour les quantités très élevées. Et la sensation de gras, qui semble indépendante de la quantité réelle de gras pour la série à teneur variable en lipides, diminue au contraire quand la teneur en amidon augmente dans la seconde série. Une variation analogue est observée pour la perception de l'arôme, qui ne varie pas pour la première série, et diminue avec la quantité d'amidon dans la seconde série.

Les quatre grandeurs sensorielles sont fortement reliées mais la relation entre le fondant et la perception de l'arôme est la plus intéressante : l'augmentation de la quantité d'amidon correspond, dans la seconde série, a une diminution du fondant et de la perception de l'arôme. Les composés aromatiques étaient-ils adsorbés par l'amidon? Ou par l'eau? Ces hypothèses ont été infirmées par les résultats obtenus pour la première série, pour laquelle l'augmentation de la quantité d'amidon va de pair avec une augmentation de la teneur en eau du produit et une augmentation notable du fondant.

Puisque la composition des produits ne permet pas d'expliquer la relation fondant-qualité aromatiques, il semble que l'augmentation du fondant, qui correspond à un meilleur étalement du produit dans la bouche, améliore la perception de l'arôme, ou que, lorsque la texture est inappropriée, les dégustateurs perçoivent difficilement les autres éléments de la qualité des mousses testées.

Quand le fondant reste acceptable, les notes de préférence sont bien corrélées, par ordre d'importance, au fondant, à la sensation de gras, à l'arôme et à la texture granuleuse, et les quatre paramètres sensoriels étudiés sont fortement reliés aux mesures d'hydratation et de résistance mécanique. Quelle est la proportion d'empois finalement acceptable? Si un empois à 15 pour cent dans l'eau est utilisé, on peut remplacer les deux tiers des lipides sans que l'acceptabilité soit réduite ; quand la substitution est supérieure, le produit devient trop fondant.

Ces études mettent en valeur trois phénomènes. Premièrement le fondant est une grandeur à optimum, dont l'influence est prépondérante. Deuxièmement la sensation de gras est indépendante de la quantité de lipides substitués. Troisièmement la perception des arômes d'un produit dépend de sa texture. Ce dernier résultat est à rapprocher de celui qui avait été obtenu par Patrick Étiévant et ses collègues de la Station INRA de Dijon, en 1990 : l'addition de pectines à des confitures de fraises, en raffermissant la texture, en réduit aussi les qualités aromatiques.

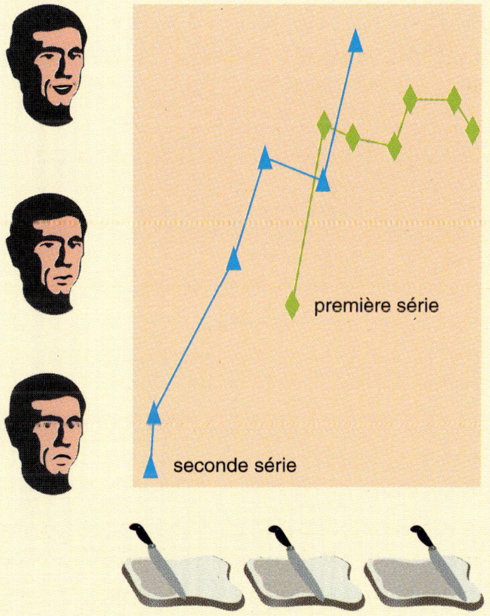

Les qualités aromatiques dépendent de la texture.

ÉLOGE DE LA GRAISSE

Décriée quand elle constitue une proportion excessive de l'organisme humain, la graisse s'impose en cuisine.

On crie haro sur la graisse, on l'accuse de boucher les artères, on ne supporte plus les rondeurs qu'on lui impute et, en conséquence, on la chasse des casseroles. Pourtant la graisse est l'alliée indispensable du cuisinier; examinons pourquoi.

Dans les fritures, tout d'abord, les températures atteintes, 200 degrés ou plus, confèrent leur croustillant aux frites ou aux beignets... L'eau ne supportant pas ces températures sans bouillir, la surface des pièces frites est séchée, sans que l'eau de l'intérieur des aliments ait le temps de diffuser vers l'extérieur; la croûte formée donne la sensation du croustillant. Ne pourrait-on éviter le bain d'huile en plaçant les pièces à frire dans un four fortement chauffé? Le résultat serait différent: des chimistes de Bristol et de Nantes ont démontré que les graisses participent aux réactions dites de Maillard, entre les sucres et les acides aminés; les produits formés sont différents en présence ou en l'absence de matière grasse, et le bon goût des parties brunies, en surface des aliments frits, est précisément imputable aux graisses. Ainsi se justifie la pratique qui consiste à barder des cailles que l'on rôtit.

Restons au rôtissage: ce serait une erreur d'arroser la viande avec le jus aqueux qui a coulé dans la lèchefrite: l'eau qui fait l'essentiel du jus amollirait le croustillant (nous l'avons vu, celui-ci est de la peau dont l'eau a été évaporée), ce qui serait contraire au but visé. Conclusion: la graisse s'impose encore (l'idéal serait une lèchefrite décanteuse, qui permettrait de récupérer la graisse fondue, en éliminant l'eau).

Du rôti à l'émulsion

Huile ou beurre, la graisse est également inévitable dans toutes les émulsions: mayonnaise, béarnaise, hollandaise, beurre blanc ou autres sauces formées d'un fond monté au beurre ou à la crème. Ces émulsions ne sont presque que matière grasse: la «liaison» résulte de l'entassement de gouttelettes de matière grasse dans de l'eau; c'est seulement quand les gouttelettes sont suffisamment serrées les unes contre les autres qu'elles n'ont plus la place de bouger, et que la sauce s'écoule difficilement.

Pourrait-on, néanmoins, augmenter la proportion d'eau, au détriment de la proportion de graisse? On peut employer un batteur électrique plutôt qu'une fourchette, afin de diviser la matière grasse en gouttelettes plus petites, donc plus nombreuses, mais le gain est limité. On peut aussi utiliser des subterfuges, tels que l'emploi d'épaississants ou de gélifiants, mais on reproduit difficilement le comportement d'écoulement d'une émulsion à l'aide d'une suspension (de grains d'amidon gonflés, par exemple) ou d'une solution concentrée (quand on dissout dans l'eau des hydrocolloïdes, molécules qui s'entourent de nombreuses molécules d'eau).

À partir d'une observation, transformons finalement un petit mal en un grand bien. Pourquoi le beurre prend-il les mauvaises odeurs, au réfrigérateur? Parce que de nombreuses molécules aromatiques sont solubles dans les graisses. Les parfumeurs utilisent cette solubilité, afin d'extraire les parfums des fleurs les plus fragiles : ils laissent reposer les fleurs fraîchement cueillies sur de la graisse neutre, pendant quelques heures ; puis ils jettent les fleurs, et fondent la graisse, afin d'y récupérer les molécules aromatiques qui s'y sont dissoutes : c'est le procédé d'enfleurage. Dans un réfrigérateur, le beurre fait office de matière grasse d'enfleurage, tout comme le chocolat, composé de beurre de cacao, ou comme la crème.

La séparation des arômes

Cette propriété pourrait être plus systématiquement employée en cuisine. Enveloppons les fromages dans des plantes aromatiques, par exemple, afin que les principes aromatiques se dissolvent lentement dans la matière grasse du fromage. Ou bien reprenons le principe de cette fameuse recette de beurre à la sauge, préconisée en Italie pour accompagner des pâtes : quand on fait cuire des feuilles de sauge dans du beurre, la chaleur fait éclater les cellules de sauge, qui libèrent leurs molécules aromatiques, lesquelles se dissolvent dans le beurre fondu.

Comme toutes les molécules aromatiques ne sont pas solubles dans les graisses, existe-t-il un moyen de faire le meilleur usage des produits aromatiques de la cuisine? Je vous propose de reprendre le principe de l'ampoule à décanter, utilisée par les chimistes pour séparer des mélanges. Dans une ampoule à décanter, plaçons de l'huile et de l'eau, puis un aliment aromatique, tels des morceaux de cèpes. En agitant l'ampoule, les molécules aromatiques hydrophobes se dissolvent dans l'huile, tandis que les molécules aromatiques hydrophiles se dissolvent dans l'eau.

On crée ainsi deux goûts à partir d'un seul, puisque les molécules aromatiques sont différentes dans les deux solvants. Et si nous n'avons pas d'ampoule à décanter, utilisons simplement un bocal qui ferme hermétiquement : nous y mettrons, de même, huile et eau, et quand les molécules aromatiques auront été dissoutes, nous verserons lentement la phase supérieure huileuse dans un autre récipient, en conservant au fond la solution aqueuse.

Que faire de ces solutions parfumées? Si vous avez préparé de l'eau parfumée aux cèpes en utilisant du blanc d'œuf en guise d'eau, vous pourrez y ajouter l'huile parfumée aux cèpes en la fouettant : les protéines de l'œuf seront alors les molécules tensioactives, qui vous procureront... une mayonnaise aux cèpes.

Dans une ampoule à décanter, des molécules aromatiques se répartissent entre deux liquides non miscibles.

LES MAYONNAISES

Ou l'art de mêler l'huile à l'eau.

La mayonnaise est une sauce remarquable : faisant fi de l'immiscibilité de l'huile et de l'eau, le cuisinier et la cuisinière les mêlent par l'opération du Saint Jaune d'œuf. Confectionnons-en des variantes qui, conservant l'esprit de la mayonnaise, enrichissent l'arsenal culinaire.

Que se passe-t-il quand on ajoute de l'huile dans un mélange de vinaigre et de jaune d'œuf? À l'œil nu, la préparation est homogène, mais un microscope montre que le mélange n'est pas intime : de grosses gouttelettes d'huile se dispersent dans la petite quantité d'eau apportée par le vinaigre, par la moutarde si l'on en a mis (la moutarde est elle-même préparée à partir de vinaigre) et par le jaune d'œuf. Si l'huile ne surnage pas et s'«émulsionne» ainsi, c'est que des molécules «tensioactives» du jaune, avec une extrémité soluble dans l'eau et une extrémité soluble dans l'huile, enrobent les gouttelettes d'huile, l'extrémité soluble dans l'eau se plaçant dans l'eau, et l'autre extrémité se plaçant dans l'huile.

Au microscope, on ne voit pas ces molécules tensioactives qui, réparties autour des gouttelettes d'huile, bloquent leur agrégation. On ne voit pas non plus le vinaigre et le sel, qui jouent pourtant un rôle important : ils permettent aux molécules tensioactives du jaune d'assurer une répulsion électrique des gouttelettes d'huile et contribuent ainsi à stabiliser la sauce.

Combien de mayonnaise peut-on préparer à partir d'un seul jaune d'œuf? L'huile étant considérée en excès – c'est le fond qui manque le moins – deux limitations existent : la quantité d'eau où peuvent se disposer les gouttelettes d'huile, et la quantité de molécules tensioactives. Un calcul simple montre que les tensioactifs d'un seul jaune d'œuf permettent de préparer plusieurs litres de sauce, si l'eau est en quantité suffisante.

Pourquoi alors les mayonnaises ratent-elles quand la quantité préparée est environ d'un grand bol pour un jaune? Parce que la quantité d'eau devient progressivement insuffisante : la mayonnaise devient ferme quand les gouttelettes d'huile sont si serrées qu'elles bougent difficilement. À ce stade, afin d'éviter que la sauce tourne, il faut ajouter de l'eau avant de poursuivre l'addition d'huile. Et pour vos mayonnaises familiales, n'utilisez qu'une goutte de jaune : c'est assez pour enrober toutes les gouttelettes de votre sauce.

La mayonnaise sans jaune

Encore plus fort : la mayonnaise sans jaune d'œuf. Ayant compris que la mayonnaise est une émulsion, c'est-à-dire une dispersion de gouttelettes d'huile dans de l'eau, on peut s'amuser à modifier les ingrédients. Commençons par remplacer les molécules tensioactives. Ce type de molécules est courant dans les produits alimentaires : notamment, si les blancs d'œufs montent en neige quand on les fouette, c'est parce qu'ils sont une solution de protéines tensioactives, et que ces dernières viennent enrober les bulles d'air.

Ainsi, à du blanc d'œuf, ajoutons une goutte de vinaigre, un peu de sel, un peu de poivre et, lentement d'abord puis rapidement ensuite, ajoutons de l'huile en fouettant : une petite mousse commence à se former, puis la mousse retombe, tandis que l'huile s'incorpore exactement comme dans une mayonnaise. Après avoir introduit une quantité notable d'huile, on obtient ainsi une mayonnaise sans jaune. Tradition, où es-tu?

Une mayonnaise sans œuf

Poursuivons cette recherche : nous n'avons aucune raison particulière d'utiliser des molécules tensioactives de l'œuf pour monter la mayonnaise. Pourquoi ne pas utiliser de la gélatine, par exemple? Leurs propriétés tensioactives sont empiriquement bien connues des cuisiniers et des cuisinières, qui s'en servent pour monter certaines sauces chaudes. Fondons une gelée corsée ; ajoutons-y un peu de vinaigre, un peu de sel s'il en manque, un peu de poivre, et versons l'huile en fouettant. À nouveau, l'huile s'incorpore très bien et forme ce que le microscope révèle être une émulsion.

Mérite-t-elle le nom de mayonnaise? Pour en décider, il faudrait savoir ce qu'est exactement cette sauce. Si c'est une émulsion froide d'huile dans de l'eau, alors les trois préparations sont des mayonnaises. Si le goût du jaune d'œuf cru est important, alors seule la mayonnaise classique est légitime.

Remarquons toutefois que les recettes de «véritables» mayonnaises varient considérablement : le grand Antonin Carême, le «Napoléon des fourneaux», au XIXe siècle, faisait sa mayonnaise sans moutarde, mais avec de l'huile d'Aix qu'il incorporait à la cuiller en bois ; d'autres cuisiniers ne jurent que par la moutarde... Tous les goûts sont dans la nature.

Il reste que la «mayonnaise sans œuf», acceptons provisoirement la dénomination, donne une liberté culinaire accrue : si l'on part d'une gelée de menthe, on peut préparer une mayonnaise à la menthe, qui accompagnera un gigot anglais. Mais on peut aussi monter en mayonnaise diverses solutions où l'on a ajouté de la gélatine (en poudre ou en feuilles) : un fond corsé de langoustines, une infusion de romarin, de thym, du jus d'oranges...

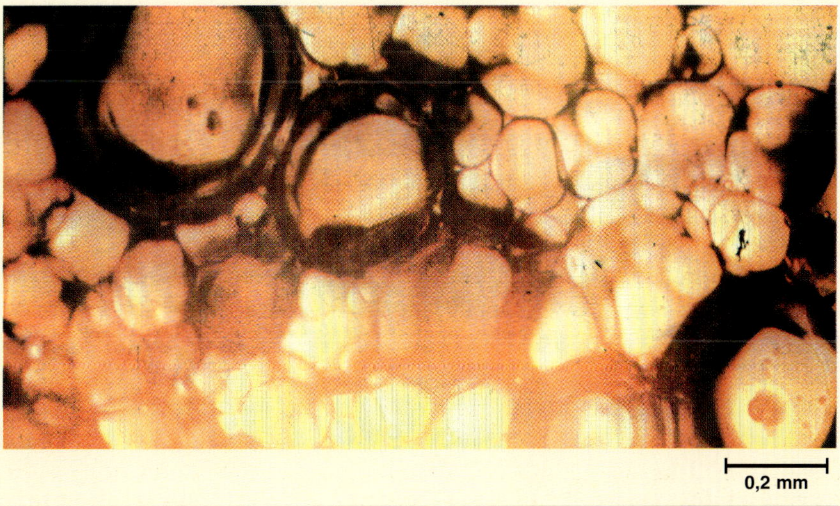

La «mayonnaise» sans jaune d'œuf : on l'a obtenue en fouettant de l'huile dans un blanc d'œuf, additionné de vinaigre, de sel et de poivre. Quelques bulles d'air (grosses formes à paroi noire) subsistent dans l'émulsion, c'est-à-dire la dispersion de gouttelettes d'huile dans l'eau du blanc d'œuf.

DÉRIVÉS D'AÏOLI

De délicieuses émulsions faites à partir de n'importe quel végétal, viande ou poisson.

Partons de l'aïoli, le vrai, celui qu'on fait, en Provence, en pilant de l'ail auquel on ajoute de l'huile d'olive, sans addition de jaune d'œuf. C'est une émulsion, c'est-à-dire une dispersion de gouttelettes d'huile dans l'eau de l'ail.

Pourquoi cette sauce est-elle stable (relativement), alors que le mélange d'huile et d'eau se sépare? Parce que l'ail apporte des molécules dites tensioactives qui enrobent les gouttelettes d'huile et préviennent leur fusion. L'aïoli est une sauce apparentée à la mayonnaise, où les molécules de protéines et de lécithines, provenant du jaune d'œuf, sont tensioactives.

Éloignons-nous de la recette traditionnelle pour inventer nos premières variations: l'échalote, qui appartient à la même famille végétale que l'ail, contient-il également des molécules tensioactives qui nous permettraient de faire de l'«échalotoli»? Et de l'«oignoli» à partir d'oignons? La réponse expérimentale est concluante: il suffit de piler l'échalote ou l'oignon avec de l'huile pour obtenir ces nouvelles émulsions. Au pire doit-on ajouter un peu d'eau, afin de faciliter la réalisation (dans certaines recettes d'aïoli, on conseille, ainsi, d'ajouter un morceau de pain trempé dans du lait). Restera ensuite à imaginer des plats où l'on utilisera ces deux nouvelles sauces. Aux cuisiniers de jouer...

D'autres végétaux que les liliacées contiennent-ils également des tensioactifs? Les cuisinières et cuisiniers savent que la moutarde permet, quand on s'y prend bien, de réaliser des vinaigrettes émulsionnées: la moutarde, aussi, contient des molécules tensioactives utiles à la stabilisation des émulsions. Mais dans les autres végétaux?

Les vertus des membranes

Toutes les cellules, qu'elles soient végétales ou animales, contiennent des compartiments limités par des membranes: ces dernières sont composées de molécules de phospholipides, avec une queue lipidique, insoluble dans l'eau, et une partie soluble dans l'eau. Dans les cellules vivantes, ces molécules de phospholipides forment des doubles couches, parce que les queues hydrophobes se regroupent, tandis que leurs têtes hydrophiles sont au contact de l'eau, dans les divers compartiments cellulaires. Ces molécules abondent et ce sont de bons tensioactifs. Pourrait-on les utiliser pour monter une émulsion?

Pilons, par exemple, une courgette, en ajoutant de l'huile goutte à goutte: nous obtenons une sauce épaisse que, par analogie, nous nommerons «courgettoli». Puis, passons du règne végétal au règne animal: les cellules animales contiennent aussi des membranes. Pilons un cube de viande de bœuf en ajoutant de l'huile: nous obtenons du «bœufoli». Ainsi, de n'importe quel végétal ou animal, nous savons que nous pouvons faire une sauce émulsionnée, pour peu que nous libérions les molécules de phospholipides, en les pilant, par exemple, avec de l'huile (nous devrons ajouter un peu d'eau, en début de préparation, quand les ingrédients choisis en contiennent trop peu).

Notons que les molécules de phospholides ne sont pas les seules molécules tensioactives des cellules végétales ou animales : les protéines, également, ont souvent de bonnes propriétés émulsifiantes. La preuve : un blanc d'œuf fouetté avec de l'huile forme une émulsion remarquablement stable... mais d'une piètre saveur : le blanc d'œuf et l'huile n'ont rien de bien savoureux. En revanche, les molécules de protéines contribuent à la stabilité des diverses sauces que nous pouvons confectionner à partir de viande, de poisson ou de végétaux.

Nouvelles mousses

Des émulsions, passons maintenant à des systèmes physiques analogues : les mousses, composées de bulles d'air dispersées dans un liquide ou dans un solide. En page 214, nous considérons une mousse de chocolat, le «Chocolat Chantilly», que l'on obtient par fouettage d'une émulsion de chocolat. Pourrait-on généraliser le procédé?

La proposition, ici, est l'utilisation du fromage, qui contient une grande quantité de matière grasse et des molécules tensioactives, les caséines, qui servent à disperser les gouttelettes de matière grasse du lait dans celui-ci. Pour obtenir une mousse de fromage, confectionnons d'abord une émulsion de fromage, en chauffant une casserole où nous aurons placé de l'eau et du fromage, par exemple des crottins de Chavignol. Agitons doucement : nous obtenons une sauce lisse et épaisse, que le microscope révèle composée de gouttelettes dispersées dans l'eau (pour avoir un goût plus relevé, nous pouvons remplacer l'eau par du vinaigre concentré par ébullition) : par analogie avec la sauce béarnaise, nous nommerons cette préparation «béarnaise de fromage».

Pour obtenir la mousse souhaitée, reprenons le procédé qui permet de passer de crème (une émulsion de matière grasse du lait dans l'eau) à une crème fouettée : on refroidit en fouettant. Ici, on met la casserole au congélateur pendant une dizaine de minutes, puis on fouette vigoureusement : on obtient alors un «Crottin de Chavignol Chantilly». L'essai a été également réussi à partir de Roquefort, qui a donné du «Roquefort Chantilly».

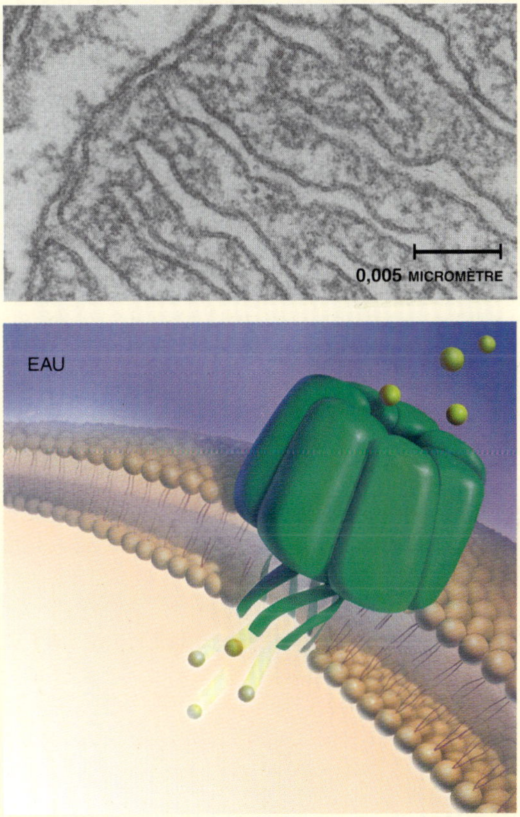

Les cellules végétales ou animales sont pleines de membranes, composées de molécules tensioactives (en haut, les membranes d'une mitochondrie, organite de respiration des cellules). *Ces molécules se disposent de sorte que les parties insolubles dans l'eau ne soient pas au contact de l'eau* (en bas).

ORDRES DE GRANDEUR

Les systèmes dispersés permettent d'obtenir beaucoup avec peu.

Le cuisinier qui fait des flans cherche souvent, pour des raisons économiques ou diététiques, à limiter la proportion d'œuf ou, ce qui revient au même, à augmenter la proportion d'eau. Jusqu'où peut-il aller? Bien au-delà de ce que la cuisine fait classiquement.

Pour examiner ce problème, commençons par analyser deux cas voisins : combien de mayonnaise peut-on faire à partir d'un seul jaune d'œuf? combien de blanc en neige obtient-on à partir d'un seul blanc?

Les livres de cuisine indiquent souvent qu'un jaune d'œuf permet d'obtenir un grand bol de mayonnaise ; or, la compréhension de la physico-chimie de la mayonnaise conduit à la confection de plusieurs litres de sauce. Comment? La mayonnaise est une dispersion de gouttelettes d'huile dans l'eau, chaque goutte étant entourée de molécules dites «tensioactives», dont une partie se dissout dans l'eau et l'autre pas. La quantité de molécules tensioactives du jaune d'œuf (environ cinq grammes) est suffisante pour couvrir un terrain de football d'une couche monomoléculaire. Aussi, quand ces molécules couvrent des gouttelettes d'huile dont le rayon moyen est de l'ordre du micromètre, ou millionième de millimètre, elles suffisent à stabiliser plusieurs litres de mayonnaise.

Pourquoi alors les mayonnaises classiques «tournent-elles» quand on y met trop d'huile, conformément à l'observation culinaire? Parce qu'elles manquent d'eau, où les gouttelettes d'huile se dispersent. La vérification expérimentale est simple... mais elle gâche de l'huile ; faites plutôt un grand bol de mayonnaise à partir d'une seule goutte de jaune d'œuf (qui apporte le tensioactif) dissoute dans une cuillerée d'eau (ou de vinaigre, si vous souhaitez déguster votre préparation).

Un mètre cube de mousse!

Passons au blanc d'œuf battu en neige. Formellement, il est analogue à la mayonnaise, mais l'huile (insoluble dans l'eau) est remplacée par l'air (bien peu soluble dans l'eau), et les molécules tensioactives, qui «isolent l'air», sont les protéines, qui constituent dix pour cent du blanc. Le système obtenu n'est plus une émulsion, mais une mousse. D'où la question : combien de blanc en neige obtient-on à partir d'un seul blanc d'œuf?

Là encore, le calcul d'ordres de grandeur est simple : on commence par chercher le nombre de molécules de protéines présentes dans le blanc ; puis on détermine la surface totale que peuvent occuper ces protéines, et l'on détermine ensuite le nombre de bulles d'air qui peuvent être recouvertes par ces protéines. En multipliant ce nombre par le volume d'une bulle, on obtient le volume maximal de blanc en neige accessible à partir d'un seul blanc d'œuf : plusieurs litres, voire plusieurs mètres cubes, selon les hypothèses que vous choisirez pour la taille des bulles et le type de recouvrement des bulles par les protéines.

Pourquoi, alors, n'obtient-on généralement qu'un petit décimètre cube de mousse? Puisque l'air ne manque pas, c'est l'eau qui fait défaut. Vérification expérimentale : à du blanc d'œuf, ajoutons de l'eau et fouettons ; le volume de mousse augmente et un battage assidu procure plusieurs litres de blanc en neige… moins stable toutefois qu'un blanc en neige classique : la stabilité de la mousse dépend en effet de la viscosité de la phase liquide (elle est réduite par l'ajout d'eau) et de la taille de bulles (qui détermine le jeu des forces capillaires, entre les bulles).

Le flan de l'extrême

Les émulsions et les mousses sont des systèmes dispersés. D'où l'idée : d'autres systèmes dispersés présents en cuisine auraient-ils le même comportement? Culinairement la question se pose quand on réalise une quiche : sur de la pâte placée dans un moule, on ajoute des lardons et un mélange d'œufs et de lait. Toutefois le cuisinier qui hésite à surcharger ses plats ou à consommer des œufs qui lui semblent plus coûteux que le lait augmente parfois tant la quantité de ce dernier que la quiche reste liquide, à la cuisson. D'où la question : combien d'eau (le lait, c'est de l'eau, en première approximation) peut-on ajouter à un œuf afin d'obtenir ce qui est l'équivalent d'un flan?

Supposons que les protéines qui assurent la coagulation soient des sphères. Lors de la coagulation, elles peuvent : soit se grouper de façon compacte, et aucune eau n'est incluse ; soit se disposer, adjacentes, selon les arêtes d'un très gros cube, et inclure un volume maximal d'eau ; soit enfin se répartir sur les arêtes d'un réseau que, pour la simplicité du calcul, on considérera comme cubique.

Dans le premier cas, le volume d'eau inclus est nul. Dans le deuxième cas, un calcul simple montre que le volume serait d'un trop grand nombre de mètres cubes pour être admissible. Considérons donc un cas intermédiaire, fondé sur l'observation d'un œuf sur le plat au microscope à force atomique. Cette fois, un calcul d'ordres de grandeur conduit à un volume de flan (ce que la physico-chimie nomme un gel) égal à un litre.

Pour vérifier ce calcul, partons d'un œuf et ajoutons-lui son volume en eau, puis cuisons. Ayant obtenu un flan, refaisons l'expérience en augmentant progressivement la quantité d'eau : deux volumes, trois volumes… On découvre ainsi que l'on fait «gélifier» jusqu'à plus de 0,7 litre d'eau avec un seul œuf, ce qui est du même ordre de grandeur que ce que prévoyait le calcul.

D'autres idées? La gamme des systèmes dispersés est vaste : nous avons exploré le liquide dispersé dans un liquide, le gaz dispersé dans un liquide, le solide dispersé dans un liquide, mais il reste toutes les autres combinaisons.

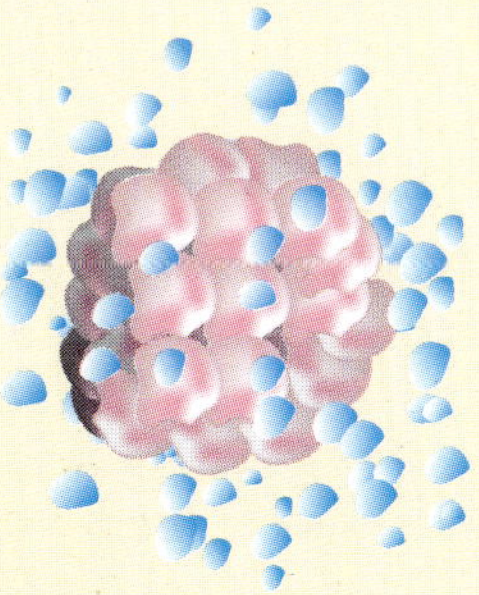

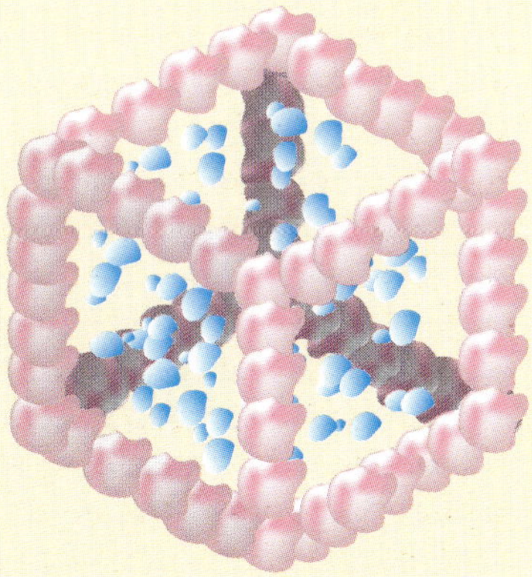

Les deux répartitions extrêmes des protéines (en rose) *que l'on cuit en présence d'eau* (points bleus).

LES ŒUFS DE 100 ANS

Expériences avec des acides et des bases.

Pour préserver les œufs, on les plaçait jadis dans le sable, la sciure, ou la cire, par exemple. Certains peuples d'Orient ont même mis au point des recettes qui tiraient avantage du vieillissement au lieu d'en pallier les effets : les œufs en conserve, également nommés «œufs centenaires» ou «œufs vieux de 1 000 ans», symbolisent les liens avec le passé, ainsi que la longévité. Que valent ces recettes, au point de vue chimique? Quelques expériences révèlent le comportement inattendu des œufs en milieu acide ou basique.

L'art chinois de conserver les œufs se perd dans la nuit des temps. Initialement on immergeait les œufs dans des sucs extraits d'un arbre local. Puis on découvrit qu'en plaçant les œufs dans un mélange de cendres et de terre, au frais et à l'obscurité, on obtenait le même résultat culinaire, mais en seulement 10 à 12 semaines.

Pourquoi ces pratiques? Peut-on en imaginer d'autres? Notons d'abord que la recette des œufs de 100 ans varie selon les régions de Chine. Certains les préparent plutôt en plaçant des œufs de cane dans un emplâtre qui contient des ingrédients variés : chaux, salpêtre, bicarbonate de sodium, boue, herbes odorantes, thé, paille de riz... On laisse reposer au moins trois mois, et l'on dit que la saveur se bonifie progressivement.

Il est étonnant que certains de ces ingrédients soient également utilisés dans des régions françaises : même des civilisations récentes comme la nôtre font usage de la chaux ou des cendres, lesquelles contiennent de la potasse. Ainsi les recettes de conservation forment deux classes : celles qui abritent seulement les œufs, et celles qui les mettent au contact d'un composé basique. Quel est l'effet des bases? Et celui des acides? Après tout, une recette française conseille aussi de placer des œufs de caille dans du vinaigre.

Un œuf dans du vinaigre

Expérimentons en plaçant un œuf entier, dans sa coquille, dans un grand récipient transparent. Quand on le recouvre de vinaigre d'alcool blanc, des bulles se dégagent bientôt : l'acide acétique du vinaigre attaque-t-il le carbonate de calcium? Une bougie allumée, dans le récipient, finit par s'éteindre : c'est l'indication que l'acide dégage du dioxyde de carbone, qui, plus dense que l'air, s'accumule dans le récipient, chassant l'air (on peut faire plus technique en recueillant le gaz dans de l'eau de chaux, qui se trouble). Puis, après une demi-journée environ, une mince peau rouge se détache. Voilà pourquoi les œufs ont une coquille rosée : le blanc du carbonate et le rouge de cette peau font la couleur finale.

Continuons d'observer : après une ou deux journées de lent dégagement gazeux, l'œuf semble grossir. Est-ce seulement une impression? La suite des événements montrera que le grossissement est réel : le volume final peut être plus du double du volume initial *(voir la photographie page suivante)*. La coquille, elle, a été complètement dissoute, mais le contenu de l'œuf n'est pas répandu dans le vinaigre, car l'acidité coagule le blanc : des expériences avec plusieurs œufs qu'on sacrifie à des temps différents montrent que cette coagulation, d'abord limitée à une mince couche externe, concerne une épaisseur de blanc croissante, et s'étend même jusqu'… [illegible]

Oeuf de 100 ans

Gonflement osmotique

Si la dissolution de la coquille et la coagulation du blanc s'expliquent simplement, pourquoi la dilatation? Le phénomène d'osmose serait-il à l'origine du gonflement? Les molécules d'eau tendent à passer des zones où elles sont le plus concentrées, vers les zones où elles le sont moins. Or, si la concentration en eau est voisine de 95 pour cent dans le vinaigre, elle n'atteint que 90 pour cent dans le blanc d'œuf. De surcroît, alors que l'acide acétique migre vers l'intérieur du blanc (on le vérifie en mesurant l'acidité du blanc d'un œuf qui a attendu pendant plusieurs semaines, dans du vinaigre), les protéines qui sont dissoutes dans l'eau des blancs sont des molécules trop grosses pour traverser la membrane coagulée. Au total, c'est l'eau du vinaigre qui entre pour réduire la concentration en eau.

Pour corroborer cette hypothèse, il suffit de laisser des œufs dans une solution d'acide acétique à une concentration supérieure à dix pour cent : le même phénomène de dissolution de coquille a lieu, mais, cette fois, l'œuf est finalement d'une taille médiocre, parce que l'osmose est réduite. Et, puisque nous en sommes à acidifier des œufs, que donnerait un œuf dans une solution concentrée d'acide chlorhydrique? On obtient finalement le même petit œuf qu'avec une solution d'acide acétique, mais la coagulation est bien plus rapide et nette.

Le jaune qui flotte

Je vous invite à faire les expériences : bien d'autres surprises attendent celui qui sait observer. Par exemple, quand la coquille est dissoute et que le blanc est encore translucide, on voit le jaune flotter dans le blanc.

Et les bases? Un blanc d'œuf additionné de soude caustique a commencé par coaguler, alors qu'une réaction chimique engendrait un gaz sulfuré, nauséabond. Puis l'œuf est redevenu clair. Manifestement la soude a dissocié les protéines, après avoir provoqué leur précipitation. Dans la cendre ou dans la chaux, à des pH inférieurs, attendons... 100 ans.

A gauche, un œuf frais et, à droite, le même œuf laissé plusieurs jours dans du vinaigre.

LE FUMAGE DU SAUMON

Du sucre et un champ électrique pour accélérer le fumage des saumons.

Le saumon fumé est un délice luxueux, dont la France s'est fait une spécialité : les fabricants achètent du poisson d'importation et revendent leurs filets fumés dans le monde entier. Une équipe de l'IFREMER et du CIRAD a perfectionné le procédé actuellement utilisé afin d'accélérer le traitement sans perdre la qualité gustative. Les deux principaux ingrédients de leur procédé sont l'osmose et le fumage électrostatique.

Le fumage était initialement utilisé, comme le salage et le séchage, pour préserver les aliments : dans les trois cas, on cherchait à éliminer l'eau des aliments, afin de tuer les micro-organismes déjà présents et d'éviter le développement de nouveaux micro-organismes pathogènes. Cependant les procédés anciens donnaient souvent un goût excessivement salé ou fumé.

Quand les systèmes frigorifiques apparurent, le fumage fut conservé, sous une forme modifiée, parce qu'il communique, par exemple aux filets de poisson, le goût délicieux que nous connaissons. Les produits actuels sont moins salés et moins fumés, mais ils doivent être conservés à des températures comprises entre zéro et deux degrés.

Dans ces méthodes, les filets de poissons sont soit plongés dans une saumure, soit saupoudrés de sel, soit enfin injectés de saumure. Ce premier traitement, qui dure environ quatre heures, n'élimine que deux pour cent de l'eau ; sa maîtrise sanitaire est délicate, et les installations de traitement, de ce fait, sont coûteuses. L'élimination de l'eau n'est véritablement assurée que par le séchage, vers la température de 22 degrés, sous 65 pour cent d'humidité, pendant trois à quatre heures, avant le fumage proprement dit. Là encore, une bonne maîtrise du procédé est nécessaire, car les températures de traitement favorisent le développement des micro-organismes.

Dans le procédé breveté par Antoine Collignan, Camille Knockaert, Anne-Lucie Wack et Jean-Luc Vallet, le salage et le séchage sont simultanés, à la température de 2 degrés : les filets sont plongés dans une solution concentrée en sel et en sucre (entre 10 et 30 pour cent de sucre, et 90 à 70 pour cent de sel), de sorte que l'osmose fasse entrer un peu de sel dans les chairs et sèche ces dernières. En effet, les diverses molécules se répartissent de façon que leur concentration soit partout égale : quand les filets sont plongés dans une solution saturée en sel, ce dernier migre vers les chairs, tandis que de l'eau sort ; simultanément le sucre, grosse molécule qui ne peut entrer dans les cellules de poisson, accentue la sortie de l'eau. Au total, les chairs plongées dans une solution contenant quelque 350 grammes de sel par litre et 1 900 grammes de sucre par litre, perdent environ dix pour cent de leur eau. De surcroît, le sucre réagit avec les acides aminés du poisson et engendre des arômes plaisants par des réactions dite de Maillard (dans certaines recettes classiques de saumon fumé, le poisson était frotté de sucre, jusqu'à ce qu'il paraisse tanné : avec ce procédé, le résultat est analogue, mais plus facile, parce qu'il a lieu en solution).

De la fumée sans feu

Après un rapide rinçage et un égouttage, le fumage a lieu dans une enceinte que traverse une bande convoyeuse métallique qui circule sous une grille. De la fumée produite par pyrolyse de sciure de bois (chauffage à sec de la sciure) est injectée dans la chambre après avoir été refroidie jusqu'à une température de 40 degrés, de sorte que les molécules d'hydrocarbures polycycliques aromatiques, cancérogènes, se condensent et ne contaminent pas les filets. Après s'être chargées en traversant la grille, les particules de fumée sont plaquées contre les filets par l'application d'une différence de potentiel électrique (plusieurs dizaines de milliers de volts) entre la bande convoyeuse et la grille. Par cette méthode, le fumage dure 15 minutes au lieu des trois heures et demie nécessaires par le procédé classique, de sorte qu'aucun séchage supplémentaire n'a lieu.

Le système électrique pourrait facilement être adapté aux lignes de fumage classique, qui traitent jusqu'à 400 kilogrammes de filets de saumon à la fois, et le nouveau procédé de salage-séchage et de fumage à froid pourrait naturellement être repris pour divers autres viandes ou poissons. Question importante : quelle est la qualité des produits ainsi préparés? Initialement ils étaient un peu plus colorés que les produits actuels, mais un préfiltrage des fumées a permis d'obtenir le même type de couleur ; le goût, lui, ne diffère pas notablement d'un produit fumé classique.

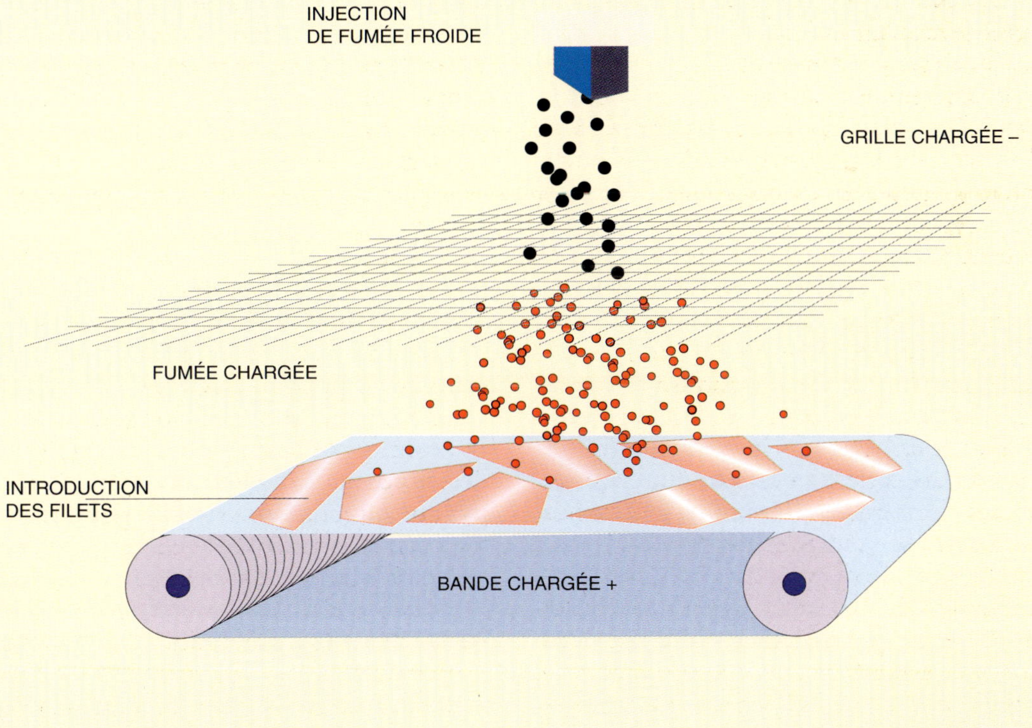

Le fumage électrostatique.

LA RECETTE ET LE PRINCIPE

J.-L. Charmet

L'invention de nouvelles recettes.

Nous cuisinons comme au Moyen Âge : nous nous contentons d'exécuter mécaniquement des recettes rebattues. À l'heure où l'humanité envoie des sondes sur Mars! Nous verrons, à propos des cuissons, comment la réflexion et la rationalité engendrent la créativité.

Certaines cuissons sont «pures» : elles ne font appel qu'à un seul phénomène physique. Les plus anciennes sont celles où la chaleur est apportée par conduction; seul change le matériau qui transporte la chaleur.

Le premier type est la mise en contact des pièces à cuire avec un solide chaud: sur des pierres chauffées dans la braise, sur une plaque de fonte chauffée par un feu quelconque, dans une croûte de sel, dans un moule chauffé par un feu ou dans un four (cuisson des crèmes, des flans, etc.).

La chaleur, d'autre part, peut être apportée par un liquide chaud. Si ce liquide est de l'eau bouillante, la cuisson donne un «bouilli» ; si c'est de l'eau ou une sauce frémissantes, on obtient les pochages, les fricassées, les blanquettes, les matelotes, les salpicons. Et si le liquide chauffant est un corps gras, la cuisson est une friture, un poêlage ou un sauté.

On peut aussi chauffer par l'intermédiaire d'air. S'il est sec, à une température supérieure à 100 degrés, c'est le rôtissage au four; s'il est sec et à moins de 100 degrés, c'est le séchage ou le fumage; par l'intermédiaire d'air humide, c'est l'étuvage, la cuisson à la vapeur, la cuisson en papillotes, la cuisson en croûte.

La cuisine classique française sait également apporter la chaleur sans contact, par des rayonnements infrarouges: c'est le rôtissage à l'ancienne (dans le vrai rôtissage, le rôt doit être placé devant le foyer, et non au-dessus). Un laser et, plus généralement, des ondes visibles de haute énergie pourraient être utilisées pour effectuer la même opération, l'effet serait analogue.

Notons enfin que la science a récemment (à l'aune de l'histoire de la cuisine) innové avec la cuisson aux micro-ondes: cette fois, la chaleur est directement transférée dans l'aliment. Et, pour terminer, certains peuples utilisent un acide pour cuire: c'est la méthode des poissons à la tahitienne.

Les doubles cuissons

La cuisine classique superpose ou enchaîne parfois plusieurs de ces types purs: par exemple, les grillades résultent parfois d'un chauffage par rayonnement et d'un chauffage par l'intermédiaire d'un fluide sec; et les braisés anciens s'obtenaient par un brunissage extérieur des viandes, dans un four chaud, puis par cuisson dans un liquide frémissant.

D'autres enchaînements sont-ils possibles? Reprenons les méthodes de Dimitri Mendeleïev, qui, pour comprendre le désordre des éléments chimiques, avait construit un tableau, où il classait les éléments par ordre de masse atomique, tout en regroupant par colonnes les éléments aux propriétés chimiques analogues. Ici, nous proposons de construire un tableau dont les entrées, en ligne, comme en colonne, sont les types purs de cuisson. À l'intersection d'une ligne et d'une colonne, on indique le type de cuisson qui résulte d'abord de la cuisson indiquée en colonne, puis de la cuisson qui identifie la ligne.

Certaines cases de ce tableau correspondent à des opérations connues. Par exemple, la case 20 (acidité, puis cuisson dans un liquide frémissant) correspond à la cuisson classique du sanglier. La case 63 (cuisson à l'eau bouillante, puis friture) correspond à certaines recettes de pommes de terre frites.

Inventions attendues

Toutefois d'autres cases renvoient à des procédés inconnus. Ne pourrait-on inventer de nouvelles méthodes de cuisson qui correspondraient à ces cases? Dans certains cas, le procédé suggéré par l'application mécanique de la méthode semble sans intérêt: pourquoi cuirait-on deux fois de suite par contact avec un solide (case 1)? Les cases diagonales, toutefois, ne sont pas inutiles: la case 67 (deux fritures) correspond à la cuisson des frites à deux bains. Ailleurs des procédés sont à inventer. La case 27, par exemple, correspond à une friture, puis à une cuisson à l'eau bouillante. Dans un tel cas, la friture engendrerait une couche de surface asséchée, et dure, mais aussi des arômes spécifiques; certes, la cuisson ultérieure dans de l'eau bouillante détruirait le croustillant, mais elle aurait pour intérêt de répartir les molécules aromatiques créées lors de la première opération. Le goût serait ainsi bien différent de celui que l'on obtiendrait lors d'un braisage.

Ce n'est là qu'un exemple. Les cases sont nombreuses, tout comme les possibilités nouvelles, et l'on attend que des chefs inspirés explorent la voie ainsi ouverte.

D'ABORD CETTE CUISSON →

PUIS CELLE-CI ↓

	SOLIDE	EAU FRÉMISSANTE	EAU BOUILLANTE	AIR SEC TIÈDE	AIR SEC CHAUD	AIR HUMIDE	HUILE	INFRAROUGES	MICRO-ONDES	ACIDITÉ
SOLIDE	1	2	3	4	5	6	7	8	9	10
EAU FRÉMISSANTE	11	12	13	14	15	16	17	18	19	20
EAU BOUILLANTE	21	22	23	24	25	26	27	28	29	30
AIR SEC TIÈDE	31	32	33	34	35	36	37	38	39	40
AIR SEC CHAUD	41	42	43	44	45	46	47	48	49	50
AIR HUMIDE	51	52	53	54	55	56	57	58	59	60
HUILE	61	62	63	64	65	66	67	68	69	70
INFRAROUGES	71	72	73	74	75	76	77	78	79	80
MICRO-ONDES	81	82	83	84	85	86	87	88	89	90
ACIDITÉ	91	92	93	94	95	96	97	98	99	100

Les doubles cuissons sont nombreuses: chaque case correspond à une possibilité. Par exemple, la case 25 corrrespond à une première cuisson dans un air sec et chaud, puis à une seconde cuisson dans l'eau bouillante.

PUR BŒUF

Un adjuvant de texture pour la restructuration des viandes.

Pourquoi les Français mangent-ils aujourd'hui moins de bœuf qu'il y a seulement dix ans? En partie parce que la qualité de la viande de bœuf ne compense pas son prix élevé : les morceaux tendres que l'on cuit rapidement, de type beefsteak, sont coûteux parce qu'ils ne constituent que 20 à 30 pour cent des muscles des carcasses. Que faire des autres morceaux, que l'on attendrissait naguère par une longue cuisson?

L'industrie de la viande propose une solution avec les produits restructurés, tels les steaks hachés et, depuis quelques temps en France, les viandes feuilletées vendues sous le nom de «cerise de bœuf» : le hachage, le cutterage ou la technique plus récente du feuilletage (la découpe de tranches très minces dans des viandes durcies par le froid) détruisent les réseaux de collagène qui donnent leur dureté à la majorité des muscles de l'avant de bovins. Cependant la déstructuration doit être suivie d'une remise en forme : le boucher de quartier comprime la viande hachée dans une presse, mais le produit reformé n'est pas toujours d'une grande tenue, lors de la cuisson.

Or les cuisiniers savent que la cuisson du blanc d'œuf forme un gel qui peut emprisonner des particules dispersées : c'est le principe des pains de poisson, des clafoutis ou des quiches. Cherchant à rendre leur cohésion aux viandes déstructurées, les industriels, inspirés par cet exemple, ont utilisé divers adjuvants de texture au pouvoir liant élevé, tel l'alginate de sodium, extrait d'algues, mais ce dernier, pas plus que d'autres composés d'origine laitière ou végétale, ne permet de porter la mention «pur bœuf» sur les conditionnements.

De nombreux chercheurs cherchent donc à extraire ces adjuvants de la viande elle-même, notamment de celle qui reste sur les os après les opérations industrielles de désossage et de découpe. Joseph Culioli, Ahmed Ouali et leurs équipes du Centre INRA de Clermont-Ferrand-Theix ont montré comment, au moins en laboratoire, on pouvait faire de la myosine un agent de liaison efficace.

La myosine est une protéine abondante (20 pour cent de la matière sèche) dans les muscles striés squelettiques que l'industrie de la viande sait aujourd'hui récupérer mécaniquement. Les protéines de la masse musculaire constituent trois catégories : les protéines myofibrillaires, les protéines sarcoplasmiques, et les protéines du tissu conjonctif. La myosine est la principale protéine du système myofibrillaire, où elle se trouve sous la forme de filaments épais. En présence d'ions calcium et d'ATP (le «carburant» des cellules vivantes), ces filaments s'associent à d'autres filaments plus fins, composés principalement d'actine, et la contraction musculaire a alors lieu, par glissement des filaments de myosine par rapport aux filaments d'actine.

Gels de myosine

Comme les propriétés des protéines dépendent de leur séquence en acides aminés, toutes n'ont pas le même pouvoir gélifiant. Celui de la myosine étant le plus important, les biologistes de Theix ont exploré la gélification thermique de la myosine, qui intervient également lors de la préparation du jambon cuit, des pâtés, des saucisses, etc. Pour déterminer les conditions qui donneraient le gel le plus ferme, ils ont amélioré les conditions d'extraction des protéines musculaires et comparé l'effet des myosines de diverses provenances (muscles blancs rapides, qui assurent les efforts brefs et intenses, et muscles rouges lents, qui fonctionnent en présence d'oxygène) prélevés à différents temps après la mort d'animaux. Dans un premier temps, la myosine fut extraite de muscles de lapins, car ceux-ci sont d'un type pur, soit rouge, soit blanc.

Pour extraire les myosines, des muscles ont été broyés, puis placés dans des solutions de différentes concentrations en sel. La gélification thermique des suspensions de protéines était étudiée à l'aide d'un rhéomètre, qui détermine à la fois les caractéristiques visqueuses et élastiques des gels.

Un gel à chaud

Ces mesures ont montré que la gélification thermique s'effectue même à concentration très faible en myosine (0,1 à 0,5 pour cent) et que la fermeté des gels obtenus augmente fortement avec la concentration en myosine.

La gélification de la myosine pure commence à 40 degrés, et la rigidité des gels augmente jusqu'à 80 degrés ; elle est d'autant plus élevée que les solutions de myosines sont plus pures. Comme pour d'autres gels, la rigidité dépend de la concentration en sel et de l'acidité du milieu. Les myosines qui forment les gels les plus fermes sont celles des muscles blancs rapides, à *p*H voisin de 5,8 et en présence de sel, qui favorise la dissociation des chaînes macromoléculaires.

Les analyses ultérieures ont confirmé l'intérêt de la myosine bovine pour la restructuration de la viande. Les gels sont plus rigides quand l'extraction de la myosine est effectuée juste après l'abattage (avant la rigidification cadavérique, qui correspond à l'établissement de liaisons irréversibles entre l'actine et la myosine). Le pyrophosphate de sodium (une molécule de la même famille que l'ATP) dissocie les complexes actine-myosine et, de ce fait, permet d'obtenir des gels plus rigides. L'incorporation de ces extraits de myosine dans des viandes feuilletées a permis d'augmenter la cohésion des produits tout en limitant les pertes de jus (qui est piégé dans le gel).

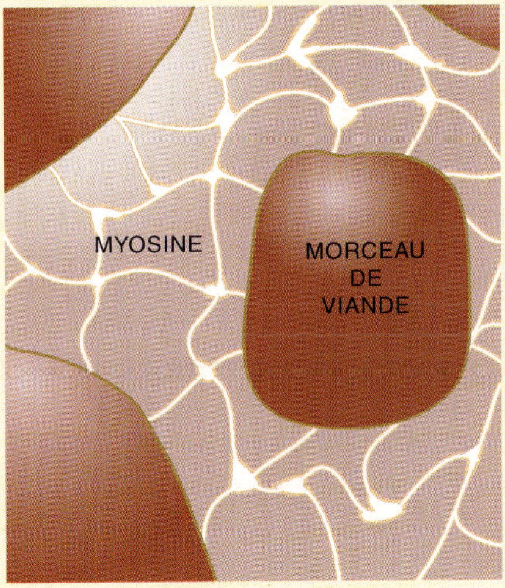

Viande restructurée et gel de myosine.

FROMAGES SURDOUÉS

Des bactéries bien choisies renforcent le goût des fromages.

Un gouda ou un cheddar ne prennent toutes leurs vertus gastronomiques qu'après plusieurs mois, et bien des fromages, mêmes affinés longtemps, n'ont pas le goût puissant qu'on leur souhaiterait. L'affinage du fromage? Une de ces discussions qui animent le monde gastronomique depuis des siècles! Le lait que l'on fait cailler et que l'on ensemence par des bactéries lactiques s'acidifie au cours de l'affinage : quand le lactose (le «sucre du lait») est transformé en acide lactique, l'acidification évite les contaminations par des micro-organismes pathogènes, tandis que les bactéries lactiques libèrent des composés aromatiques qui contribuent au goût du fromage. À la Station INRA de Jouy-en-Josas, Mireille Yvon et ses collègues étudient des souches de bactéries lactiques qui produisent davantage de ces composés aromatiques.

Les biochimistes savent comment le goût patiemment acquis des fromages est dû aux micro-organismes qui assurent l'affinage : les graisses et les sucres sont progressivement transformés, et les protéines sont dissociées en leurs constituants, les acides aminés ; puis ces derniers sont transformés en diverses molécules aromatiques. Par exemple, les acides aminés nommés leucine et valine engendrent des composés à la «note fromage», et la phénylalanine, la tyrosine ou le tryptophane sont les précurseurs des «notes florales» ou «notes phénoliques» (notes attribuées par des «goûteurs», lors des tests de dégustation).

La lente dissociation des protéines en acides aminés limite-t-elle la formation des composés aromatiques? Non, car l'ajout direct d'acides aminés libres n'augmente pas le goût des fromages, pas plus que l'ensemencement des laits par des bactéries lactiques dont on a augmenté, par génie génétique, la capacité de dissociation des protéines : dans ce dernier cas, les acides aminés sont libérés en quantités supérieures, mais le goût n'est pas modifié. Au début des années 1990, les biochimistes avaient conclu que le facteur limitant le développement du goût était plutôt la transformation des acides aminés en composés aromatiques.

Des ajouts stimulants

Aux Pays-Bas, notamment, les biochimistes W. Engels et S. Visser avaient observé que l'on obtenait des goûts typiques de gouda quand on ajoutait de la méthionine à des bactéries lactiques (sans lait), et ils avaient identifié deux enzymes qui semblaient responsables du phénomène. M. Yvon et ses collègues avaient également observé, *in vitro*, que les bactéries lactiques dégradent certains acides aminés pour former des composés aromatiques, tels les aldéhydes et les acides carboxyliques. La première étape de la transformation est une «transamination», réaction d'un acide aminé et d'une molécule, nommée cétoglutarate, qui produit un cétoacide et du glutamate ; cette molécule est utilisée comme «exhausteur de goût» dans les cuisines asiatiques ou dans de nombreux produits industriels, parce qu'elle communique la saveur aujourd'hui nommée «umami». Lors de la réaction de transamination, un groupe amine ($-NH_2$) passe de l'acide aminé au cétoacide, lequel est ensuite modifié chimiquement et transformé en composés aromatiques.

En 1997, les biochimistes de Jouy ont purifié et caractérisé l'enzyme aminotransférase qui, chez la bactérie lactique *Lactococcus lactis*, assure la transamination de la leucine et de la méthionine. Toutefois, dans les conditions réelles d'affinage, la présence de cette enzyme ne conduisait pas à un développement aromatique notable des fromages. Pourquoi? La diffusion des réactifs dans les bactéries lactiques était-elle trop lente? Les bactéries lactiques manquaient-elles de molécules susceptibles de recevoir les groupes amine?

Les chercheurs de l'INRA ont testé cette seconde hypothèse en tiédissant du lait (pasteurisé), en l'ensemençant par des bactéries lactiques, puis en l'additionnant de présure (qui fait cailler le lait et le transforme en fromage) ; ils obtenaient ainsi un caillé qui était moulé et pressé, puis plongé dans une saumure additionnée de cétoglutarate. Ils suivaient la transformation des acides aminés pendant l'affinage, tandis qu'un jury de dégustateurs analysait le développement de l'odeur.

Dans des fromages témoins, qui n'avaient pas été enrichis en cétoglutarate, très peu d'acides aminés étaient dissociés, et l'odeur était faible. En revanche, l'ajout de cétoglutarate augmentait la transformation de plusieurs acides aminés. La transformation du cétoglutarate conduisait à la formation de composés puissamment aromatiques, tels l'isovalérate, pour la leucine, et le benzaldéhyde, pour la phénylalanine. Ainsi, l'odeur des fromages était augmentée par l'addition de cétoglutarate (des résultats analogues ont été obtenus pour des cheddars).

À la recherche de micro-organismes performants

Alors qu'ils étudiaient l'ajout de cétoglutarate, les biochimistes ont observé que ce même glutamate, qui est produit lors de la transamination, est transformé par une enzyme produite par d'autres bactéries en cétoglutarate. Comme le glutamate est abondant dans le lait, même avant l'affinage, ils ont voulu introduire le gène de l'enzyme découverte (la glutamate déshydrogénase) dans une bactérie lactique, afin que cette dernière produise le cétoglutarate à partir de glutamate.

Les effets de cette introduction ont été suivis *in vitro* et dans un fromage modèle : les bactéries lactiques modifiées transaminent aussi activement les acides aminés que les bactéries lactiques à qui l'on ajoute du cétoglutarate. Mieux encore, les bactéries lactiques où l'on a introduit le gène de la glutamate déshydrogénase produisent plus d'acides carboxyliques, fortement aromatiques.

La preuve est donc faite que des bactéries bien «équipées» peuvent faire de meilleurs fromages, mais les organismes génétiquement modifiés ne sont pas universellement acceptés par les consommateurs. Alors, les biochimistes cherchent aujourd'hui des souches de bactéries lactiques qui produiraient naturellement la glutamate déshydrogénase. Dans cette affaire, les organismes génétiquement modifiés auront été un outil de recherche. N'est-ce pas une de leurs fonctions importantes?

LE «CHOCOLAT CHANTILLY»

La formation d'une mousse de chocolat.

À l'évocation de la crème Chantilly, on rêve de fraises fraîches, de glace, de desserts aériens... Car la crème Chantilly est une mousse : on la confectionne en fouettant de la crème dans un récipient refroidi. Quand le mouvement du fouet est circulaire, dans un plan vertical, les branches du fouet introduisent progressivement des bulles d'air, qui sont stabilisées par les molécules de caséine (une protéine) et par la cristallisation de la matière grasse. Cette cristallisation a lieu à froid : voilà pourquoi la crème doit être préalablement refroidie, ainsi que la terrine où on la bat. Ce refroidissement retarde aussi le désastre gastronomique qu'est la transformation de la crème, fouettée ou non, en beurre ; en pratique, pour éviter la catastrophe, il faut arrêter de battre quand la mousse forme des houppes derrière les branches du fouet.

Puisque la crème Chantilly fait saliver les gourmands, pourrait-on reproduire le principe de sa réalisation avec une autre matière grasse que celle du lait? Puisque le chocolat contient du beurre de cacao, par exemple, pourrait-on réaliser un «chocolat Chantilly»?

Une émulsion de chocolat

Par analogie, on comprend qu'on a quelques chances d'obtenir une telle mousse de chocolat si l'on réalise d'abord un système physico-chimique analogue à la crème, mais à base de chocolat. Or les physico-chimistes savent que la crème est une émulsion, c'est-à-dire une dispersion de gouttelettes de matière grasse (celle du lait) dans de l'eau (l'eau du lait, qui dissout également des sucres, tel le lactose, et des sels minéraux ; mais ces ingrédients qui contribuent au goût de la crème Chantilly sont sans importance pour la réalisation que nous visons).

Dans l'émulsion de type «huile dans eau» que constitue la crème, les gouttelettes de matière grasse ne se rassemblent pas, car elles sont stabilisées par des micelles de caséine et de phosphate de calcium : les molécules de caséine sont soudées par le phosphate de calcium en structures tensioactives, c'est-à-dire qui ont une partie hydrophobe, laquelle vient au contact de la matière grasse, et une partie hydrophile, qui, soluble dans l'eau, se dispose dans l'eau.

Pour obtenir du «chocolat Chantilly», nous devons, de même, réaliser une émulsion de chocolat. À cette fin, nous devons réunir de l'eau, un tensioactif, et le beurre de cacao. En pratique, on versera simplement, dans une casserole, un peu d'eau, qu'il serait gastronomiquement approprié de parfumer : jus d'orange, ou purée de cassis, par exemple. Puis on ajoutera des molécules tensioactives : nous avons le choix entre les protéines du blanc d'œuf, le jaune d'œuf, ou bien la gélatine, que les cuisiniers utilisent pour monter leurs sauces au beurre ou à la crème (ces sauces sont également des émulsions). Chauffons l'eau additionnée de la gélatine, par exemple, afin de dissoudre cette dernière ; puis, en fouettant, ajoutons du chocolat. Une sauce homogène se forme ; c'est l'émulsion de chocolat que nous visions.

De l'émulsion à la mousse

De cette émulsion, faisons maintenant une mousse : plaçons la casserole dans un récipient contenant des glaçons, afin de faire cristalliser le chocolat autour des bulles d'air que nous introduirons au fouet ou au batteur électrique. La procédure est alors exactement la même que pour une crème Chantilly : fouettons pendant que la sauce refroidit. D'abord le fouet introduit de grosses bulles d'air ; puis, progressivement, la sauce épaissit et, quand la température de cristallisation est atteinte, le volume de la sauce augmente d'un coup (la sauce «foisonne»), tandis que sa couleur passe du marron foncée au marron clair.

Cet éclaircissement est le signe de la présence de bulles d'air introduites par le fouet ; le microscope peut démontrer que ces bulles sont présentes. L'introduction des bulles d'air modifie également la texture : le liquide forme des houppes derrière les branches du fouet, tout comme dans une crème Chantilly. Au total, on obtient une mousse de chocolat qui, contrairement aux mousses classiques, n'est pas abâtardie par la crème fraîche ou par le blanc d'œuf battu en neige : une mousse tout chocolat!

Un «Chocolat Chantilly» (à droite) *est bien plus volumineux et clair que la béarnaise au chocolat* (à gauche) *que l'on utilise pour le confectionner.*

TOUT AU CHOCOLAT

Comment introduire du chocolat dans toutes les pâtisseries.

Noël, le réveillon du Nouvel An... Le chocolat s'impose, mais où l'introduire? Une pâte feuilletée au chocolat, par exemple? Le passionné de la brune fève sait que le chocolat contient du beurre de cacao, et il voudrait substituer ce dernier au beurre normal, pour confectionner la pâte feuilletée. Toutefois, il sait aussi que le chocolat est d'une dureté qui interdit la réalisation souhaitée. Quelques idées simples sur les changements d'état donnent la solution du problème et conduisent à une transposition de la majorité des recettes classiques de pâtisserie.

Pour réaliser de la pâte feuilletée, le pâtissier forme d'abord une «détrempe», en travaillant de la farine avec un peu d'eau, parfois du beurre. Puis il étale son pâton, et place dessus une couche de beurre qu'il a amolli en le travaillant un peu. Il replie les bords de la détrempe sur le beurre afin de l'envelopper complètement, puis il effectue des «tours» : six fois de suite, il allonge cette enveloppe beurrée au rouleau et la replie sur elle-même, de sorte que la pâte qu'il cuit finalement est composée d'une alternance de couches de pâte et de beurre.

Comment y mettre du chocolat? Le chocolat à croquer, malgré son contenu en beurre de cacao, ne peut être utilisé à la place du beurre, parce qu'il est trop dur. Le beurre de cacao, qui est la matière grasse du chocolat (on n'évoquera pas ici les débats à propos des législations qui autorisent l'introduction d'autres matières grasses dans le chocolat), est composé à 80 pour cent de trois «triglycérides», molécules constituées de glycérol (ce que l'on nomme couramment la glycérine) auquel sont liés trois «acides gras» : de l'acide palmitique, de l'acide stéarique et de l'acide oléique.

Maîtrise de la fusion

Cette composition explique les remarquables propriétés physiques du beurre de cacao. Si le beurre de cacao n'était composé que d'une seule sorte de molécules, il fondrait à une température fixe, tout comme l'eau fond à 0 degré sous pression normale. Toutefois, comme il est formé de plusieurs types de molécules, sa température de fusion s'étale sur une gamme de températures qui commence à –7 degrés (pour certains triglycérides) et s'achève à 34 degrés. Malgré tout, le beurre de cacao est une matière grasse remarquable, car 75 pour cent de ses composés fondent entre 20 et 34 degrés, et près de 50 pour cent entre 30 et 34 degrés. Autrement dit, le chocolat n'est pas un corps pur, mais il n'en est pas très éloigné.

Cette caractéristique, qui est un avantage pour la consommation du chocolat en tablette, gêne le cuisinier, qui fait généralement ses préparations à des températures de l'ordre de 20 degrés seulement. D'où les difficultés, notamment, pour la préparation de la pâte feuilletée. Pour la résoudre, comparons le beurre de cacao au beurre, plus hétérogène : le chocolat sera plus malléable si nous le rendons plus «impur». L'idée n'est pas neuve : les cuisiniers ont l'habitude de fondre du chocolat avec du beurre, afin d'obtenir des préparations chocolatées plus molles. Cependant, on peut poursuivre l'idée : à de l'huile neutre que l'on chauffe, on ajoute du chocolat, qui se mêle parfaitement et modifie à volonté les propriétés de fusion.

Cette idée conduit à la réalisation attendue, d'une pâte feuilletée au chocolat (notons qu'une autre solution aurait été l'ajout de poudre de cacao à la farine ou au beurre laitier), mais la systématique entamée conduit aussi à une transposition générale de tous les desserts.

Tous les desserts au chocolat!

De la pâte feuilletée, on arrive simplement à de la pâte à foncer au chocolat, à de la pâte brisée ou de la pâte sablée, toujours au chocolat : il suffit de remplacer le beurre par du chocolat dont la composition lipidique a été changée. De même, on fera de la pâte à savarin au chocolat, de la brioche au chocolat, de la pâte à choux au chocolat, de la pâte à biscuit à l'amande et au chocolat sans farine... Parfois, on parviendra même à mettre le chocolat où on ne l'attend pas, comme dans une crème amandine au chocolat : à du chocolat fondu, on ajoute de la poudre d'amande, un alcool, puis on mêle de la crème pâtissière (obtenue par cuisson de jaunes d'œufs, de sucre de lait et de farine).

Dans d'autres cas, où la matière grasse utilisée est la crème, plutôt que le beurre, la stratégie devra être différente : c'est la crème qui sera remplacée par une préparation au chocolat. Cette fois, la manipulation du point de fusion du chocolat ne suffit pas, car la crème est avant tout une émulsion, c'est-à-dire une dispersion de gouttelettes de matière grasse dans de l'eau (l'eau du lait) ; les gouttelettes restent durablement (mais pas indéfiniment) séparées, parce qu'elles sont entourées de molécules «tensioactives», avec une partie qui est hydrophile (elle se place dans l'eau) et une partie hydrophobe (qui vient au contact de la matière grasse).

Pour remplacer la crème, le cuisinier devra confectionner une émulsion de chocolat... ce qui n'est pas difficile : dans une casserole, placez une solution aqueuse (eau, café, thé, Cognac...), puis chauffez en ajoutant des carrés de chocolat ; une émulsion de chocolat se forme. Cette «béarnaise au chocolat» est l'équivalent de la crème.

Enfin, pour confectionner une bavaroise au chocolat, une nouvelle opération est nécessaire. Partons de la recette classique : on confectionne une crème anglaise, en fouettant du sucre en poudre avec des jaunes d'œufs, puis on ajoute du lait et on cuit la préparation ; on y dissout de la gélatine, et l'on incorpore enfin de la crème fouettée.

Où mettre le chocolat? Les jaunes d'œufs ne peuvent être remplacés, car c'est leur coagulation qui donne à la crème anglaise sa texture : les agrégats d'œuf cuit sont en suspension dans l'eau du lait. La gélatine, non plus, ne peut être remplacée par du chocolat. La crème, alors? Il s'agit, dans cette recette, de crème fouettée. Qu'à cela ne tienne : nous fouetterons une émulsion de chocolat et obtiendrons une mousse nommée chocolat Chantilly *(voir page 214)*. Et c'est cette mousse de chocolat qui sera ajoutée à la préparation. À vos tablettes!

JEUX DE TEXTURE

L'exploration d'émulsions qui gélifient conduit... à un gâteau au chocolat.

Les émulsions sont des sources inépuisables de découvertes culinaires. Toutefois, ici, elles ne seront qu'un point de départ, et nous conduiront à des systèmes physico-chimiques plus complexes, que chacun peut pourtant réaliser en cuisine.

Dans les pages précédentes nous avons considéré plusieurs types d'émulsions. La vedette est évidemment tenue par la mayonnaise, le prototype de l'émulsion citée par tous les livres de «physique de la matière molle». Elle s'obtient par dispersion, dans l'eau, de goutelettes d'huile stabilisées par les protéines du jaune d'œuf. Voilà le thème ; abordons maintenant les variations.

La première est la mayonnaise sans jaune d'œuf: on la confectionne comme la mayonnaise classique, mais on remplace le jaune par le blanc. En effet, le blanc d'œuf est composé de 90 pour cent d'eau et de 10 pour cent de protéines, qui ont le même type de propriétés «tensioactives» que les protéines du jaune.

En pratique, la procédure est exactement la même que pour la mayonnaise habituelle : dans un bol, on ajoute goutte à goutte de l'huile à un blanc d'œuf, en fouettant. Au début, le blanc mousse, mais, progressivement, l'huile, divisée en gouttelettes de plus en plus petites par l'action du fouet, remplace l'air qui se trouve dans les bulles. Comme les bulles d'air, les gouttelettes d'huile sont stabilisées par les protéines du blanc d'œuf, car ces dernières sont déroulées par le cisaillement du fouet, de sorte que leurs parties hydrophobes viennent au contact de l'huile, les parties hydrophiles des protéines restant dans l'eau.

Deuxième variation : la mayonnaise sans œuf, que l'on obtient à partir d'un peu d'eau chauffée (ce peut être un fond de crustacé), d'une demi-feuille de gélatine que l'on y dissout, et d'huile que l'on introduit en la fouettant, tout comme on fouette une mayonnaise. Dans un premier temps, une émulsion blanche apparaît, les protéines apportées par la gélatine venant se placer à l'interface de l'eau et de l'huile, autour de chaque gouttelette. Puis, quand cette émulsion repose et refroidit, elle gélifie parce que les molécules de gélatine ont tendance à s'associer par leurs extrémités et à former un réseau au sein duquel l'émulsion est piégée.

Gélification d'émulsion

Cette gélification se manifeste, au microscope, par un effet indirect : au début de la prise en gel, les gouttelettes d'huile se fondent les unes aux autres *(voir la figure)*, sans doute parce que les molécules de gélatine qui entouraient les gouttelettes d'huile s'associent, quittant l'interface eau-huile. Une fois le gel formé, il libère l'huile si l'on a la curiosité de le fouetter à nouveau (une mayonnaise classique, au contraire, se stabiliserait davantage) : quand on bat le gel, on dissocie le réseau, et les gouttelettes d'huile sont libérées.

Cherchons une nouvelle variation. Le principe de la mayonnaise à la gélatine est le suivant : nous avons formé une émulsion, puis nous l'avons piégée en un gel «physique», c'est-à-dire un gel qui se défait quand on le chauffe, et se rétablit en refroidissant. Pouvons-nous nous amuser à changer quelques ingrédients, afin d'obtenir de nouvelles variations sur le thème? Revenons à la mayonnaise au blanc d'œuf, et cherchons à la faire gélifier chimiquement. En termes moins prétentieux, il s'agit de cuire! Cette fois, nous prévoyons la formation d'un gel chimique, permanent et non physique, comme avec la gélatine.

Cuisson de mayonnaise

En pratique, essayons simplement de passer la mayonnaise au blanc d'œuf au four à micro-ondes pendant une minute environ, afin que les protéines qui entourent les gouttelettes d'huile s'associent : nous obtenons une sorte de masse coagulée où toute l'huile reste piégée. Nous retrouvons un système physique analogue à la mayonnaise gélifiée par la gélatine. L'huile est-elle bien tenue? Pressons la masse : l'huile en sort.

Passons alors en cuisine et demandons à quoi peuvent bien servir ces jeux de texture, qui ne semblent bons qu'à faire des éponges à huile. À faire tenir les sauces? Je vous propose plutôt l'idée suivante : remplaçons l'huile par du chocolat (il est composé d'une proportion notable de beurre de cacao) que nous laissons fondre dans une casserole avec un peu d'un liquide contenant de l'eau, tels du rhum, du café, du jus d'orange... Puis, quand la température de l'émulsion de chocolat ainsi formée est inférieure à la température de coagulation de l'œuf (62 degrés), versons l'émulsion de chocolat sur un blanc d'œuf, en fouettant. Ayant formé l'émulsion de chocolat, cuisons la préparation au four à micro-ondes. Prédiction : les protéines du blanc d'œuf vont gélifier et emprisonner l'émulsion de chocolat.

Je vous recommande l'expérience : vous obtiendrez un délicat gâteau au chocolat! Son goût est bien plus puissant que celui du chocolat, sans doute parce que le chocolat est dans un état dispersé, et sa texture est originale (on peut l'ajuster à volonté en modifiant les proportions d'eau et de chocolat). Je vous propose de le nommer «dispersion de chocolat»... et d'étudier comment, dans les trois systèmes considérés, la gélification perturbe l'émulsion.

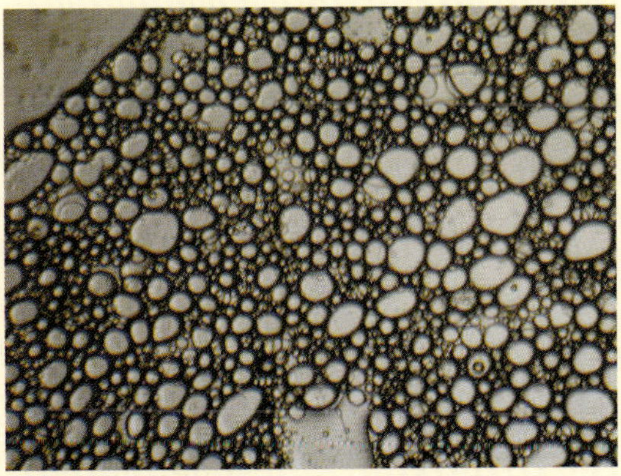

Ces deux photographies montrent la même zone d'une «mayonnaise à la gélatine», à deux instants successifs. La prise en gel a fait fusionner les gouttelettes d'huile voisines (leur diamètre moyen est de un dixième de millimètre sur l'image de gauche).

RECETTES DE NOËL

Quelques pistes pour moderniser les réveillons.

Les fêtes sont là, il faut passer en cuisine. Nous contenterons-nous d'une dinde, comme au Moyen Âge, alors que l'an 2000 est déjà passé? Non, inventons des plats nouveaux. Mais comment? Pour le cuisinier inspiré par la chimie et la physique, la chose n'est pas difficile!

Commençons par un nouveau mode de cuisson, fondé sur une remarque de François Pérégo, restaurateur de tableaux, féru de chimie, à Bécherel: utilisant de l'œuf pour ses toiles, il m'a signalé l'effet de l'alcool éthylique sur le blanc d'œuf. D'où un nouveau mode de cuisson que je vous propose d'étudier par l'expérience suivante: dans un bol, placez un blanc d'œuf, puis versez une rasade d'alcool à 90 degrés. Aussitôt, le blanc coagule.

Comment expliquer le phénomène? Le blanc d'œuf est composé d'environ 90 pour cent d'eau, et de 10 pour cent de protéines. Ces molécules sont des enchaînements d'acides aminés (il en existe 20 types dans les aliments), qui se distinguent par leur chaîne latérale, laquelle est, selon les cas, hydrophile (soluble dans l'eau) ou hydrophobe. Dans l'eau, les parties hydrophiles se replient sur les parties hydrophobes, minimisant le contact des parties hydrophobes avec l'eau.

L'ajout d'alcool à 90 degrés, qui change l'environnement des protéines, déclenche le déroulement des protéines; la réaction de deux groupes thiols (–SH) de protéines voisines conduit à un pont disulfure – une liaison entre deux atomes de soufre – qui lie les protéines. Ainsi se forme un gel: le blanc d'œuf cuit. Ce procédé chimique ne peut naturellement pas être utilisé tel quel en cuisine: le blanc d'œuf est fade, et l'alcool à 90 degrés a de bien pauvres vertus gustatives, mais si l'on remplaçait l'alcool à 90 degrés par de l'eau de vie de mirabelle?

Braisages raisonnés

Après l'entrée, le plat principal: utilisons les données scientifiques sur les transformations de la viande chauffée. À 40 degrés, les protéines se dénaturent (elles se «déroulent»), et la viande perd sa transparence; à 50 degrés, les fibres de collagène (le tissu de soutien des cellules musculaires) se contractent; à 55 degrés, la myosine (une des principales protéines des cellules musculaires) coagule et le collagène commence à se dissoudre; à 66 degrés, des protéines «sarcoplasmiques», le collagène, coagulent; à 79 degrés, l'actine (une autre protéine importante des muscles) coagule.

Que faire de telles données? Au lieu de cuire votre dinde au four, prélevez les blancs, et cuisez-en certains morceaux à une température comprise entre 50 et 55 degrés, d'autres encore entre 55 et 66 degrés, etc.: vos convives auront le plaisir d'apprécier des textures différentes pour une même viande, puisque des composés différents de la viande auront réagi.

Un fromage mousseux

Le fromage, maintenant. Nous avons précédemment considéré le «chocolat Chantilly», qui est une mousse *de* chocolat, plutôt qu'une mousse *au* chocolat. Nous vous proposons cette fois de répéter la chose avec du fromage. Dans une casserole, versons un verre d'eau ou de vinaigre, puis ajoutons une feuille de gélatine, un bon morceau de fromage (du roquefort, par exemple) et chauffons doucement en agitant. Ainsi le fromage qui fond forme des gouttelettes de matière grasse qui se dispersent dans l'eau, s'entourant des molécules dites tensioactives apportées par la gélatine. Cette «béarnaise de fromage» est une cousine de bien d'autres émulsions culinaires, telles la mayonnaise, la sauce béarnaise (d'où le nom), la fondue au fromage... et la crème. Or qu'obtient on quand on fouette de la crème fraîche en la refroidissant? De la crème Chantilly. De même, quand on fouette la béarnaise au fromage en posant la casserole sur un lit de glaçons, on obtient un «fromage Chantilly».

Les artistes culinaires sauront tirer parti de cette innovation : Didier Clément, chef du *Lion d'or*, à Romorantin, a ainsi exécuté un «crottin de Chavignol Chantilly», qu'il a accompagné d'échalotes caramélisées. Innovation oblige, le caramel n'était pas un caramel habituel, confectionné par chauffage de sucre de table, ou saccharose, avec un peu d'eau. Non, cette fois, la chimie lui avait conseillé un «caramel de fructose». Ce dernier avait un goût original, de raisins confits.

Chantilly rattrapée

Finissons par la véritable crème Chantilly, que vous ne manquerez pas de préparer pour accompagner le dessert. Sa préparation est simple, puisqu'il suffit de fouetter de la crème bien fraîche : le fouet introduit des bulles d'air dans l'émulsion, et les gouttelettes de matière grasse viennent cristalliser à la périphérie de ces bulles, ce qui les stabilise. Hélas, le fouet manuel a souvent été remplacé par le batteur électrique, avec lequel s'est accru le risque de voir la crème tourner en beurre (les gouttelettes de matière grasse fusionnent, et l'air est perdu lors du processus).

Pourtant tous les ingrédients d'une bonne crème Chantilly subsistent alors. Il suffit donc de les réorganiser : formons à nouveau une émulsion analogue à la crème en chauffant, dans une casserole, une cuillerée à soupe d'eau, à laquelle on ajoute la crème tournée en beurre. Quand toute la crème a été ainsi réintroduite, on pose la casserole sur de la glace et l'on fouette à nouveau : la crème remonte. Joyeuses fêtes!

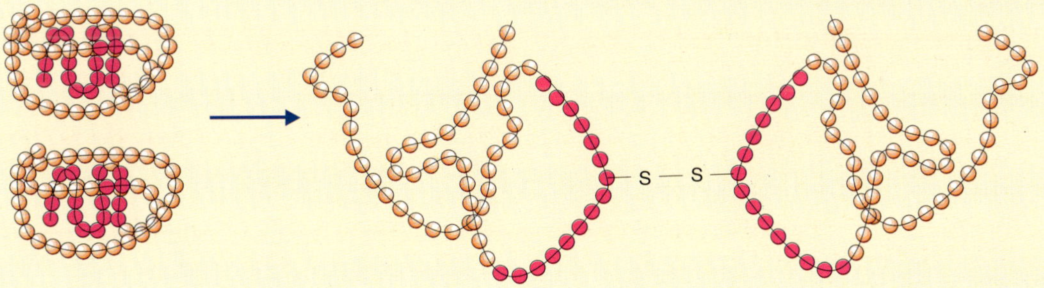

Le déroulement de deux protéines conduit à leur liaison, par formation d'un pont disulfure, entre deux atomes de soufre. Ainsi l'alcool gélifie le blanc d'œuf.

LE GOÛT CACHÉ DU VIN

Des enzymes ajoutées au jus de raisin en libèrent les arômes.

Le raisin est un cancre qui peut mieux faire : à côté de ses composés volatils odorants, essentiellement de la classe des terpénols (linalol, géraniol, nérol, citronellol, alpha-terpinéol, oxydes de linalol et polyols terpéniques), qui jouent un rôle important dans la typicité des vins en raison de leur seuil de perception olfactive très bas, il renferme également, en quantités bien supérieures, des glycosides terpéniques, c'est-à-dire des molécules composées de terpénols liés à des sucres. Ces molécules sont des précurseurs des premiers, mais, hélas, ne contribuent pas à l'arôme.

Pourrait-on augmenter les qualités aromatiques des vins en dissociant les deux parties (sucres d'un côté, terpénols de l'autre) de ces précurseurs par des acides ou par des enzymes? Comme l'hydrolyse enzymatique semble plus intéressante que le traitement chimique (elle engendre un arôme plus «naturel»), Claude Bayonove et ses collègues du Laboratoire des arômes et substances naturelles de l'INRA, à Montpellier, ont caractérisé les enzymes qui, dans le raisin, libèrent les terpénols de leurs précurseurs.

À des extraits glycosidiques de muscat d'Alexandrie, les physico-chimistes montpelliérains ont d'abord ajouté les 34 préparations enzymatiques commercialisées par l'industrie agro-alimentaire (pectinases, cellulases, hémicellulases...) afin de voir si certaines d'entre elles formaient des terpénols à partir de leurs précurseurs. Cinq se sont révélées efficaces, libérant du linalol ou du géraniol selon les cas. Toutes les préparations efficaces ayant des activités bêta-glucopyranosidase et alpha-rhamnopyranosidase ou alpha-arabinofuranosidase, il fut démontré qu'elles effectuaient l'hydrolyse enzymatique des glycosides terpéniques du raisin en deux étapes (*voir la figure*).

Les études d'analyse furent suivies d'une reconstitution *in vitro* de l'hydrolyse des précurseurs par la rhamnopyranosidase, l'arabinofuranosidase et la glucopyranosidase : ces enzymes libérèrent non seulement les terpénols odorants visés, mais aussi des nor-isoprénoïdes, des phénols volatils et de l'alcool benzylique, qui sont des composés aux seuils de perception très bas et à l'odeur agréable.

Les enzymes du raisin

La dernière étape de l'hydrolyse des glycosides, assurée par la glucopyranosidase, est celle qui limite la libération des terpénols du raisin et du vin, car les enzymes naturelles agissent peu sur les monoglucosides ayant comme partie non glucosidique (nommée aglycone) des alcools tertiaires (linalol, terpinéol). En revanche, la bêta-glucosidase des levures œnologiques montre une faible activité pour le linalyl-bêta-glucoside, un des principaux glucosides du raisin.

D'autre part, si le raisin est doté d'activité bêta-glucosidase, il ne présente qu'une très faible activité rhamnopyranosidase, et il est dépourvu d'activité arabinofuranosidase, ce qui bloque le métabolisme à la première étape, et limite son action globale sur les glycosides terpéniques du raisin.

Enfin la glucosidase du raisin est instable et peu active au *p*H acide du moût et du vin : elle ne semble pas la mieux adaptée à l'hydrolyse des glycosides dans le moût ou dans le vin. Des enzymes de plantes ou de micro-organismes hydrolyseraient-elles mieux les glucosides terpéniques que les enzymes du raisin? Les enzymes de plantes n'hydrolysent que les glycosides d'alcools primaires, tels que le géraniol, le nérol et le citronellol ; les bêta-glycosides d'alcools tertiaires, tels le linalol et l'alpha-terpinéol sont hydrolysés plus difficilement, par une seule des deux enzymes étudiées.

Aujourd'hui les chercheurs étudient les préparations enzymatiques exogènes préparées par la Société *Gist-Brocades* à partir du stock des micro-organismes agréés par la législation. Ils cherchent les enzymes idéales qui auraient une activité notable aux températures, concentrations en sucre et acidités des jus de raisin ou des moûts.

Les jurys de dégustation sont sensibles à l'augmentation d'arôme des jus de fruits ou des vins «enzymés», mais l'utilisation des préparations enzymatiques reste à explorer. Notamment la découverte d'autres glycosides, tel un apiosylglycoside récemment trouvé, et des voies enzymatiques correspondantes, imposera des améliorations des préparations exogènes.

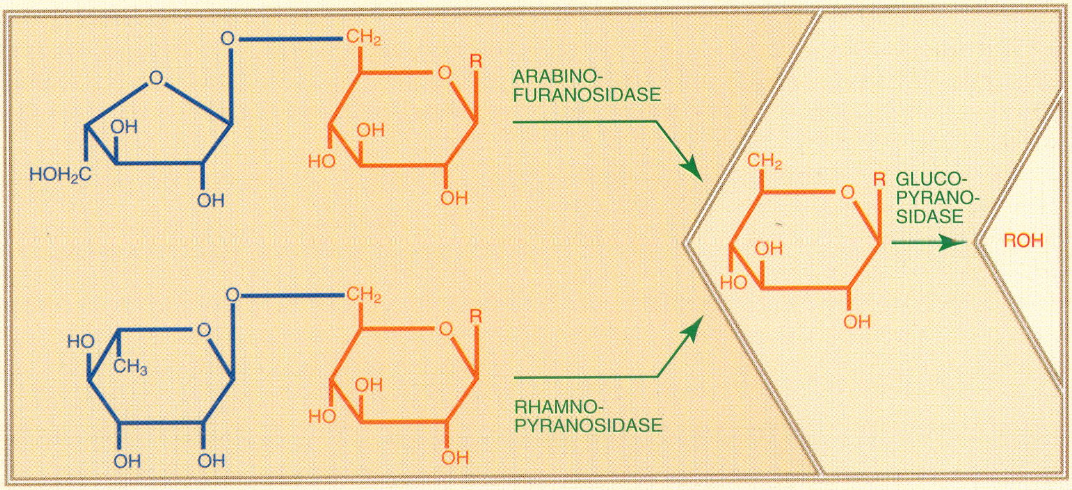

Les deux voies d'hydrolyse enzymatique des glucosides du raisin. Progressivement le terpénol aromatique ROH est isolé du précurseur non aromatique.

LA TÉLÉOLFACTION

À quand cette nouvelle forme de télécommunication?

Souvenons-nous de l'essor de la musique, il y a un peu plus d'un siècle quand tous ceux qui disposaient d'un téléphone purent apprécier les virtuosités des grands interprètes. À l'époque, la transmission d'images semblait utopique, mais moins de 20 ans s'écoulèrent avant que P. Nipkow, en Allemagne, parvienne à transmettre des sensations visuelles : cette fois, les bénéficiaires furent les adeptes de Polymnie, Terpsichore, Erato, Melpomène et Thalie.

Quels royaumes de la transmission restent à conquérir? La transmission de sensations tactiles est en passe d'être maîtrisée, grâce à des gants munis de cristaux piézoélectriques qui enregistrent ou qui exercent des pressions. Mais les odeurs? Les saveurs? Le retard de la téléolfaction et de la télégustation navre les gourmands.

Stimulations olfactives

Les sensations olfactives ou gustatives naissent de la liaison de molécules aromatiques ou sapides à des cellules réceptrices du nez et de la bouche. Pour transmettre de telles sensations à distance, on imagine deux possibilités. Soit on analyse l'activité électrique du cerveau engendrée par ces sensations, on transmet ces analyses à distance, et l'on stimule le cerveau du receveur à l'aide d'électrodes : c'est ainsi qu'André Holley et Anne-Marie Mouly, à l'Université de Lyon, ont obtenu des conditionnements de rats en excitant leur bulbe olfactif.

Soit on analyse les mélanges de molécules odorantes ou sapides comme on le fait pour les couleurs, en les rapportant à des stimuli arbitraires de base ; puis, à la réception, on mélange les molécules de base pour reproduire les sensations initiales.

Les capteurs d'arômes, parfois surnommés «nez artificiels», pourraient être des composants utiles pour la mise au point, encore lointaine, de tels systèmes. Nés des besoins de l'industrie agro-alimentaire, ces capteurs assurent déjà, dans quelques usines, l'évaluation objective des composés volatils émanant des produits. Il en existe plusieurs types.

Les nez artificiels

À la Station INRA de Theix, Jean-Louis Berdagué et ses collègues ont mis au point un système de spectrométrie de masse qui analyse l'ensemble des composés volatils des échantillons. Les échantillons sont décomposés thermiquement sur une cupule chauffante ; les molécules de la fumée, fragmentées et ionisées, passent dans un spectromètre de masse : des champs électriques ou magnétiques dévient ces fragments électriquement chargés d'une quantité proportionnelle à leur masse et à leur charge électrique. Dans leur analyseur, les chercheurs de Theix obtiennent une signature du produit testé. Les résultats sont remarquables : d'après les signatures, l'analyseur retrouve l'origine d'une huître venant des côtes de France (quel gastronome parviendrait au même résultat?).

L'autre méthode est l'utilisation de semiconducteurs dopés sur lesquels viennent s'adsorber les composés volatils : la résistance électrique du semiconducteur dopé diminue avec l'adsorption momentanée et réversible des composés volatils. Comment utiliser de tels détecteurs? Au Laboratoire INRA de Dijon, Patrick Mielle et ses collègues étudient des détecteurs composés d'un substrat céramique, chauffé par une résistance et sur lequel est déposé un semiconducteur, tel l'oxyde d'étain, dopé par des oxydes de zinc, de fer, de nickel ou de cobalt. Selon le dopage, les capteurs réagissent différemment aux molécules adsorbées : le passage d'un mélange de composés volatils sur ces réseaux de capteurs engendre une signature, qui est traitée informatiquement.

L'emploi de ces réseaux reste toutefois difficile. Tout d'abord, comme les signaux des divers capteurs évoluent lentement au cours du temps, les chercheurs dijonnais ont mis au point une cellule de transfert rapide des échantillons pour l'étalonnage et pour la caractérisation des capteurs, avant leur utilisation en réseau. D'autre part, on a observé que les capteurs réagissent très différemment selon la température : cette particularité, qui doit être maîtrisée lors des étalonnages, est un avantage, parce que des mesures effectuées à plusieurs températures permettent d'obtenir des réactions différentes d'un même capteur ; on multiplie ainsi, artificiellement, le nombre de capteurs utilisés.

Enfin, comme l'enregistrement des signaux et la reconnaissance des signatures des divers mélanges imposent un traitement numérique lourd, qui limite le nombre de capteurs à moins d'une dizaine, P. Mielle et ses collègues ont proposé d'enregistrer les signaux à divers instants après l'injection des échantillons dans la cellule de mesure : le nombre de points expérimentaux est multiplié d'autant.

Aujourd'hui les cellules de mesure récupèrent 80 pour cent des molécules en phase gazeuse, et les réseaux testés, composés de six capteurs, qui font des mesures à quatre températures, caractérisent des mélanges de composés volatils en une dizaine de secondes : les performances du nez humain ne sont plus inaccessibles.

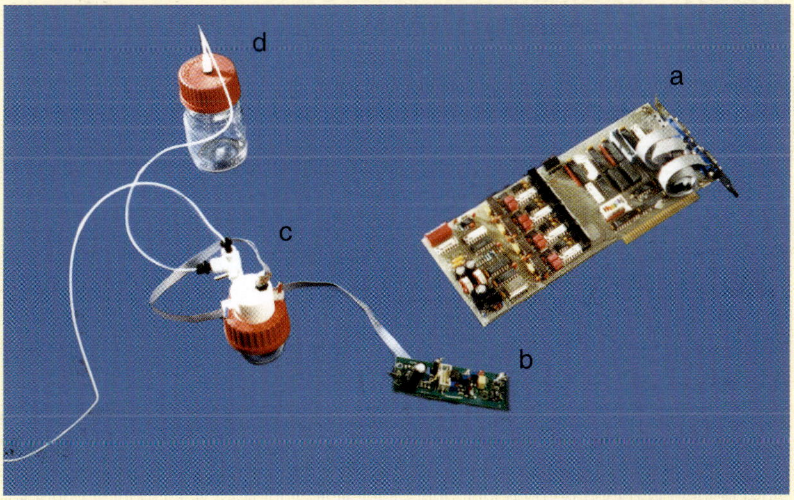

L'ensemble du matériel pour une analyse automatique des odeurs : une carte électronique d'acquisition des données (a), *une carte qui porte les capteurs* (b), *une cellule de mesure* (c) *et une cellule à échantillon* (d).

Questions

QUESTIONS...

Des expériences simples suffisent-elles pour résoudre des on-dit culinaires?

Dans les pages qui précèdent, nous avons souvent présenté des résultats d'explorations de tours de main culinaires. Certaines questions ne sont résolues qu'au prix d'analyses fines, mais d'autres sont à la portée d'un expérimentateur équipé d'un matériel simple : une balance précise, un thermocouple, afin de mesurer la température, des éprouvettes graduées, du papier *p*H... Je vous livre quelques questions glanées dans les livres de cuisine, anciens ou modernes. Dans tous les cas, ne vous lancez pas trop vite dans l'interprétation : avant d'examiner les causes, vérifiez les effets. D'autre part, privilégiez les conditions opératoires de cuisine : un dicton peut devenir faux quand on le sort de son contexte.

N'hésitez pas à m'envoyer les comptes rendus de vos expériences.

1. Les poires qui rougissent : dans un ouvrage intitulé *Le Cuisinier parisien*, publié en 1838, le chef Bernard Albert écrit à propos de compote de poires : « Comme les poires restent rarement blanches, il vaut mieux les avoir rouges tout à fait ; il suffit pour cela de mettre dans le sirop où elles cuisent un petit morceau d'étain fin ; ce morceau d'étain peut servir indéfiniment et son emploi n'a rien de malsain. Une casserole étamée produirait le même effet, mais si elle avait servi à d'autres usages, il faudrait auparavant y faire bouillir de la cendre pour en enlever tout ce qui peut être resté attaché à sa surface ».

L'expérience n'est pas difficile à faire ; si vous n'avez pas d'étain fin, vous pouvez utiliser du fil à soudure ou cuire votre compote dans une casserole étamée. Le chef ne donne pas les proportions de sucre, d'eau et de fruit, mais sont-elles importantes? Je vous laisse juge.

2. Dans *La bonne cuisine de Madame Saint Ange*, l'auteur écrit que les oiseaux préparés en salmis ne doivent être que tièdes quand on les découpe : « S'ils sont découpés au sortir du rôtissage, tout leur jus s'écoulera des chairs. » Est-ce vrai et pourquoi? Pour interpréter les phénomènes, n'oublions pas que la partie externe de la chair perd davantage son jus à la cuisson que la partie interne. C'est pour cette raison que les cuisiniers préconisent un repos des viandes rôties. Notons aussi que certains cuisiniers conseillent de laisser reposer les poulets rôtis en les plaçant en hauteur, sur une assiette, les suprêmes en dessous et le croupions en l'air, « afin de faire couler les jus dans les chairs les plus asséchées ».

3. Dans *Le meilleur et le plus simple*, le chef parisien Joël Robuchon indique que « pour brunir des oignons que l'on passe à la poêle, ne pas les saler. » Pourquoi

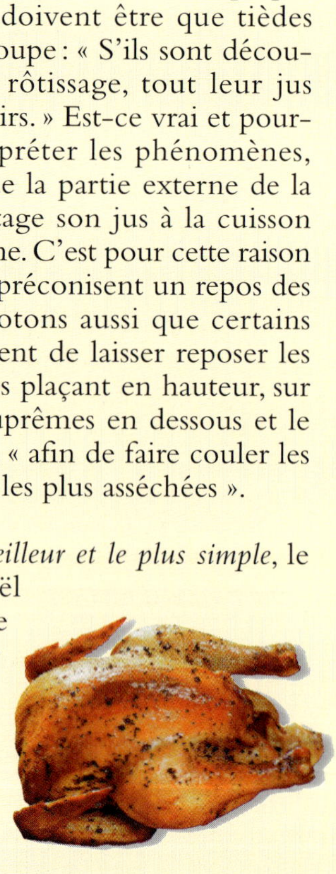

cet effet? Pour étudier le phénomène, il est utile de se souvenir que les oignons sont composés de cellules, lesquelles contiennent de l'eau. Or un cristal de sel approché d'une cellule d'oignon provoque la sortie de l'eau contenue dans l'intérieur de la cellule, par osmose. Avant d'étudier la question, nous vous proposons de tester l'effet du sel sur des oignons qu'on laisse reposer sans les cuire. Qu'observe-t-on?

4. Madame Saint Ange, encore elle, écrit que : « Dans une omelette, le lait ajouté doit toujours être cru ; bouilli, il se mélange mal à l'œuf. »

Pour interpréter le phénomène, si vous le vérifiez, pensez que le lait est une solution de divers sels, d'un sucre, le lactose, et de protéines solubles ; y sont dispersées des gouttelettes de matière grasse et des micelles d'une protéine nommée caséine. L'omelette, elle, est faite d'œufs, c'est-à-dire d'une solution aqueuse de protéines.

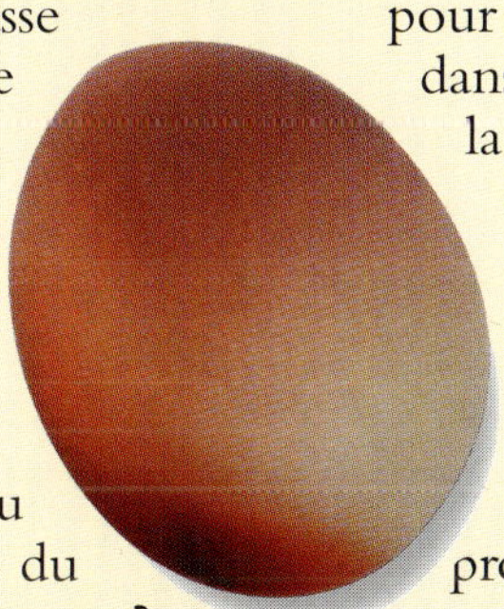

5. Des feuilles de salade mises à tremper dans de l'eau légèrement sucrée retrouvent du croquant, dit-on. Est-ce exact? D'autres dictons mentionnent que les salades reprennent du croquant quand on les plonge dans l'eau glacée. Quel procédé est le meilleur? Pour interpréter, on se souviendra que les salades sont composées de cellules qui contiennent de l'eau et divers sels. L'osmose est un phénomène qui pourrait intervenir.

Question subsidiaire : un dicton japonais dit que des feuilles de salade flétrissent en présence de sel. Qu'observez-vous si vous recouvrez des feuilles de salade bien sèches avec du sel? Pourquoi?

6. Une expérience à faire en famille ou entre amis : on dit qu'une soupe trop salée peut être sauvée si l'on y plonge une pomme de terre pelée et cuite à l'eau. Est-ce efficace?

Pour ce test, il est utile d'avoir sous la main quelques dégustateurs et de pratiquer des tests « triangulaires ». On soumettra à chaque dégustateur un lot de trois bols, dont deux sont identiques. On aura tiré au hasard, pour chaque lot, le type de soupe qui sera dans un seul bol, ou bien dans deux bols : la soupe trop salée, et la soupe trop salée où l'on aura trempé la pomme de terre. Ne pas hésiter à soumettre plusieurs lots différents à la même personne : en notant la cohérence de ses réponses, on détermine sa fiabilité de dégustateur.

J'ai de telles questions à foison. Un produit alimentaire ou un plat vous intéresse particulièrement? N'hésitez pas à me demander un dicton relatif à sa préparation (Hervé This, Collège de France, 11, place Marcelin Berthelot, 75005 Paris ; e mail : hthis@paris.inra.fr) ; nous comparerons ensuite nos tests expérimentaux.

GLOSSAIRE

Pourquoi un glossaire qui définit « beurre », « blanc d'œuf », « vinaigre », « lait », « caramel », « chocolat », etc. ?
A cette question pertinente, je réponds par une anecdote. Le physicien d'origine hongroise Leo Szilard tenait un journal. Un jour, son ami Hans Bethe le voit et lui demande :

« Pourquoi tiens-tu un journal?
- Parce que je veux que Dieu soit au courant des faits.
- Mais ne crois-tu pas qu'il est déjà au courant des faits?
- Oui, mais je veux qu'il soit informé de *ma* version des faits ».

Ici, vous l'avez compris, je veux vous donner mon *idée des aliments, molécules ou réactions qui interviennent en cuisine.*
*Ajoutons enfin que, conscient qu'*omnia definitio pericolosa, *je donne plutôt des idées autour des termes que des définitions strictes.*

ACIDE : Partons de la sensation. Un aliment est acide, en bouche, quand il provoque une sensation analogue à celles que donnent le vinaigre ou le jus de citron, par exemple. L'acidité se mesure en unités de *p*H, à l'aide de bandelettes de papier ou d'électrodes reliées à une centrale de mesure, deux ustensiles qui mériteraient de figurer en cuisine. Oui, puisque les lentilles cuisent mieux en milieu basique qu'en milieu acide, ajustons le *p*H de l'eau de cuisson à l'aide de bicarbonate et, la cuisson achevée, neutralisons au vinaigre afin d'éviter le goût un peu savonneux du bicarbonate.

ACIDE ACÉTIQUE : Un acide présent dans le vinaigre. Mais ce n'est pas le seul! Le vinaigre doit aussi son goût à l'acide malique, l'acide formique, l'acide tartrique, etc. La transformation essentielle du vin en vinaigre est l'oxydation, assurée par les micro-organismes *Mycoderma acetii*, de l'alcool éthylique du vin, ou éthanol, en acide acétique.

ACIDE ASCORBIQUE : Alias vitamine C. On la trouve en abondance dans le jus de citron (37 milligrammes pour 100 grammes), dont elle assure les propriétés antioxydantes.

ACIDE LACTIQUE : Les bactéries lactiques le produisent, à partir du lactose dans le lait. On doit à l'acide lactique l'acidité caractéristique d'aliments tels que la choucroute.

ACIDES AMINÉS : Ce sont les briques des protéines. Il en existe une vingtaine de sortes, en cuisine.

ACTINE : Une protéine importante de la cuisine, puisqu'elle est abondante dans les viandes et dans les poissons ; à l'intérieur des cellules allongées que sont les fibres musculaires, elle est un des deux partenaires essentiels de la contraction musculaire, avec la myosine.

ALBUMINE : Un vieux mot, utilisé dans les livres de cuisine qui désigne approximativement ce que l'on nomme aujourd'hui les protéines. On réserve aujourd'hui le nom d'albumine à des protéines telles que l'ovalbumine, ou albumine du blanc d'œuf.

AMER : Ce mot très vague désigne une des sensations données par les papilles. Pourquoi très vague? D'abord parce que nous avons chacun une perception particulière des saveurs et que, pis encore, nous ne connaissons pas la saveur des mets. En effet, quand

réactions enzymatiques dues à des polyphénoloxydases, réactions de Maillard, réaction de dégradation thermique, etc.

CALCIUM : Cet élément chimique n'est pas sous la forme neutre dans les aliments, mais sous forme ionisée : il a perdu deux électrons. Cette divalence en fait un ion intéressant, notamment parce qu'il peut se lier simultanément à deux molécules de pectine. De ce fait, il durcit les légumes, mais aussi les confitures. Il n'est donc ni bon ni mauvais ; c'est le cuisinier qui s'en fait un allié ou, au contraire, lutte contre sa présence. À savoir notamment qu'on le piège facilement avec l'ion citrate.

CARAMEL : Un délicieux produit brun que l'on obtient classiquement par thermodégradation du sucre de table, ou saccharose. On obtient des caramels différents selon la méthode de production : en milieu acide ou basique, le sucre n'engendre pas les mêmes caramels. Et d'autres sucres, tels que le glucose ou le fructose, font des caramels également originaux.

CARAMÉLISATION : En cuisine, on désigne indistinctement par caramélisation le brunissement des viandes ou la dégradation thermique du sucre. Pourtant les réactions chimiques sont bien différentes dans les deux cas : il est temps que la cuisine réforme son langage approximatif, si elle veut véritablement progresser. Un chat n'est pas un chien, et piètre biologiste serait celui qui les confondrait.

CASÉINES : Des protéines présentes dans le lait, où elle se regroupent en agrégats cimentés par du phosphate de calcium, les micelles.

CELLULE : Au premier ordre, c'est un petit sac plein d'eau. Sa paroi est essentiellement une double couche de molécules de phospholipides. Au deuxième ordre, les cellules contiennent une foule de molécules intéressantes : protéines, sucres, lipides, etc. N'oublions pas l'acide désoxyribonucléique, ou ADN, qui fait de ces sacs des entités vivantes!

CHALEUR : Une forme d'énergie que l'on caractérise à l'aide de la température. *Stricto sensu*, des expressions telles que « la chaleur se propage vers le centre du rôti » sont fautives. Il est plus exact de dire que, en chaque point d'un rôti, la température augmente au cours de la cuisson. Ou bien encore que l'agitation des molécules augmente dans le rôti, avec une agitation moyenne supérieure en périphérie.

CHLOROPHYLLES : Des molécules qui donnent aux végétaux verts leur couleur verte. Ces molécules ont un atome de magnésium en leur centre, atome qui peut être délogé par un ion hydrogène, lors d'une cuisson en milieu acide. Ce remplacement du magnésium par l'hydrogène s'accompagne d'un changement de couleur : du vert, l'aliment vire au brun.

CHIMIE : Science centrale, puisque c'est celle qui nous fait vivre. Elle nous fait d'ailleurs vivre doublement : d'une part, notre organisme ne fonctionne que grâce à un ensemble coordonné de réactions chimiques ; d'autre part, la cuisine est une chimie qui fait les aliments que nous consommons. Elle fait même vivre certains individus triplement : les chimistes vivent aussi de la chimie. Certains prétendent définir la chimie comme la science des transformations de la matière, mais ils exagèrent : bien des phénomènes biologiques (l'acte de manger) et bien des phénomènes de physique des particules (l'annihilation d'une particule et de son antiparticule) sont des transformations de la matière (l'aliment est divisé, dans le premier cas ; la matière se transforme en énergie, dans le second), sans que la chimie ait sa responsabilité engagée. Non, s'il est exact que la chimie crée son objet, il est également vrai que la chimie se préoccupe de groupes d'atomes, dont elle examine les réorganisation.

CHOCOLAT : Au premier ordre, c'est de la graisse (30 grammes pour 100 grammes de chocolat à croquer) et du sucre (60 grammes pour cent grammes). Froide description qui oublie que le chocolat a des vertus « organoleptiques » remarquables, et des propriétés physiques non moins merveilleuses. Par exemple, ses graisses sont si particulières qu'il fond dans la bouche (37 degrés) mais pas dans la main (34 degrés). On voudrait y tolérer l'ajout de graisses minérales, mais on ne mettra l'artisanat et l'industrie sur la voie de la franchise commerciale et du respect des consommateurs que si l'on oblige les vendeurs à bien signaler la différence entre le vrai chocolat et le chocolat additionné de matières grasses qui ne sont pas du beurre de cacao. Une idée qui n'engage que moi!

CLARIFICATION : Une opération culinaire qui consiste à ajouter du blanc d'œuf à un bouillon (on clarifie aussi les vins, mais c'est surtout la cuisine qui nous préoccupe ici), puis à chauffer : le blanc d'œuf emprisonne les particules qui troublent le bouillon, de sorte qu'une filtration ultérieure laisse un bouillon (assez) clair.

COAGULATION : Transformation dont le prototype culinaire est la transformation du blanc d'œuf, liquide transparent et jaune, en blanc d'œuf cuit, solide blanc et opaque. Comment supporter de manger des œufs cuits sans savoir les causes moléculaires de cette transformation quasi miraculeuse?

COLLAGÈNE : Dans les viandes, les cellules nommées fibres musculaires sont gainées d'un tissu fibreux, le collagène. Il est composé de protéines qui s'entortillent par trois, en triples hélices, les triples hélices s'associant ensuite, un peu (pas beaucoup) à la façon des fibres de cellulose dans le papier. Quand on cuit une viande, l'agitation thermique vient à bout des liaisons entre les protéines du collagène, qui passent en solution (le bouillon gélifie ensuite, quand il refroidit, parce que les protéines se réassocient).

COMPOSÉS AROMATIQUES : molécules qui ont une volatilité suffisante pour atteindre les molécules de protéines nommées récepteurs, à la surface des cellules olfactives, dans le nez. La volatilité n'est pas suffisante : une molécule n'est aromatique que si elle se lie à un de ces récepteurs, provoquant l'excitation de la cellule olfactive, qui signale au cerveau la détection d'un arôme (ou d'une odeur).

COMPOSÉS SAPIDES : Certaines molécules des aliments se dissolvent dans l'eau, puis viennent se lier à des récepteurs gustatifs, à la surface des cellules des papilles, provoquant l'excitation de ces cellules, qui signalent au cerveau la détection d'une saveur. La terminologie est confuse, car le goût d'un aliment résulte de l'ensemble des sensations qui proviennent de la consommation d'un aliment : olfaction, détection des saveurs, de la texture, de la température, etc. On gagnerait à nommer sapiction la détection des molécules sapides par les récepteurs « sapictifs » portés par les cellules « sapictives », dans les papilles.

CONCENTRATION : C'est un phénomène et une mesure. Le phénomène, c'est le regroupement d'entités dans l'espace ou dans le temps. Par exemple, il y a concentration de spectateurs dans les stades quand s'y joue un match. Évidemment, des molécules, aussi, peuvent se concentrer. Par exemple, les molécules d'anéthol sont nombreuses dans l'aneth. La concentration mesure cet effet. En cuisine, la concentration désigne la cuisson des rôtis de bœuf, par exemple. Étrange dénomination : le jus sort d'un rôti, plutôt qu'il ne se concentre ; les molécules aromatiques et sapides ne se forment, en raison de réactions chimiques, qu'à la surface des viandes, et elles ne migrent pas dans les viandes ; et la température de l'intérieur du rôti est inférieure à celle du four. Concentration de quoi, alors?

CONDUCTION : En cuisine, la conduction qui est principalement considérée est celle de la chaleur. Autrement dit, l'agitation thermique des molécules, à la surface d'un aliment, se communique à des molécules voisines, plus à l'intérieur, qui, elles-mêmes, bousculent des molécules plus à l'intérieur, et ainsi de suite. C'est pour cette raison que la température augmente progressivement dans les aliments qui sont cuits.

CONFITURE : Une confiture est un gel : les molécules de pectine provenant des fruits s'y sont enchaînées en un réseau qui piège l'eau, le sucre et les diverses molécules qui font le bon goût des fruits.

CONVECTION : Phénomène qui accélère les échanges de chaleur dans un liquide, en raison de différences de densité entre les parties où le liquide est chaud, et les parties où le liquide est froid. Un bouillon se refroidit rapidement, parce que le liquide, à la surface, se refroidit au contact de l'air, de sorte que sa densité augmente ; il tombe alors au fond du bol, tandis que le liquide chaud remonte, puis se refroidit, et retombe à son tour. Une soupe épaisse, en revanche, ne refroidit bien qu'en surface, parce que sa viscosité prévient la convection. À noter une recette amusante : disposant d'un liquide parfumé (vin, chocolat chaud, etc.), vous pourrez faire naître une sensation gastronomique remarquable si vous placez une partie du liquide froid dans un verre, puis que vous ajoutez doucement, sur ce liquide, le même liquide chauffé. En raison des différences de densité, la stratification perdurera le temps de la consommation.

CRÈME ANGLAISE : Un de ces systèmes physico-chimiques complexes dont l'étude fait plein usage des résultats de physique obtenus par Pierre-Gilles de Gennes et son école (la crème anglaise est une suspension/émulsion) et par la chimie moderne (les protéines s'assemblent en agrégats supramoléculaires, tels que les étudie Jean-Marie Lehn).

CUISSON : Un phénomène merveilleux, parce que protéiforme. La cuisson d'un blanc d'œuf n'est pas celle d'un poisson à la tahitienne, ou celle que l'on obtient en plaçant un poisson sous une pression de plusieurs centaines de milliers d'atmosphères. Même en se limitant à des cuissons par chauffage, la cuisson est un vaste phénomène. Par exemple, un rôti de bœuf est considéré comme cuit même quand il est bleu ; or la température de la viande bleue est peu inférieure à la température que l'on obtiendrait en plaçant la viande au soleil, en été. Je pose la question : quand doit-on considérer qu'un aliment est cuit?

DÉCANTATION : Une de ces opérations que les chimistes ont appris à maîtriser, et que les cuisiniers pourraient faire mieux qu'ils ne font, s'ils rompaient avec la tradition. Mais qui peut endosser la responsabilité d'une rupture avec les Anciens?

DÉCOCTION : La chimie très ancienne et la cuisine, même moderne, distinguent la macération, qui laisse des matières dans l'eau froide ; la décoction, qui met les matières dans l'eau bouillante ; et l'infusion, qui met des matières dans l'eau bouillante, pour les enlever rapidement. Cette distinction ne tient plus quand le solvant est de l'huile, qui se décompose avant de bouillir!

DÉGORGEMENT : On fait dégorger des végétaux, des viandes, des poissons, au sucre ou au sel, souvent pour éliminer l'eau de la surface et protéger les denrées contre le pourrissement.

DÉNATURATION : Des protéines sont dénaturées quand leur forme change.

DIFFUSION : En cuisine, la diffusion des molécules et la diffusion de la lumière sont deux phénomènes importants. C'est par diffusion de la lumière que l'on voit le lait blanc. Mais c'est d'une diffusion des molécules d'eau que résulte le dégorgement des végétaux ou des viandes mis au sel.

ÉBULLITION : Ce n'est pas l'évaporation. Par exemple, un bol d'eau laissé longtemps à l'air libre se vide par évaporation de l'eau, à la température ambiante. En revanche, l'évaporation de l'eau accompagne une ébullition, quand une casserole est énergiquement chauffée. Une question impertinente : quelle est la température de l'eau qui frémit?

EMPESAGE : Les grains d'amidon placés dans l'eau chaude gonflent en perdant certaines de leurs molécules d'amylose. C'est l'empesage.

ÉMULSION : Une dispersion de gouttes d'un liquide dans un autre liquide, non miscible avec le premier. La mayonnaise est une émulsion de type huile dans eau, alors que le beurre est une émulsion de type eau dans huile.

ENZYMES : Des protéines qui assurent les réactions d'autres molécules. Elles ne sont pas gloutonnes, contrairement à certains de ceux qui les consomment.

ÉTHANOL : Une molécule importante, puisqu'elle se trouve à des concentrations qui dépassent 10 pour cent dans les vins et qu'elle contribue à leur intérêt gastronomique. La découverte de la distillation, qui permit d'atteindre des concentrations supérieures, dans les eaux-de-vie, fut un événement majeur de l'humanité. Certains animaux ont une sorte de langage, certains animaux ont une forme de rire, mais aucun ne sait distiller!

ÉVAPORATION : Ce n'est pas l'ébullition, comme je le remarque plus haut.

EXHAUSTEURS : On parle d'exhausteurs de goût, mais la physiologie de la sapidité montre que la dénomination est hâtive.

EXPANSION : La cuisine dit que la viande bouillie cuit par expansion. Pourtant, la viande bouillie ne se dilate pas ; au contraire, elle se contracte, et c'est de cette contraction que résulte l'éjection des jus dans le liquide environnant.

EXTRACTION : La cuisine extrait des molécules aromatiques ou sapides de diverses denrées alimentaires. Toutefois, elle attribue parfois faussement à l'extraction la bonté des mets. Par exemple, un bouillon doit son goût à des réactions chimiques entre les molécules extraites de la viande : la cuisson d'un bouillon n'est pas, contrairement à ce que l'on a dit, une « cuisson par extraction ».

FÉCULENTS : Des aliments qui contiennent de l'amidon. On les détecte par un test enfantin, qui consiste à déposer dessus de la teinture d'iode : se forme une tache marron qui vire au bleu.

FIBRES MUSCULAIRES : Ce sont des cellules allongées (elles atteignent jusqu'à 20 centimètres de longueur) qui composent les viandes.

FLAVEUR : Un terme que je déteste parce qu'il ne signifie rien. Je m'explique : la flaveur serait la sensation qui mêlerait l'olfaction et la « sapiction » (détection de la saveur). Toutefois personne n'est capable de séparer, dans la sensation générale du goût, ces deux sensations de la texture, de l'appréciation du piquant ou de la température... Bref, la flaveur n'est pas perceptible. De même que les anciens philosophes demandaient quel bruit faisait un arbre qui tombe dans une forêt où personne n'est là pour entendre, je demande : quelle est cette flaveur qu'on ne peut discerner.

FRUCTOSE : Un sucre que l'on trouve dans certains fruits... et dans les rayons d'épicerie. Il a une saveur remarquable.

GEL : Un liquide qui est immobilisé par des molécules qui s'enchaînent en un réseau. Le blanc d'œuf cuit, par exemple, est un gel chimique, car les protéines forment un réseau permanent. Les confitures, en revanche, forment un gel physique, réversible.

GÉLATINE : Des protéines extraites de la viande sont réunies en feuilles ou en poudre qui sont de la gélatine. Dans l'eau chaude, ces molécules se dispersent ; puis, quand le liquide refroidit, leurs extrémités se groupent par trois, en segments de triple hélice, formant un réseau que l'on nomme gel, en physique, ou gelée, en cuisine.

GELÉE : Voir ci-dessus.

GÉLIFICATION : Phénomène qui correspond à l'établissement d'un gel ; une sorte de miracle, puisqu'un liquide devient solide!

GLUCIDES : Molécules anciennement nommées hydrates de carbone, parce que les premières qui furent découvertes avaient une formule globale $C_n(H_2O)_n$, avec autant d'eau que de carbone. Toutefois il est fautif de croire que ces molécules sont composées de molécules d'eau liées à des atomes de carbone. Non, les divers atomes sont répartis différemment. Au total, ces molécules ont de nombreux groupes chimiques hydroxyle (-OH), qui déterminent leurs capacités d'association. Sans trop d'erreur, on peut très bien nommer ces molécules des sucres.

GLUCOSE : Un sucre très simple, que l'on trouve notamment dans notre sang, où il est conduit aux cellules de l'organisme, qui l'utilisent comme carburant.

GRUMEAU : Une déplaisante structure dont le prototype s'obtient quand on verse d'un coup beaucoup de farine dans de l'eau chaude. Il se forme des amas de farine dont la périphérie empesée prévient la diffusion de l'eau vers le cœur sec.

GUSTATION : Il est temps de reconnaître que le goût est la sensation que l'on obtient quand on goûte, sensation synthétique, globale, qui résulte de la perception olfactive, mais aussi visuelle, de la perception des saveurs, des textures, etc. De ce fait, les papilles ne doivent pas être nommées gustatives, puisqu'elles ne communiquent qu'une petite partie de la sensation. Je propose plutôt de les nommer papilles sapictives, puisqu'elles détectent les saveurs.

HUILE : En cuisine, ce sont des liquides dont les molécules sont presque exclusivement des triglycérides.

INFRAROUGES : Des rayonnements invisibles émis en abondance par les corps chauds. On les détecte dans le spectre de la lumière solaire dispersé par un prisme, à l'aide d'un thermomètre, après le rouge.

INFUSION : Le thé est une infusion. Voir décoction.

IODE : En solution dans l'alcool, il est très utile pour détecter l'amidon.

IRM : On obtient des images en utilisant le phénomène de résonance magnétique nucléaire. Dans les hôpitaux, toutefois, l'IRM est un euphémisme : le public craignant le « nucléaire » de la résonance magnétique nucléaire (RMN), on a préféré parler d'«imagerie par résonance magnétique» (IRM).

JAUNE D'ŒUF : Remarquable matière composée pour moitié d'eau, pour 15 pour cent de protéines, avec beaucoup de lipides. Un goût puissant, une texture remarquable qui change à partir de 68 degrés.

JUS : Qui me dira un jour, de façon cohérente, la véritable différence entre le jus et les sucs d'une viande?

KURTI : Nicholas Kurti (1908-1998) était un physicien qui fit l'essentiel de sa carrière à l'université d'Oxford, où il découvrit notamment la désaimantation adiabatique nucléaire. Avec lui, nous avons nommé « gastronomie moléculaire » la discipline scientifique qui considère les transformations chimiques, physiques et biologiques, mises en œuvre par les cuisiniers.

LACTOSE : Un sucre du lait. Sa présence dans le lait a fait parfois écrire que le lait est doux... mais goûtez donc du lait, et vous lui trouverez sans doute une saveur plutôt salée.

LAIT : C'est de l'eau au premier ordre. Toutefois, il contient aussi des matières grasses dispersées sous la forme de gouttelettes trop petites pour être individuellement visibles à l'œil nu, et des protéines agrégées en micelles, également microscopiques.

LÉGUMES : Leurs cellules diffèrent des cellules animales par la présence d'une paroi dure que la cuisson doit attendrir.

LEVURE : Les levures sont des organismes unicellulaires très utiles, puisqu'ils font le pain, le vin, la bière, et bien d'autres mets.

LIPIDES : Les dictionnaires de biochimie peinent à les définir, parce que plusieurs type de molécules variées sont regroupées. De nombreux lipides alimentaires sont des triglycérides ou des phospholipides.

MACÉRATION : Voir « décoction ».

MAILLARD : Né le 4 février 1878 à Pont-à-Mousson, mort à Paris le 12 mai 1936, il fit ses études de médecine et de chimie à Nancy. Sa thèse de médecine porte sur les *Recherches sur l'indoxyle urinaire et les couleurs qui en dérivent.* Sa thèse ès sciences porte sur le domaine qui a fait sa renommée internationale : *Action de la glycérine et des sucres sur les acides alpha aminés.* Après avoir fait la Première Guerre mondiale au titre d'engagé volontaire, Maillard fut professeur de chimie biologique et de toxicologie à la Faculté d'Alger, où il demeurera toute sa vie jusqu'à sa mort soudaine à Paris. La réaction qui porte son nom résulte d'une publication de trois pages à l'Académie des sciences, en 1912.

MEMBRANE : Les cellules vivantes sont limitées par une membrane, double couche de phospholipides où sont dispersées diverses molécules, notamment des protéines et des sucres.

MICRO-ONDES : Ondes électromagnétiques qui furent d'abord mises en œuvre dans les radars. Toutefois les ingénieurs observèrent que des pigeons qui passaient devant les antennes étaient cuits, et ils eurent l'idée de faire des fours à micro-ondes. Ces ustensiles sont les seuls de la cuisine dont le principe n'ait pas été connu au Moyen Âge.

MOLÉCULE : Voir un traité de chimie bien fait.

MONOGLUTAMATE DE SODIUM : Un composé dont font usage les cuisiniers asiatiques parce qu'il donne une saveur remarquable, nommée umami.

MOUSSE : Une dispersion de bulles d'air dans un liquide ou un solide. Un blanc d'œuf battu en neige est une mousse. Un soufflé, aussi, est une mousse, mais la phase liquide est une suspension-émulsion.

MYOFIBRILLES : Les viandes sont faites de cellules qui renferment des myofibrilles assurant la contraction musculaire.

MYOGLOBINE : Une protéine du muscle. Elle contient un atome de fer, tout comme la chlorophylle contient un atome de magnésium.

MYOSINE : Avec l'actine, une protéine essentielle pour la contraction musculaire.

NEURONE : Le cerveau contient des neurones, cellules qui reçoivent des signaux sous la forme de molécules de neuromédiateur. Quand l'excitation est suffisante, les neurones « déchargent » : une impulsion électrique se propage dans leur prolongement nommé axone, et provoque la libération de sacs contenant des neuromédiateurs, qui vont activer d'autres neurones.

ODEUR : Sensation que l'on a notamment quand on met le nez au-dessus d'une casserole : les aliments chauffés libèrent des molécules volatiles, qui se lient aux récepteurs des cellules olfactives, dans le nez. D'où l'invention du couvercle, qui retient la chaleur, certes, mais piège aussi les molécules aromatiques.

ŒUF : Au premier ordre, c'est une coquille (10 pour cent de la masse de l'œuf), du blanc (57 pour cent) et un jaune (33 pour cent).

OLFACTION : C'est l'olfaction qui nous permet de détecter la présence, dans l'air qui surmonte un mets, de molécules qui s'en sont évaporées et qui contribuent au goût de l'aliment.

OSMAZÔME : Une notion fausse, née vers la fin du XVIIIe siècle. On croyait que l'alcool extrayait du bouillon de viande un « principe » bien défini, qui était le propre des viandes. Le goût de la viande aurait été dû à cet osmazôme. Pourquoi l'idée était-elle fausse? Parce que cet extrait alcoolique est composé de nombreuses sortes de molécules. Parce que, aussi, ce « principe » change selon les viandes.

OSMOSE : Un remarquable phénomène physico-chimique que l'on démontrait jadis à l'aide d'une vessie de porc plongée dans un volume d'eau. Dans la vessie, on mettait de l'eau sucrée, et l'on observait que la vessie gonflait, parce que, le sucre ne pouvant sortir de la vessie, c'est l'eau qui y entrait. Le principe de ce phénomène est la tendance à l'égalisation des concentrations en diverses molécules.

OXYDATION : Une réaction importante, mais insuffisamment explorée en cuisine. Depuis quelques années, certains milieux disent que le brunissement de la surface de la viande est dû à une réaction chimique, nommée réaction de Maillard. Il est plus juste de dire que la réaction de Maillard contribue à ce brunissement, avec d'autres réactions, telles que la réaction de Strecker, ou diverses réactions d'oxydation.

PAPIER *p*H : Il est temps qu'il soit présent dans les cuisines : comment être certain d'une acidité sans l'utiliser?

PAPILLES : Buvez un verre de lait, et tirez la langue, devant une glace. Vous verrez des zones rondes, sur la langue. Ce sont les papilles parfois dites gustatives, mais que je propose de dire « sapictives », puisqu'elles détectent la saveur, et non le goût. Elles sont composées de cellules qui portent à leur surface des protéines dites « récepteurs ». Quand une molécule sapide interagit avec ces récepteurs, les cellules sont électriquement activées, et elles émettent vers le cerveau le signal disant qu'elles ont détecté la molécule sapide. Les papilles servent notamment à indiquer au cerveau quand il doit faire cesser de manger.

PAROI : Les parois des cellules végétales sont de remarquables structures, à plusieurs couches. Il est important, en cuisine, de savoir qu'elles contiennent de la pectine, un sucre complexe qui assure la prise des confitures, par exemple.

PÂTE : Pour la physico-chimie, les pâtes sont des systèmes merveilleux, parce que complexes.

PECTINASES : Certaines enzymes dégradent la pectine. Par exemple, si vous ajoutez des pectinases à une pomme et que vous les laissez agir quelque temps, à température ambiante, vous obtiendrez un jus de pomme sans vous fatiguer.

PECTINE : Les chimistes disent que c'est un polymère de l'acide D-galacturonique. Définition complexe, qu'il faut simplifier en observant d'abord que c'est un sucre. Ses propriétés sont dues à la présence, sur la longue chaîne que forme la molécule, de groupes hydroxyle ($-OH$), de groupe méthyle ($-CH_3$), de groupes acide carboxylique ($-COOH$) et de groupes ester méthylique ($-COOCH_3$). Les groupes acide carboxylique sont importants, en cuisine, parce qu'ils se repoussent électriquement en milieu basique : les pectines ne peuvent s'associer. D'où la règle : pour faire des confitures, donc des gels dus à l'association des pectines, il faut que les groupes acides soient neutralisés par des ions H^+, donc que le milieu soit suffisamment acide.

PEPTIDES : Des molécules composées par l'enchaînement de quelques acides aminés.

***p*H** : La mesure de l'acidité ou de la basicité d'un milieu. L'échelle court de 0 à 14. Les valeurs comprises entre 0 et 7 correspondent à des milieux acides, et les valeurs comprises entre 7 et 14 aux milieux basiques.

PHYSIQUE : Un des piliers de la cuisine, quand il s'agit non de physique des particules, ou d'astronomie (il manque un g très important à ce mot), mais de physique dite « de la matière molle », ou de « physique de la matière condensée ». Les émulsions, les mousses, les gels s'étudient par une bonne collaboration de la physique et de la chimie.

PHOSPHOLIPIDES : Nous ne pourrions vivre sans ces molécules, puisque, avec les glycérolipides, elles constituent les doubles couches moléculaires qui limitent les cellules vivantes. Elles ont une partie lipide et une partie phosphatée (un atome de phosphore entouré d'atomes d'oxygène). En pratique, elles doivent leurs propriétés à une partie électriquement chargée, et à une partie hydrocarbonée (composée seulement d'atomes de carbone et d'hydrogène).

POLYPHÉNOLOXYDASES : Des enzymes qui oxydent les molécules de type polyphénols, formant des quinones réactives ; celles-ci, en réagissant, engendrent des composés bruns. Ces enzymes sont responsables du brunissement des pommes coupées et laissées à l'air.

POLYPHÉNOLS : Des molécules contenant au moins un cycle benzénique (cycle hexagonal à six atomes de carbone, liés à des atomes d'hydrogène) et des groupes hydroxyle (–OH). Les tanins sont des polyphénols, ainsi que de nombreuses molécules qui donnent leur couleur aux aliments.

POLYSACCHARIDES : Autrement dit, sucres complexes.

POMME DE TERRE : Composée de cellules comme tous les autres végétaux, la pomme de terre a cette particularité que ses cellules renferment de petits grains d'amidon, qui s'empèsent à la cuisson.

PRÉCIPITATION : Alphonse Allais disait que l'eau était un liquide dangereux parce qu'une goutte suffisait à troubler l'absinthe la plus pure. Ce trouble était dû à la précipitation de l'anéthol, un composé de l'absinthe. La précipitation, étudiée depuis des siècles par des chimistes, pourrait être mieux utilisée par les cuisiniers.

PRÉSURE : Extrait de la caillette des veaux, elle permet la formation de certains fromages à partir du lait : les micelles de caséines, modifiées chimiquement par la présure, cessent de se repousser et s'assemblent en un gel qui piège la matière grasse.

PROTÉASES : Enzymes qui dégradent les protéines. Par exemple, l'ananas frais contient de la broméline, la papaye la papaïne, la figue la ficine... qui empêchent la préparation de gelées (à la gélatine) d'ananas, de papaye ou de figue.

PROTÉINES : Des enchaînements d'acides aminés.

RANCISSEMENT : Transformation de la graisse laissée à l'air.

RÉACTION DE MAILLARD : Elle commence par la réaction d'un sucre et d'un acide aminé, mais la suite est complexe, et sa description propre imposerait la rédaction de plusieurs volumes. Disons simplement que, une fois le composé d'Amadori ou de Heyns (selon la nature du sucre réactif) initialement formé, plusieurs voies parallèles conduisent à la formation de composés bruns que l'on trouve notamment à la surface des viandes qui cuisent à haute température.

RÉACTION DE STRECKER : Des acides aminés en présence de composés carbonylés (avec un groupe –C=O) réagissent : c'est la dégradation de Strecker. Cette réaction a souvent lieu, en cuisine, car les réactions de Maillard sont des sources de composés carbonylés.

RÉCEPTEURS : En physico-chimie de l'aliment, il ne s'agit pas de combinés téléphoniques, mais de protéines qui, à la surface des cellules, réagissent par des forces faibles avec des composés de l'environnement cellulaire et provoquent diverses réactions physiologiques : détection d'une odeur, d'une saveur, etc.

RÉTRO-OLFACTION : Quand un aliment est en bouche, il est légèrement chauffé et libère des molécules volatiles qui montent pas les fosses rétronasales, à l'arrière de la bouche, et parviennent au nez, où elles sont détectées par les récepteurs olfactifs.

RMN : Résonance magnétique nucléaire, méthode non destructive qui permet de connaître la constitution des molécules. On utilise à cette fin les propriétés magnétiques de certains noyaux atomiques, et des ondes radio. Aucune radioactivité dans l'affaire. Voir aussi IRM.

SACCHAROSE : Le sucre de table, dont la molécule est composée de glucose et de fructose. Le prototype de la molécule sucrée, mais il y en a bien d'autres.

SALÉ : Sensation donnée par le sel, et aussi par d'autres composés.

SAPICTION : La langue française devrait adopter ce mot, bien plus précis que « gustation ». Si la physiologie du goût progresse, nous devons tenir compte de ses acquis. De la même façon que nous avons abandonné les notions erronées comme le phlogistique ou le calorique, nous devons adopter la sapiction, n'est-ce-pas?

SAUCES : Remarquables systèmes physico-chimiques qui accompagnent les mets. Traditionnellement, elles sont plus « molles » que les viandes ou légumes qu'elles accompagnent, mais leur viscosité doit être supérieure à celle de l'eau. La maîtrise du comportement rhéologique des sauces est un des grands thèmes de la cuisine.

SAVEURS : On a longtemps prétendu qu'il n'en existait que quatre (salé, sucré, acide, amer), mais les progrès récents de la neurophysiologie ont montré que le monoglutamate de sodium, par exemple, avait une saveur originale, et que diverses molécules amères stimulaient des cellules différentes des papilles.

SEL : Chlorure de sodium. Sa saveur est salée, mais, quand il n'est pas raffiné, il peut contenir d'autres sels qui donnent une saveur amère.

SOUFFLÉ : Une mousse qui gonfle, non pas parce que ses bulles d'air se dilatent à la chaleur du four, mais parce qu'une partie de son eau s'évapore.

SUCRES : Les sucres sont nombreux. Certains sont de petites molécules : glucose, fructose, lactose... D'autres sont de grosses molécules : cellulose, pectine...

SUCRÉ : Saveur que donne le sucre de table, mais aussi d'autres sucres. La sensation varie, toutefois, selon les sucres.

SUSPENSION : Système physico-chimique obtenu par dispersion de particules solides dans un liquide. Par exemple, l'encre de Chine est une suspension... et aussi la crème anglaise, où des agrégats de protéines de l'œuf sont suspendus dans l'eau apportée par le lait.

TANINS : On les extrait de diverses matières végétales, tel le bois, et ils ont la propriété de complexer les protéines ou le fer. Une feuille de gélatine (des protéines) trempée dans du thé fort (une solution contenant des tanins) provoque un trouble, en raison de la complexation susmentionnée.

TENSIOACTIF : Les savons apportent des molécules tensioactives qui se placent à la surface des salissures grasses, enveloppent ces dernières et les détachent des tissus souillés. Ainsi enrobées de molécules tensioactives, les gouttes de matière insoluble dans l'eau sont dispersées dans l'eau. Un rinçage emporte graisses et tensioactifs, laissant le linge propre. En cuisine, des molécules du même type enrobent les gouttes d'huile que l'on veut placer dans de l'eau, formant des émulsions.

TRIGLYCÉRIDE : Du glycérol, lié à trois acides gras. Ces molécules en forme de peigne à trois dents composent les graisses alimentaires. Naturellement, les dents - les acides gras - sont variées : il en existent de différentes longueurs, et certaines ont des atomes de carbone liés par des doubles liaisons. Ces «insaturations» déterminent les propriétés de fusion, et aussi les propriétés nutritives.

VANILLINE : Une étonnante molécule abondante dans la vanille. Elle se forme aussi quand on laisse vieillir des alcools en fût de chêne : l'alcool éthylique réagit avec la lignine du bois, formant finalement de la vanilline. D'où le goût vanillé de certains vieux alcools.

VIANDE : Au premier ordre, un paquet de sacs allongés, les fibres musculaires. Dans ces sacs, au premier ordre, de l'eau et des protéines, comme dans le blanc d'œuf. Autour des fibres musculaires, un tissu de soutien : le collagène, fait de protéines allongées plutôt que globulaires. Ce collagène se dissout quand on le chauffe dans l'eau. En faut-il tellement plus pour décrire le comportement des viandes à la cuisson?

Imprimé en France par I.M.E. - 25110 Baume-les-Dames
N° d'édition : 075039-10
Dépôt légal : Avril 2009